JN249113

はじめに

本書は、「大学入学共通テスト」(以下、共通テスト)攻略のための問題集です。

共通テストは、「思考力・判断力・表現力」が問われる出題など、これから皆さんに身につけてもらいたい力を問う内容になると予想されます。

本書では、共通テスト対策として作成され、多くの受験生から支持される河合塾「全統共通テスト模試」「全統共通テスト高２模試」さらに「2023年度共通テスト本試験」の問題も、解説を加えて収録しました。

解答時間を意識して問題を解きましょう。問題を解いたら、答え合わせだけで終わらないようにしてください。この選択肢が正しい理由や、誤りの理由は何か。用いられた資料の意味するものは何か。出題の意図がどこにあるか。たくさんの役立つ情報が記された解説をきちんと読むことが大切です。

こうした学習の積み重ねにより、真の実力が身につきます。

皆さんの健闘を祈ります。

本書の特色と構成

1．河合塾の共通テスト模試を精選収録

本問題集は、大学入学共通テスト対策の模擬試験「河合塾全統共通テスト模試」を精選収録したものである。各問題は、多くの候補問題の中から何度も検討を重ね、練られたものであり、本番の試験で今後も出題が予想される分野を網羅している。

2．大学入学共通テストの出題形式演習が可能

本問題集は、大学入学共通テストの出題形式(時間・配点・分野・形式・難易度など)を想定しているので、与えられた時間で問題を解くことによって本番への備えができる。

3．自己採点による学力チェックが可能

各回の問題には、自己採点によりすぐ学力チェックができるように解答・採点基準・解説が別冊で付いている。特に、詳細な解説により、知識の確認と弱点の補強が確実にできる。「設問別正答率」「設問別成績一覧」付き。

4．学力判定が可能

共通テスト換算得点対比表と全統共通テスト模試のデータで、学力の判定ができる。

5．短期トレーニングに最適

収録されている各回の問題それぞれが、１回の試験としてのまとまりをもっている。１回１回のペースを守り、決められた手順に従ってこなしていけば、実戦力養成として最小の時間で最大の効果があげられると確信する。次頁に示す使用法に従って、本書を効果的に活用してほしい。

本書の使い方

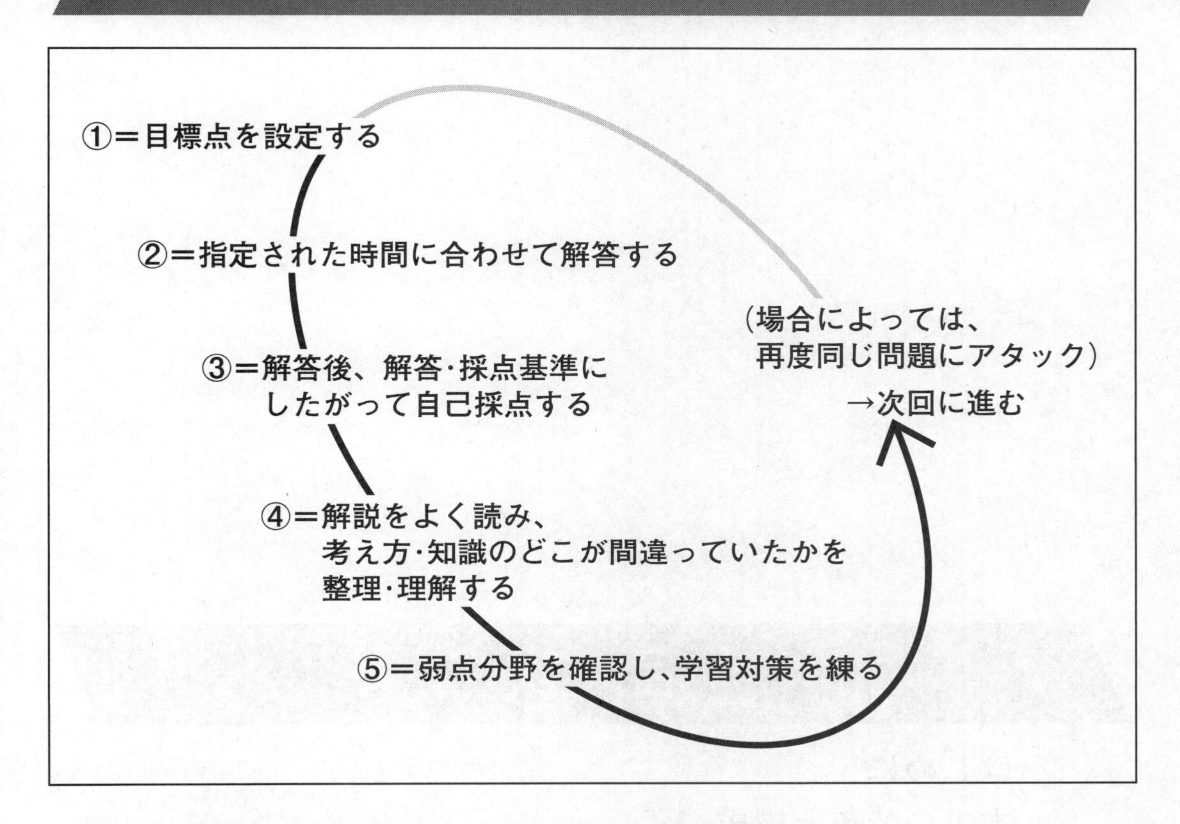

◎次に問題解法のコツを示すので、ぜひ身につけてほしい。

解法のコツ

1. 問題文をよく読んで、正答のマーク方法を十分理解してから問題にかかること。
2. すぐに解答が浮かばないときは、明らかに誤っている選択肢を消去して、正解答を追いつめていく（消去法）。正答の確信が得られなくてもこの方法でいくこと。
3. 時間がかかりそうな問題は後回しにする。必ずしも最初からやる必要はない。時間的心理的効果を考えて、できる問題や得意な問題から手をつけていくこと。
4. 時間が余ったら、制限時間いっぱい使って見直しをすること。

目　次

はじめに	1
本書の特色と構成	2
本書の使い方	3
出題傾向と学習対策	5
出題分野一覧	6

	[問題編]	[解答・解説編(別冊)]
第１回 ('22年度第１回全統共通テスト模試)	9	1
第２回 ('22年度第２回全統共通テスト模試)	37	27
第３回 ('22年度第３回全統共通テスト模試)	67	55
第４回 ('22年度全統プレ共通テスト)	95	79
第５回 ('21年度全統共通テスト高２模試)	123	107
大学入学共通テスト		
'23年度本試験('23年１月実施)	149	129

出題傾向と学習対策

出題傾向

共通テストは大問５題で構成され，第１・２問が理論分野，第３問が無機分野，第４問が有機分野，第５問が総合問題である。基本的な問題も出題されるが，初見の内容も含む記述やグラフなどから必要な情報を読み取り，既習の知識を活用しながら解答する思考力を要する問題も出題される。また，与えられたデータを方眼紙に作図し，その結果を用いて考える問題も出題されている。

学習対策

基礎力を固めよう！

共通テストでは，教科書に記載されている基本事項を確認する問題や，基本的な計算問題も多く出題される。また，思考力を要する問題であっても，基本的な知識を組み合わせて解答することになる。したがって，基礎力を着実につみあげ，定着させることが大切である。以下に分野ごとの学習対策を示す。

〈理論分野〉

「物質の構成」は知識を整理しておこう。「気体，蒸気圧」は苦手になりやすい分野である。定義をおさえ，計算問題に慣れておきたい。「溶液」では，まず希薄溶液の性質を確認しておこう。「化学反応と熱」では定義をおさえ，類似の計算問題で練習しておこう。「電池・電気分解」ではそれぞれの電極での反応を整理しよう。「化学反応の速さ」では，反応条件と反応速度の関係を整理しておこう。「化学平衡」も苦手になりやすい分野である。平衡に関する計算問題に慣れ，平衡移動の原理を確認しよう。

〈無機分野〉

正確な知識が要求される。物質の性質，反応を整理しておくことが得点に繋がる。また，化学反応式を用いた量計算の問題も出題されるので，十分に練習しておこう。

〈有機分野〉

無機分野同様，正確な知識が要求される。物質の性質・反応を整理しておこう。この分野では実験に関する事項を，教科書などで確認しておきたい。また，天然有機化合物および合成高分子化合物についても全範囲まんべんなく学習しておこう。

文章や図表を読み取り，知識を組み立てて考える練習をしよう！

共通テストでは，問題で与えられた記述，図表などの資料を読み取り，教科書で学んだ原理・法則を活用して考える能力が要求される。共通テストの過去問や模擬試験などを用いて，どの情報を抽出し，どの知識を活用すれば正答に辿りつくかを意識しながら問題演習を進めよう。

出題分野一覧

〔化学の基礎〕

	'16		'17		'18		'19		'20		'21		'22		'23
	本試	追試	本試	追試	本試	追試	本試	追試	本試	追試	第1日程	第2日程	本試	追試	本試
化学の基礎法則															
化学と人間生活			●												
単体・化合物・混合物												●×			
粒子の熱運動と物質の三態			●		●				●×						
原子の構造，同位体		●		●	●	●		●		●			●		
電子配置と周期表	●			●		●		●							
元素の性質と周期律				●	●						●				
化学結合	●	●	●		●		●	●			●	●		●	●
結晶の分類と性質		●					●	●			●○				
分子の構造と極性				●							●				

〔物質の変化・状態〕

	'16		'17		'18		'19		'20		'21		'22		'23
	本試	追試	本試	追試	本試	追試	本試	追試	本試	追試	第1日程	第2日程	本試	追試	本試
原子量・分子量と物質量	●○												●○		
溶液の濃度					●○										
化学式の決定													●○×		
化学反応式と量的関係	●○	●○	●○	●○	●○	●○	●○	●○	●○	●○	●○	●○	●○×	●○×	●○×
酸と塩基の定義															
水溶液の水素イオン濃度と pH		●○													
中和反応，中和滴定					●○							●○×			
塩の分類と塩の水溶液の性質															
酸化還元の定義と酸化数															
酸化剤・還元剤と酸化還元反応			●○							●○					
酸化還元滴定	●○														●○
金属のイオン化傾向			●									●×			
状態変化とエネルギー			●×			●○×					●○				
分子間力と沸点			●	●			●		●	●					
化学結合と融点・沸点				●									●		
気液平衡と蒸気圧		●×○	●	●	●×			●○	●×					●	
気体の法則										●	●○		●×		
混合気体				●○				●○	●○			●○			
混合気体（蒸気圧を含む）	●○	●○	●○							●○×	●○×				●○
理想気体と実在気体		●				●×	●○							●○×	
結晶の構造		●	●			●	●	●							●○×
溶解のしくみ							●				●				
固体の溶解度								●○		●○					
気体の溶解度		●○					●○						●○×		
蒸気圧降下															

●印の右肩の○は計算問題，×はグラフや図の出題を示す。

	'16		'17		'18		'19		'20		'21		'22		'23
	本試	追試	本試	追試	本試	追試	本試	追試	本試	追試	第1日程	第2日程	本試	追試	本試
沸点上昇				●	●										
凝固点降下	●×		●○		●					●○				●○×	
浸透圧		●○				●			●○×						
コロイド						●		●	●			●			●
反応熱と熱化学方程式	●○	●○		●○	●○	●○	●○	●○	●○×	●○			●○	●	●○
結合エネルギー			●○				●○					●○×			
エネルギー図							●○×					●○×			
化学反応と光	●			●		●				●	●				
電池		●○×	●	●	●○	●○		●	●○		●○	●	●○×	●	
水溶液の電気分解		●○×	●	●○		●○		●		●○	●		●	●○	●
電解精錬・溶融塩電解							●○				●				
反応の速さ			●		●○					●		●×		●	●○×
反応速度と反応速度式			●○		●○×		●○		●○×				●○×		●×
化学平衡と平衡移動	●○×	●○	●○	●○				●○	●×	●×	●○×	●○×	●○	●○	●○
電離平衡	●○		●	●○	●○	●×		●×	●○×			●○	●○	●	
溶解平衡と溶解度積						●○	●○×			●○×				●○	

〔無機物質〕

	'16 本試	'16 追試	'17 本試	'17 追試	'18 本試	'18 追試	'19 本試	'19 追試	'20 本試	'20 追試	'21 第1日程	'21 第2日程	'22 本試	'22 追試	'23 本試
水素とその化合物	●														
18族元素（He，Ne，Ar など）		●					●								
17族元素（F，Cl，Br，I など）	●		●	●	●				●	●					●
16族元素（O，S など）	●	●×	●	●	●		●					●			●
15族元素（N，P など）	●		●	●	●	●	●							●	
14族元素（C，Si など）	●	●	●	●	●		●	●	●	●					
気体の製法と性質		●			●	●		●							
アルカリ金属	●			●		●	●			●			●○×		
２族元素	●	●	●	●	●	●	●		●	●					
アルミニウム	●	●	●	●	●	●		●○	●	●					
その他の典型金属元素	●			●	●	●		●		●	●			●	
11族元素（Cu，Ag，Au）	●	●	●	●		●			●	●	●	●			
その他の遷移金属元素	●	●○	●	●	●	●		●	●	●	●	●		●	
錯イオン	●	●					●	●			●○				
金属イオンの反応，分離，確認	●	●				●			●	●		●×	●	●	●×

●印の右肩の○は計算問題，×はグラフや図の出題を示す。

〔有機化合物〕

	'16		'17		'18		'19		'20		'21		'22		'23
	本試	追試	本試	追試	本試	追試	本試	追試	本試	追試	第1日程	第2日程	本試	追試	本試
有機化合物の特徴と分類															
元素分析		●○	●○						●○				●○		
異性体	●	●		●	●	●	●	●	●	●		●	●	●	●
炭化水素	●		●	●	●	●	●×	●	●	●			●	●	
アルコール，エーテル		●		●○	●	●	●○			●	●	●		●	●
アルデヒド，ケトン		●			●	●						●			
カルボン酸			●	●		●		●					●×		
エステル		●	●	●					●						
油脂・セッケン・合成洗剤	●○		●			●				●	●				●○
芳香族炭化水素		●		●			●				●				
フェノールとその誘導体	●		●	●			●		●			●×	●	●	●
芳香族カルボン酸とその誘導体					●		●		●						●
窒素を含む芳香族化合物	●	●	●	●			●			●				●	●
有機化合物の分離				●				●				●			

〔天然有機化合物〕

	'16		'17		'18		'19		'20		'21		'22		'23
	本試	追試	本試	追試	本試	追試	本試	追試	本試	追試	第1日程	第2日程	本試	追試	本試
単糖類と二糖類	●	●	●○		●○	●○	●			●	●○×				
多糖類		●○		●○	●	●		●	●○	●					●
その他の糖類													●		
アミノ酸	●○		●		●	●	●	●	●			●			
タンパク質		●		●	●			●	●	●○	●○	●	●		●
核酸	●×							●○×	●						●

〔合成高分子化合物〕

	'16		'17		'18		'19		'20		'21		'22		'23
	本試	追試	本試	追試	本試	追試	本試	追試	本試	追試	第1日程	第2日程	本試	追試	本試
高分子化合物の性質と分類	●		●	●	●	●			●				●		
ビニル系の高分子化合物	●	●○	●	●	●	●	●	●	●○	●	●	●○		●	●
ビニロン		●			●		●			●					
ポリエステル，ポリアミド	●	●	●	●	●○	●	●○	●○	●	●○	●		●	●○	
熱硬化性樹脂		●	●	●	●	●	●		●		●				
ゴム	●		●	●		●	●	●	●		●		●		
機能性高分子化合物	●	●	●		●	●○		●	●						
高分子化合物と人間生活				●		●									

〔実験，取り扱い，用途〕

	'16		'17		'18		'19		'20		'21		'22		'23
	本試	追試	本試	追試	本試	追試	本試	追試	本試	追試	第1日程	第2日程	本試	追試	本試
実験操作・実験器具の取り扱い						●			●			●×		●×	
物質の取り扱い，保存							●								
物質の用途					●		●							●	

第 1 回

問題を解くまえに

◆ 本問題は100点満点です。次の対比表を参考にして，**目標点**を立てて解答しなさい。

共通テスト換算得点	23以下	24～37	38～50	51～62	63～70	71～78	79以上
偏差値 ➡	37.5	42.5	47.5	52.5	57.5	62.5	
得　　点	19以下	20～28	29～36	37～45	46～53	54～62	63以上

〔注〕 上の表の，
「共通テスト換算得点」は，'21年度全統共通テスト模試と'22年度大学入学共通テストとの相関をもとに得点を換算したものです。
「得点」帯は，'22第1回全統共通テスト模試の結果より推計したものです。

◆ 問題解答時間は60分です。

◆ 問題を解いたら必ず自己採点により学力チェックを行い，解答･解説，学習対策を参考にしてください。

◆ 以下は，'22第1回全統共通テスト模試の結果を表したものです。

人　　数	83,070
配　　点	100
平 均 点	41.1
標準偏差	17.0
最 高 点	100
最 低 点	0

（解答番号 [1] ～ [30]）

必要があれば，原子量は次の値を使うこと。

H 1.0　　C 12　　O 16　　S 32　　Cl 35.5

気体は，実在気体とことわりがない限り，理想気体として扱うものとする。

第1問　次の問い（**問1～4**）に答えよ。（配点　20）

問1　2種類の元素X，Zからなる化合物Aがある。次の記述（**ア**・**イ**）の両方に当てはまる化合物Aとして最も適当なものを，後の①～⑤のうちから一つ選べ。[1]

ア　Xは周期表の第2周期に，Zは周期表の第3周期に属する。

イ　Aの結晶では，1個のZ原子は4個のX原子と，1個のX原子は2個のZ原子と共有結合により結びついている。

① 四塩化炭素　　② 二酸化炭素　　③ 二酸化ケイ素
④ アンモニア　　⑤ 酸化マグネシウム

問2　図1は，水 H_2O，メタン CH_4，エタン C_2H_6，エタノール C_2H_5OH の沸点(℃)と蒸発熱(kJ/mol)の関係を表したものである。点 **a** ～ **c** は，それぞれどの物質を表しているか。その組合せとして最も適当なものを，後の①～⑥のうちから一つ選べ。 2

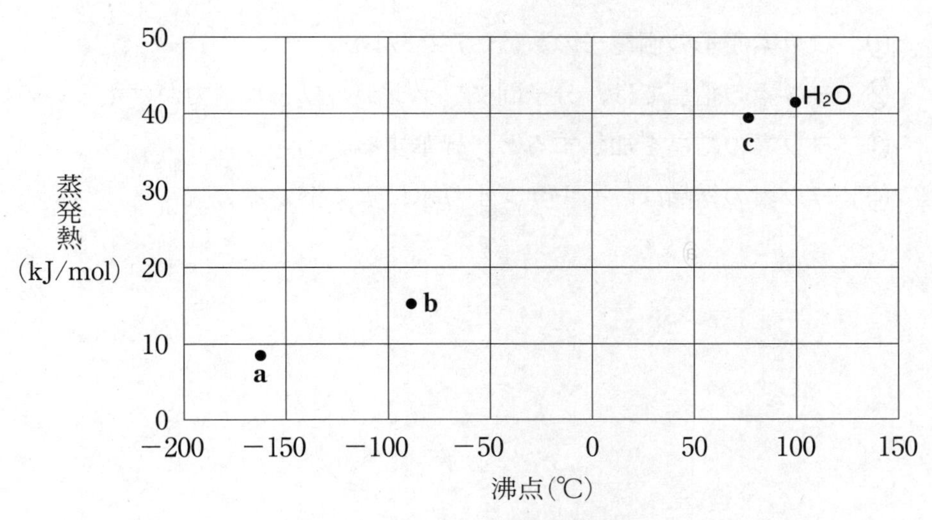

図1　沸点と蒸発熱の関係

	a	b	c
①	メタン	エタン	エタノール
②	メタン	エタノール	エタン
③	エタン	メタン	エタノール
④	エタン	エタノール	メタン
⑤	エタノール	メタン	エタン
⑥	エタノール	エタン	メタン

問3　ヨウ素に関する次の問い(**a**・**b**)に答えよ。

a　ヨウ素に関する記述として**誤りを含むもの**はどれか。最も適当なものを，次の①～④のうちから一つ選べ。 3

① ヨウ素原子の価電子の数は，7である。

② ヨウ素の結晶では，分子間にファンデルワールス力がはたらいている。

③ ヨウ素の結晶を加熱すると，昇華する。

④ ヨウ素の結晶は，ヘキサンより水によく溶ける。

b　ヨウ素の同位体の一つである ^{125}I は放射性同位体であり，体内に埋め込んでがん細胞を死滅させる治療に用いられている。^{125}I の原子数は，経過時間にともなって図２のように減少していく。

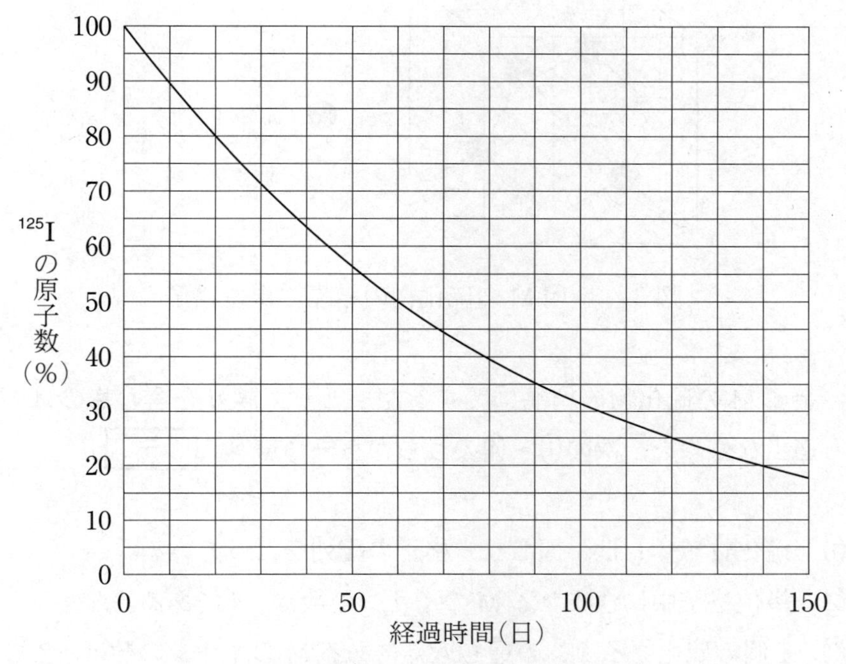

図２　経過時間と ^{125}I の原子数の関係

360 日後には，^{125}I の原子数ははじめの何 % になっていると考えられるか。最も適当な数値を，次の①～④のうちから一つ選べ。［ 4 ］%

①　0.8　　②　1.6　　③　6.4　　④　12.5

問4　ある金属Mの硫化物はイオン結晶であり，その単位格子(立方体)は，図3で表される。この結晶に関する後の問い(**a**・**b**)に答えよ。

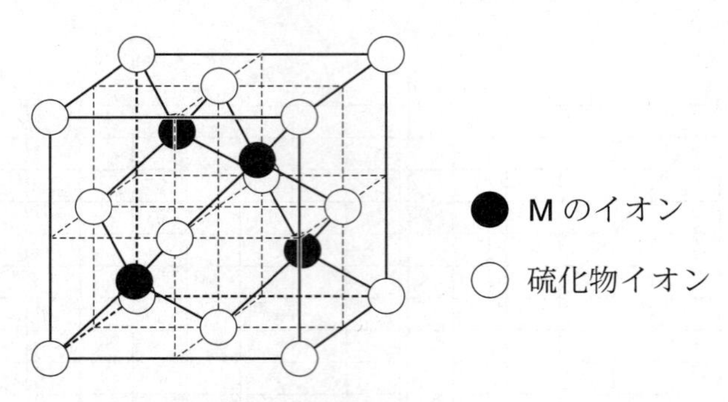

図3　金属Mの硫化物の結晶の単位格子

a　金属Mの硫化物の結晶に関する記述として**誤りを含むもの**はどれか。最も適当なものを，次の①～④のうちから一つ選べ。 5

① 硫化物イオンは，面心立方格子の配列をとっている。

② 単位格子中に含まれるMのイオンの数は，4である。

③ 1個の硫化物イオンの最も近くにあるMのイオンの数は，2である。

④ 最も近くにあるMのイオンと硫化物イオンの中心間距離は，単位格子の一辺の長さの $\frac{\sqrt{3}}{4}$ 倍である。

b　金属Mの硫化物の結晶の組成を調べたところ，硫黄の割合(質量パーセント)は78％であった。Mの原子量はいくらか。最も適当な数値を，次の①～④のうちから一つ選べ。 6

① 9.0　　② 18　　③ 22　　④ 54

第2問　次の問い(問1～4)に答えよ。(配点　21)

問1　図1に示すようにポンプを用いて自転車のタイヤに空気を入れたい。このポンプは，1回の操作で大気圧 1.0×10^5 Pa の空気 0.75 L をタイヤに送り込むことができる。タイヤ内の空気の体積を 2.5 L，その圧力を 6.0×10^5 Pa 以上にするためには，ポンプによる空気入れの操作を何回以上繰り返せばよいか。最も適当な数値を，後の①～⑤のうちから一つ選べ。ただし，温度は 18 ℃で一定とし，操作前のタイヤ内に空気は入っていないものとする。［ 7 ］回以上

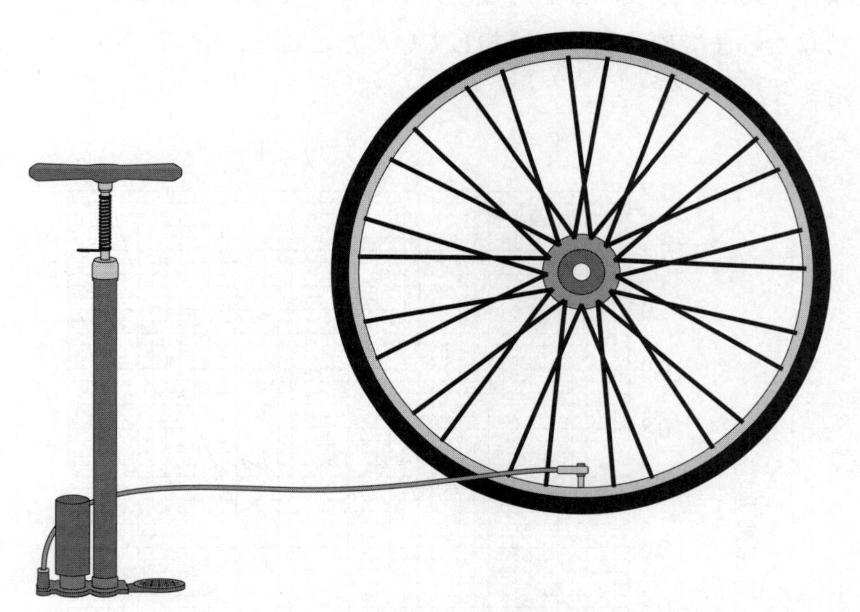

図1　自転車のタイヤの空気入れ

①　12　　②　15　　③　18　　④　20　　⑤　24

問2　図2は，ヘキサンの蒸気圧曲線である。ヘキサンとアルゴンを用いて，混合気体と蒸気圧に関する**実験Ⅰ・Ⅱ**を行った。これらの**実験**に関する後の問い（**a**・**b**）に答えよ。ただし，液体のヘキサンへのアルゴンの溶解は無視できるものとし，気体定数は $R=8.3\times10^3$ Pa·L/(K·mol) とする。

実験Ⅰ　滑らかに動くピストンの付いた容積可変の容器にヘキサンとアルゴンを封入し，容器内の圧力を 1.00×10^5 Pa，温度を 77 ℃ に保ったところ，容積は 58.1 L になった。

実験Ⅱ　**実験Ⅰ**の後，容器内の圧力を 1.00×10^5 Pa に保ちながら，温度が 25 ℃ になるまでゆっくりと冷却していったところ，53 ℃ でヘキサンの凝縮が始まった。

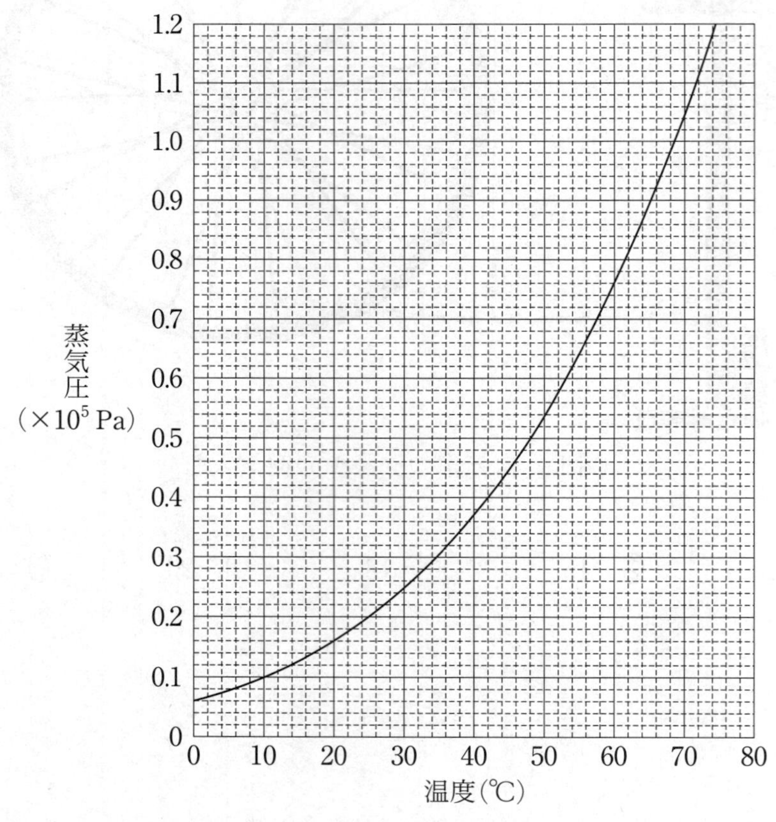

図2　ヘキサンの蒸気圧曲線

a　**実験Ⅰ**において，容器に封入したヘキサンとアルゴンの物質量の合計は何 mol か。最も適当な数値を，次の①～⑤のうちから一つ選べ。［ 8 ］mol

① 1.0　② 2.0　③ 3.0　④ 4.0　⑤ 5.0

b　**実験Ⅱ**において，温度を 25 ℃ に下げたとき，容器内に含まれる気体のヘキサンの物質量と液体のヘキサンの物質量の比(気体のヘキサンの物質量：液体のヘキサンの物質量)として最も適当なものを，次の①～④のうちから一つ選べ。［ 9 ］

① 5：1　② 2：1　③ 1：2　④ 1：5

問3　室温で固体であるパラジクロロベンゼンとナフタレンを用いて，凝固点に関する**実験Ⅰ**・**Ⅱ**を行った。これらの**実験**に関する後の問い（**a**・**b**）に答えよ。

実験Ⅰ　図3に示した装置の試験管にパラジクロロベンゼン $C_6H_4Cl_2$ 25.00 g を入れ，装置を熱湯に浸してパラジクロロベンゼンを完全に融解させた後，熱湯から取り出してゆっくりと放冷しながら温度を測定したところ，図4の冷却曲線Aで示される結果が得られ，パラジクロロベンゼンの凝固点は52.7℃であることがわかった。

実験Ⅱ　図3に示した装置の試験管にパラジクロロベンゼン25.00 gとナフタレン $C_{10}H_8$ 0.64 gを入れ，**実験Ⅰ**と同様の操作で内容物を完全に液体にした後，ゆっくりと放冷しながら温度を測定したところ，図4の冷却曲線Bで示される結果が得られ，この液体混合物の凝固点は51.2℃であることがわかった。

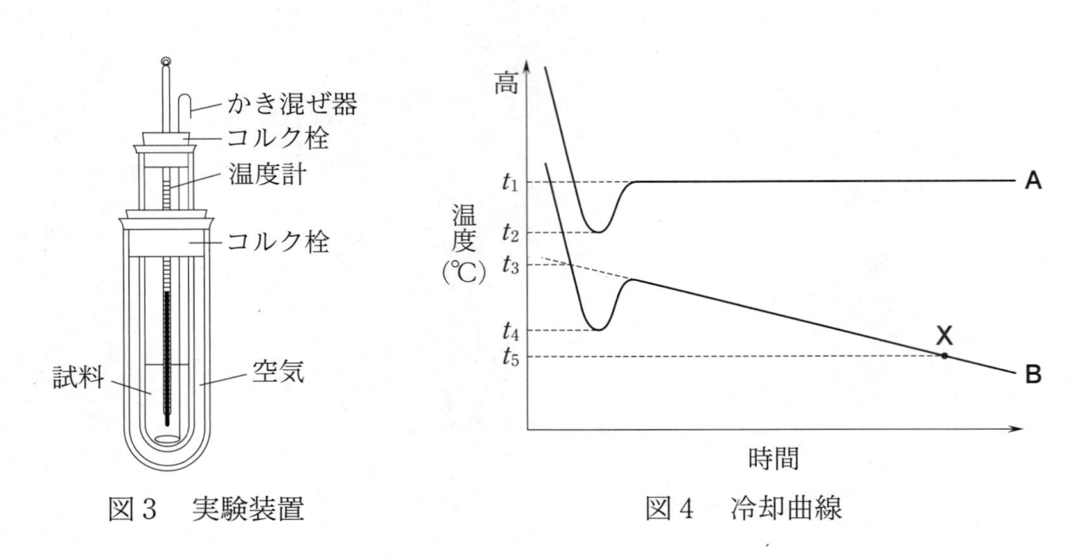

図3　実験装置　　　図4　冷却曲線

a　**実験Ⅰ・Ⅱ**の結果から求められるパラジクロロベンゼンのモル凝固点降下は何 K・kg/mol か。最も適当な数値を，次の①～④のうちから一つ選べ。
[10] K・kg/mol

① 3.0　　② 4.5　　③ 6.0　　④ 7.5

b　**実験Ⅱ**における図4の点Xの時点の試験管の内容物から，析出した固体のみを取り出し，**実験Ⅰ**や**実験Ⅱ**と同様の方法で凝固点を調べたとする。この物質の凝固点は，図4の t_1～t_5 (℃)のいずれになるか。最も適当なものを，次の①～⑤のうちから一つ選べ。[11] ℃

① t_1　　② t_2　　③ t_3　　④ t_4　　⑤ t_5

問4　図5に示した，半透膜で中央が仕切られた断面積 $8.0\ cm^2$ のU字管を用いて，溶液の浸透圧に関する**実験**を行った。

図5(a)のように，U字管のⅠ側にある濃度のグルコース $C_6H_{12}O_6$ 水溶液（水溶液**A**とする）200 mL を入れ，Ⅱ側に純水 200 mL を入れて温度を 27 ℃に保ったところ，図5(b)のように，Ⅰ側とⅡ側の液面の高さの差が 5.0 cm になった。この**実験**に関する記述として**誤りを含むもの**はどれか。最も適当なものを，後の①～④のうちから一つ選べ。ただし，用いた半透膜は水分子のみを通し，水の蒸発は無視できるものとする。また，水および水溶液の密度はいずれも $1.0\ g/cm^3$ とし，1 cm の水柱および水溶液柱がその底面におよぼす圧力は 98 Pa とする。 12

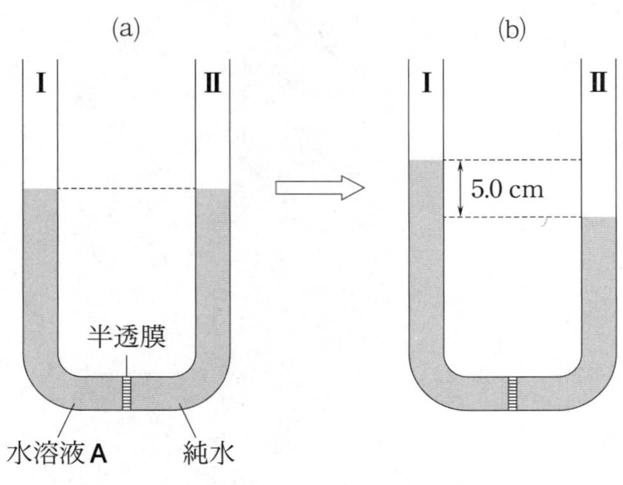

図5　溶液の浸透圧に関する**実験**の様子

① 図5(b)の状態で，水溶液の体積は 220 mL である。

② 27 ℃での水溶液**A**の浸透圧は，490 Pa より大きい。

③ 図5(b)の状態から温度を 37 ℃に上げても，液面の高さの差は 5.0 cm のままで変わらない。

④ 水溶液**A**の代わりに，水溶液**A**と同じモル濃度の塩化ナトリウム水溶液を用いて，そのほかの条件はすべて同じにして**実験**を行ったとすると，液面の高さの差は 5.0 cm より大きくなる。

第3問 次の問い(問1～5)に答えよ。(配点 21)

問1 質量パーセント濃度が a (%)で，密度が d (g/cm^3)の濃硝酸がある。硝酸 HNO_3 のモル質量を M (g/mol)とするとき，この濃硝酸のモル濃度(mol/L)を表す式として最も適当なものを，次の①～⑥のうちから一つ選べ。

[13] mol/L

① $\dfrac{dM}{10a}$　　② $\dfrac{aM}{10d}$　　③ $\dfrac{ad}{10M}$

④ $\dfrac{10dM}{a}$　　⑤ $\dfrac{10aM}{d}$　　⑥ $\dfrac{10ad}{M}$

問2　次のイオン反応式**ア**～**ウ**において，水分子が塩基としてはたらいているものはどれか。すべてを正しく選択しているものを，後の①～⑥のうちから一つ選べ。［14］

ア　$HSO_3^- + H_2O \rightleftarrows SO_3^{2-} + H_3O^+$

イ　$HCO_3^- + H_2O \rightleftarrows H_2CO_3 + OH^-$

ウ　$H_2PO_4^- + H_2O \rightleftarrows HPO_4^{2-} + H_3O^+$

①　ア	②　イ	③　ウ
④　ア，イ	⑤　ア，ウ	⑥　イ，ウ

問3　次の水溶液**ア**～**ウ**が示す性質の組合せとして最も適当なものを，後の①～⑥のうちから一つ選べ。 15

ア　0.020 mol/L のアンモニア水と 0.020 mol/L の塩酸を同体積ずつ混合した水溶液

イ　0.020 mol/L の水酸化ナトリウム水溶液と 0.020 mol/L の塩酸を同体積ずつ混合した水溶液

ウ　0.020 mol/L の水酸化カルシウム水溶液と 0.020 mol/L の塩酸を同体積ずつ混合した水溶液

	ア	イ	ウ
①	酸　性	中　性	塩基性
②	酸　性	塩基性	中　性
③	中　性	酸　性	塩基性
④	中　性	塩基性	酸　性
⑤	塩基性	酸　性	中　性
⑥	塩基性	中　性	酸　性

問 4　クエン酸 $C_6H_8O_7$（分子量 192）は，次の構造式で表される 3 価の酸である。

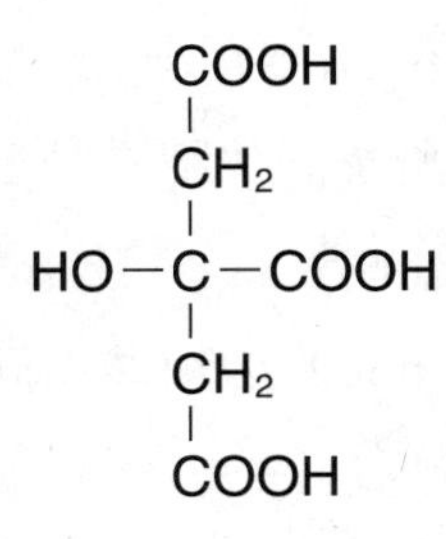

クエン酸の水和物 $C_6H_8O_7 \cdot n\,H_2O$ について，水和水の数 n を決定するため，次の実験を行った。

$C_6H_8O_7 \cdot n\,H_2O$ を 0.840 g とり，水に溶かして 100 mL の水溶液を調製した。この水溶液中のクエン酸を完全に中和するために必要な 1.00 mol/L の水酸化ナトリウム水溶液の体積は 12.0 mL であった。

n の値として最も適当な数値を，次の①～⑥のうちから一つ選べ。 16

① 1　　② 2　　③ 3

④ 4　　⑤ 5　　⑥ 6

問５　金属Ｍの酸化物 MO と炭素Ｃの混合物を加熱すると，式(1)で表される反応が起こり，金属Ｍの単体が得られ，二酸化炭素 CO_2 が発生する。

$$2\,MO + C \longrightarrow 2\,M + CO_2 \qquad (1)$$

MO 8.00 g とＣ 0.15 g の混合物を十分に加熱したところ，式(1)で表される反応が完全に進行し，反応後の固体の質量は 7.60 g になった。Ｃの質量のみを変えて同じ実験を行ったところ，用いたＣの質量と反応後の固体の質量について，表１に示す結果が得られた。

表１　用いたＣの質量と反応後の固体の質量

用いたＣの質量(g)	0.15	0.30	0.45	0.60	0.75	0.90
反応後の固体の質量(g)	7.60	7.20	6.80	6.40	6.55	6.70

これに関する次の問い（**a**・**b**）に答えよ。ただし，必要があれば後の方眼紙を使うこと。

a　用いた MO とＣが過不足なく反応し，反応後の固体がＭのみになるようにするためには，何 g のＣを用いればよいか。最も適当な数値を，次の①～⑤のうちから一つ選べ。［17］g

①　0.50　　②　0.55　　③　0.60　　④　0.65　　⑤　0.70

b　MO の式量はいくらか。MO の式量を２桁の整数で表すとき，［18］と［19］に当てはまる数字を，次の①～⓪のうちから一つずつ選べ。ただし，同じものを繰り返し選んでもよい。［18］［19］

①　1　　②　2　　③　3　　④　4　　⑤　5
⑥　6　　⑦　7　　⑧　8　　⑨　9　　⓪　0

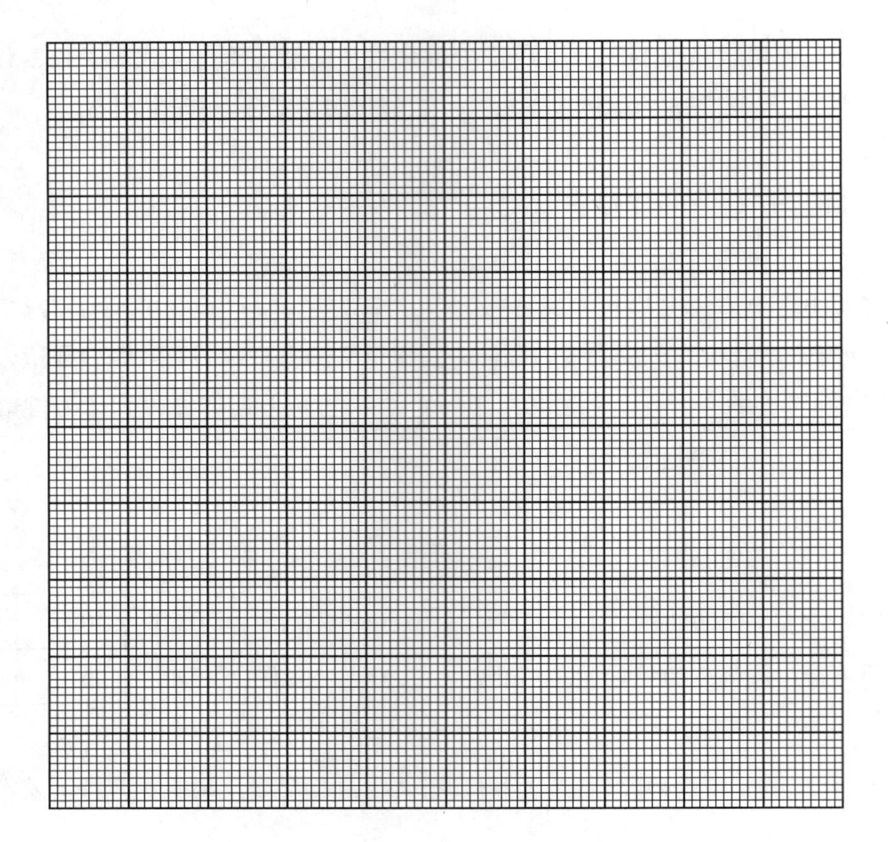

第4問 次の問い(問1～5)に答えよ。(配点 21)

問1 物質の変化とエネルギーに関する記述として**誤りを含むもの**はどれか。最も適当なものを，次の①～④のうちから一つ選べ。 20

① 発熱反応では，反応物のもつエネルギーの総和よりも，生成物のもつエネルギーの総和の方が大きい。

② 燃焼熱は，物質1 molが完全燃焼するときに発生する熱量である。

③ 融解熱は，物質1 molが融解するときに吸収する熱量である。

④ 化学反応によって生じたエネルギーの一部が光エネルギーに変換され，光として放出される現象を化学発光という。

問2 図1は，水素H_2(気)と酸素O_2(気)から水H_2O(気)1 molが生成する反応の反応熱および結合エネルギーの関係を示している。

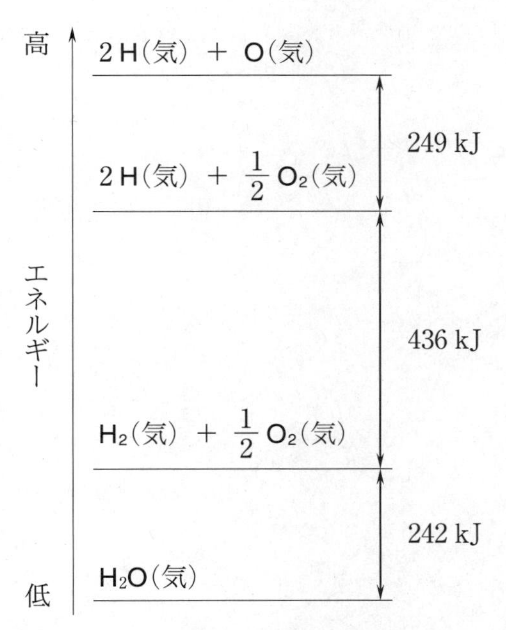

図1 H_2O(気)の生成における反応熱および結合エネルギーの関係

H_2O と同じ元素からなる過酸化水素 H_2O_2 の構造式は，次のように示される。

過酸化水素の構造式　H－O－O－H

また，過酸化水素 H_2O_2(気)の生成熱は，式(1)で示される。

$$H_2(気) + O_2(気) = H_2O_2(気) + 136\,kJ \qquad (1)$$

図 1 と式(1)から考えると，過酸化水素分子中の O－O の結合エネルギーは何 kJ/mol か。最も適当な数値を，次の①～④のうちから一つ選べ。なお，過酸化水素分子中の O－H の結合エネルギーと水分子中の O－H の結合エネルギーは等しいものとする。［ 21 ］kJ/mol

① 72　　② 106　　③ 143　　④ 607

問3 鉛蓄電池は，電極に鉛と酸化鉛(Ⅳ)を，電解液に希硫酸を用いた二次電池である。鉛蓄電池を放電させると，負極，正極でそれぞれ次の反応が起こる。

負極 $Pb + SO_4^{2-} \longrightarrow PbSO_4 + 2e^-$

正極 $PbO_2 + 4H^+ + SO_4^{2-} + 2e^- \longrightarrow PbSO_4 + 2H_2O$

鉛蓄電池に関する記述として**誤りを含むもの**はどれか。最も適当なものを，次の①～④のうちから一つ選べ。 22

① 放電時，正極では還元反応が起こる。

② 放電による電極の質量の増加量は，負極よりも正極の方が大きい。

③ 充電するときは，鉛蓄電池の負極と正極を，それぞれ外部電源の負極と正極に接続する。

④ 充電により，電解液の希硫酸の濃度は大きくなる。

問4　アンモニアは，燃料として用いても二酸化炭素を発生しないことなどを理由に，新たなエネルギー源として注目されており，アンモニアを負極活物質として用いる燃料電池が研究開発されている。この電池では，電解質に酸化物イオン O^{2-} が移動できる固体材料が用いられており，この電池を放電させると，負極，正極でそれぞれ次の反応が起こる。

負極　$2NH_3 + 3O^{2-} \longrightarrow N_2 + 3H_2O + 6e^-$
正極　$O_2 + 4e^- \longrightarrow 2O^{2-}$

0℃，1.013×10^5 Pa(標準状態)で 112 L のアンモニアを用いたとき，得られる電気量の最大値は何 C か。最も適当な数値を，次の①～⑤のうちから一つ選べ。ただし，ファラデー定数は 9.65×10^4 C/mol とする。 23 C

① 8.04×10^4　② 1.61×10^5　③ 4.83×10^5
④ 1.45×10^6　⑤ 2.90×10^6

問 5　図 2 は，0.10 mol/L の硫酸銅(Ⅱ)水溶液 1.0 L に銅電極を浸した電解槽 **I** と，0.10 mol/L の希硫酸 1.0 L に白金電極を浸した電解槽 **II** を直列に接続した装置である。この装置で行った電気分解に関する後の問い(**a** ・ **b**)に答えよ。

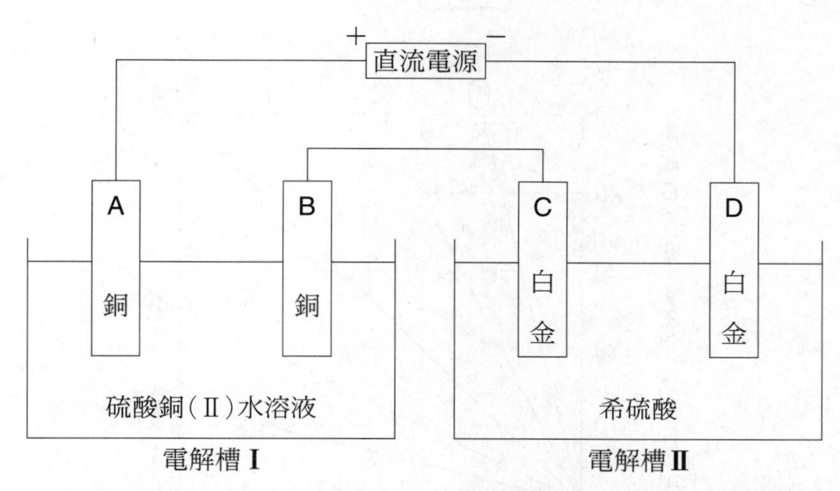

図 2　硫酸銅(Ⅱ)水溶液(銅電極)と希硫酸(白金電極)の電気分解

a　電気分解前後の銅電極 A の質量，および電解槽 **I** の電解液中の銅(Ⅱ)イオンの物質量の変化の組合せとして最も適当なものを，次の①～⑥のうちから一つ選べ。 24

	A の質量	銅(Ⅱ)イオンの物質量
①	増加する	増加する
②	増加する	変化しない
③	増加する	減少する
④	減少する	増加する
⑤	減少する	変化しない
⑥	減少する	減少する

b　電気分解により，電極 C で発生する気体の 0 ℃，1.013×10^5 Pa（標準状態）における体積（mL）と，電極 D で発生する気体の 0 ℃，1.013×10^5 Pa における体積（mL）の関係を表すグラフはどれか。最も適当なものを，次の①～⑤のうちから一つ選べ。 25

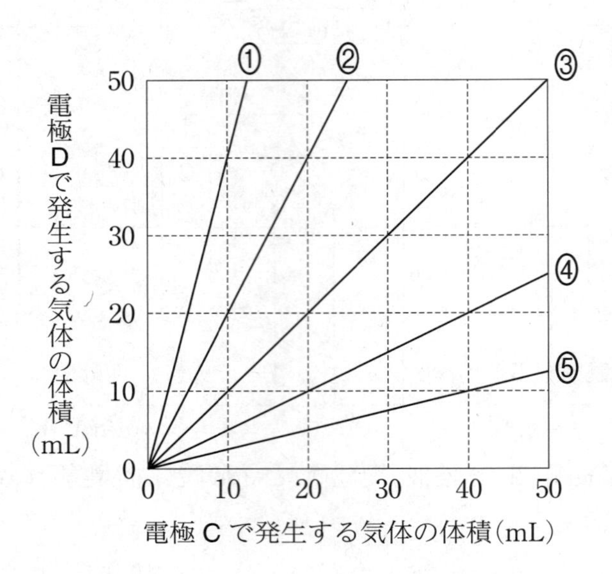

第5問 次の文章を読み，後の問い(問1～3)に答えよ。(配点 17)

ある温泉の温泉水(**温泉水X**とする)中には次の表1に示すイオンが含まれていることが掲示されていた。この**温泉水X**中には，これらのイオンの他にも硫化水素や二酸化炭素などが含まれていることがわかっている。温泉水中に硫黄を含む成分が一定量以上溶け込んでいる温泉を硫黄泉といい，硫黄泉は皮膚病や関節炎などに効能があるといわれている。

表1 **温泉水X**中に含まれるイオン

陽イオン

名称	化学式
ナトリウムイオン	Na^{+}
カリウムイオン	K^{+}
マグネシウムイオン	Mg^{2+}
カルシウムイオン	Ca^{2+}
鉄(Ⅱ)イオン	Fe^{2+}
マンガン(Ⅱ)イオン	Mn^{2+}
アルミニウムイオン	Al^{3+}
水素イオン	H^{+}

陰イオン

名称	化学式
フッ化物イオン	F^{-}
塩化物イオン	Cl^{-}
硫酸イオン	SO_4^{2-}
硫酸水素イオン	HSO_4^{-}
臭化物イオン	Br^{-}
ヨウ化物イオン	I^{-}

問1　**温泉水X**に含まれる表1中のイオンに関する記述として**誤りを含むもの**はどれか。最も適当なものを，次の①～④のうちから一つ選べ。 26

① アルカリ金属元素のイオンは2種類である。
② 遷移元素のイオンは2種類である。
③ 15族の元素を含むイオンがある。
④ ハロゲン元素のイオンは4種類含まれている。

問2　次の文章中の下線部**ア～ウ**の反応のうち，反応の前後で酸化数が減少する硫黄原子を含む反応はどれか。すべてを正しく選択しているものを，後の①～⑦のうちから一つ選べ。 27

温泉水に含まれる硫酸イオンは，地殻中の硫酸塩の溶解や火山ガス中の二酸化硫黄に由来する。**ア**<u>二酸化硫黄は，水および空気中の酸素と反応して硫酸に変化する</u>。また，水中に硫化水素が含まれていると，**イ**<u>二酸化硫黄は硫化水素と反応して硫黄を生じる</u>。この反応で生じた硫黄は，硫黄泉の白濁の一因となる。

温泉地に銀でできたアクセサリーを身につけていくと，**ウ**<u>銀が空気中の硫化水素および酸素と反応して硫化銀 Ag_2S</u>となり，黒く変色してしまうことがある。

① **ア**　② **イ**　③ **ウ**
④ **ア**，**イ**　⑤ **ア**，**ウ**　⑥ **イ**，**ウ**
⑦ **ア**，**イ**，**ウ**

問3　**温泉水X**に含まれる硫化水素の質量を求めるために，次の**操作Ⅰ～Ⅲ**を行った。この**操作**に関する後の問い(**a**～**c**)に答えよ。

操作Ⅰ　**温泉水X** 1.0 L の pH を適切に調整したのち，十分な量の酢酸カドミウム水溶液を加え，1日放置した。これにより試料中の硫化水素を，次の式(1)に示すようにすべて硫化カドミウム(Ⅱ) CdS の沈殿にした。このとき，水溶液中のその他の成分は沈殿を作らない。

$$H_2S + (CH_3COO)_2Cd \longrightarrow CdS + 2\,CH_3COOH \qquad (1)$$

操作Ⅱ　**操作Ⅰ**で生じた CdS の沈殿をすべて回収し，コニカルビーカーに移して塩酸を加えた後，さらに 0.0500 mol/L のヨウ素溶液(ヨウ素ヨウ化カリウム水溶液)を 25.0 mL 加え，CdS を次の式(2)に示すようにすべてヨウ素と反応させた。

$$CdS + 2\,HCl + I_2 \longrightarrow CdCl_2 + S + 2\,HI \qquad (2)$$

操作Ⅲ　<u>**操作Ⅱ**で得られた溶液中に残っている I_2 の量</u>を調べるため，指示薬Aを用いて，0.100 mol/L のチオ硫酸ナトリウム水溶液で滴定したところ，I_2 がなくなるまでに 19.0 mL 必要であった。なお，ヨウ素とチオ硫酸ナトリウムは，次の式(3)に示すように反応する。

$$I_2 + 2\,Na_2S_2O_3 \longrightarrow 2\,NaI + Na_2S_4O_6 \qquad (3)$$

a　**操作Ⅲ**の滴定の際に用いる指示薬Aと，滴定の終点前後におけるコニカルビーカー内の溶液の色の変化の組合せとして最も適当なものを，次の①～⑥のうちから一つ選べ。 28

	指示薬A	色の変化
①	フェノールフタレイン	赤　色→無　色
②	フェノールフタレイン	無　色→赤　色
③	メチルオレンジ	赤　色→黄　色
④	メチルオレンジ	黄　色→赤　色
⑤	デンプン	青紫色→無　色
⑥	デンプン	無　色→青紫色

b　**操作Ⅲ**で測定した下線部のヨウ素の物質量は何 mol か。最も適当な数値を，次の①～⑥のうちから一つ選べ。 29 mol

① 1.90×10^{-4}　② 3.80×10^{-4}　③ 9.50×10^{-4}
④ 1.90×10^{-3}　⑤ 3.80×10^{-3}　⑥ 9.50×10^{-3}

c　**温泉水X** 1.0 L に含まれる硫化水素の質量は何 mg か。最も適当な数値を，次の①～④のうちから一つ選べ。 30 mg

① 3.0　② 5.0　③ 10
④ 20

第 2 回

問題を解くまえに

◆ 本問題は100点満点です。次の対比表を参考にして，**目標点**を立てて解答しなさい。

共通テスト換算得点	24以下	25～36	37～48	49～59	60～69	70～77	78以上
偏差値 ➡	37.5	42.5	47.5	52.5	57.5	62.5	
得　　点	22以下	23～30	31～38	39～45	46～53	54～61	62以上

〔注〕 上の表の，

「共通テスト換算得点」は，'21年度全統共通テスト模試と'22年度大学入学共通テストとの相関をもとに得点を換算したものです。

「得点」帯は，'22第２回全統共通テスト模試の結果より推計したものです。

◆ 問題解答時間は60分です。

◆ 問題を解いたら必ず自己採点により学力チェックを行い，解答・解説，学習対策を参考にしてください。

◆ 以下は，'22第２回全統共通テスト模試の結果を表したものです。

人　数	135,734
配　点	100
平均点	42.1
標準偏差	15.4
最高点	100
最低点	0

（**解答番号** 1 ～ 30 ）

必要があれば，原子量は次の値を使うこと。

H　1.0　　C　12　　O　16　　S　32

気体は，実在気体とことわりがない限り，理想気体として扱うものとする。

第1問　次の問い（問1～5）に答えよ。（配点　20）

問1　次の記述（**ア・イ**）の両方に当てはまる分子として最も適当なものを，後の①～⑤のうちから一つ選べ。 1

ア　三重結合をもつ

イ　非共有電子対を2組もつ

①　硫化水素　　②　窒　素　　③　シアン化水素
④　エチレン　　⑤　二酸化炭素

問2　次の記述(**ア・イ**)の分離操作に用いる実験器具または装置はそれぞれどれか。最も適当なものを，後の①～④のうちから一つずつ選べ。

ア　食塩水から，純水を得る。 2

イ　ヨウ素と塩化銀から，ヨウ素を得る。 3

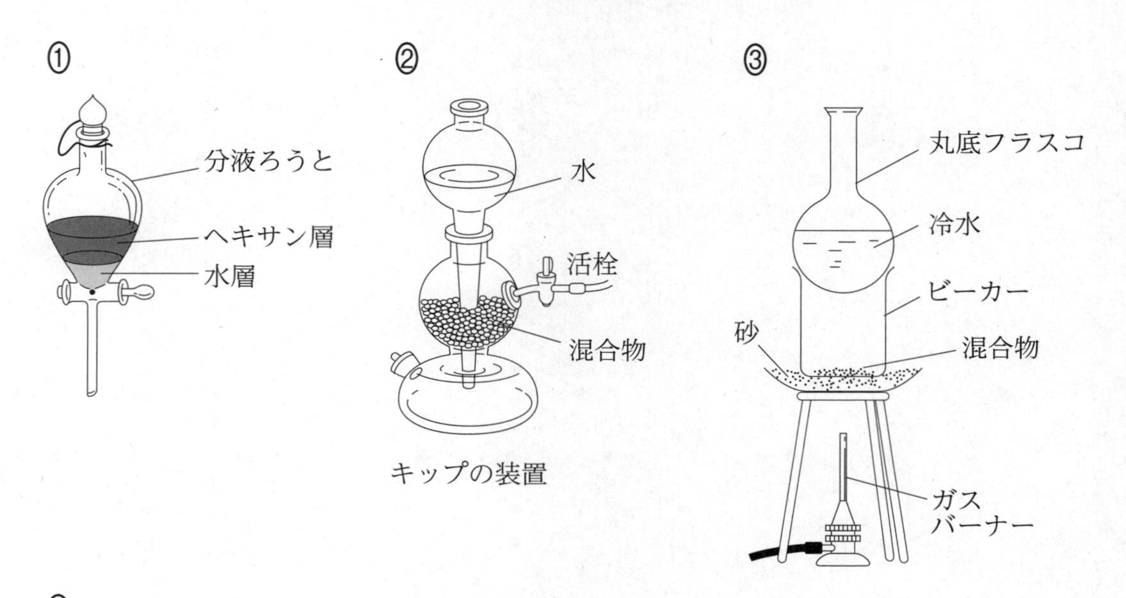

④

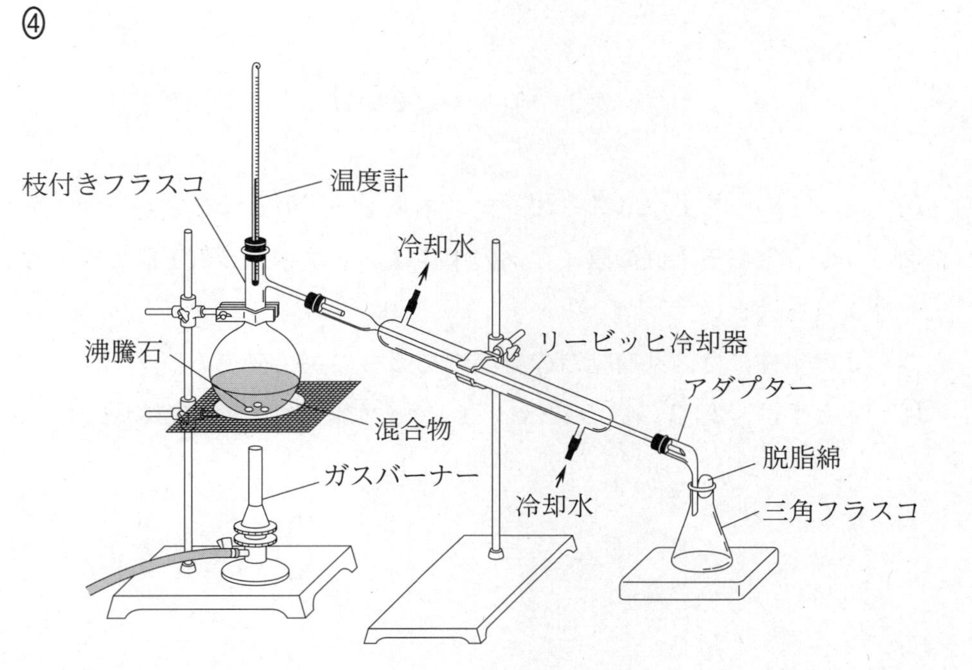

問3　図1に示す電子配置をもつ原子 **a** ～ **f** に関する記述として**誤りを含むもの**はどれか。最も適当なものを，後の①～④のうちから一つ選べ。ただし，図の中心の丸は原子核を，その中の数字は陽子の数を表す。また，外側の破線で示した同心円は電子殻を，黒丸は電子を表す。［ 4 ］

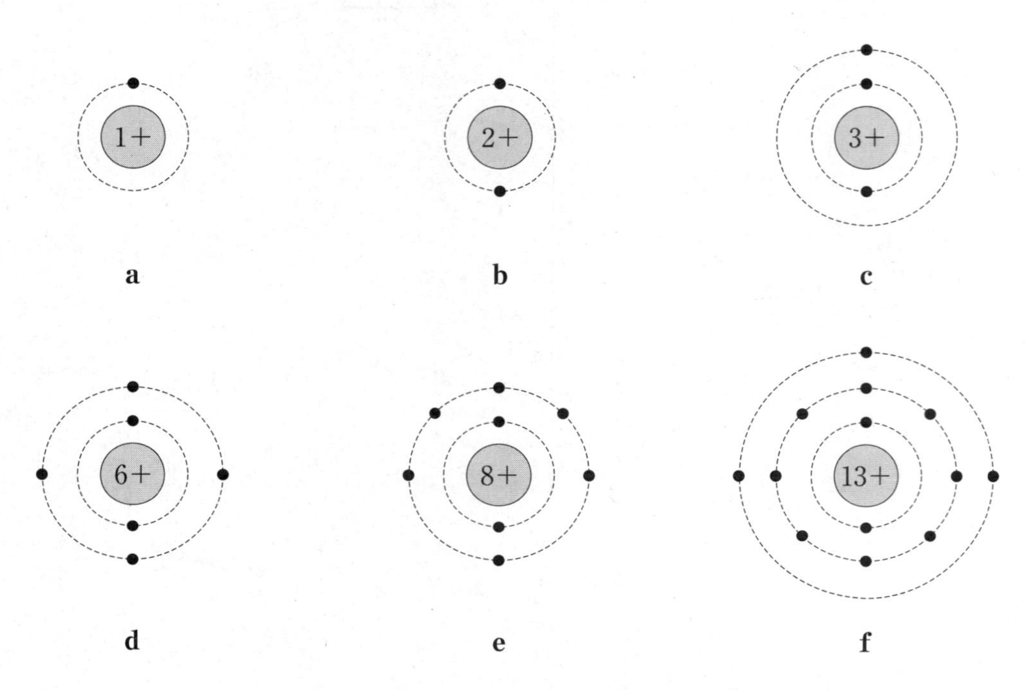

図1　原子の電子配置

① **a** ～ **f** のうちで，**b** のイオン化エネルギーが最も大きい。

② **a** から生じる1価の陰イオンの半径は，**c** から生じる1価の陽イオンの半径よりも大きい。

③ **d** の単体には，共有結合の結晶であるものが存在する。

④ **e** と **f** は，2：3の数の比（**e** ： **f**）でイオン結合した化合物をつくる。

問４　図２は，第１～第５周期の１，２，17，18 族元素の単体の融点を比較したものである。これらの元素の単体の融点に関する記述として下線部に**誤りを含むもの**はどれか。最も適当なものを，後の①～④のうちから一つ選べ。 5

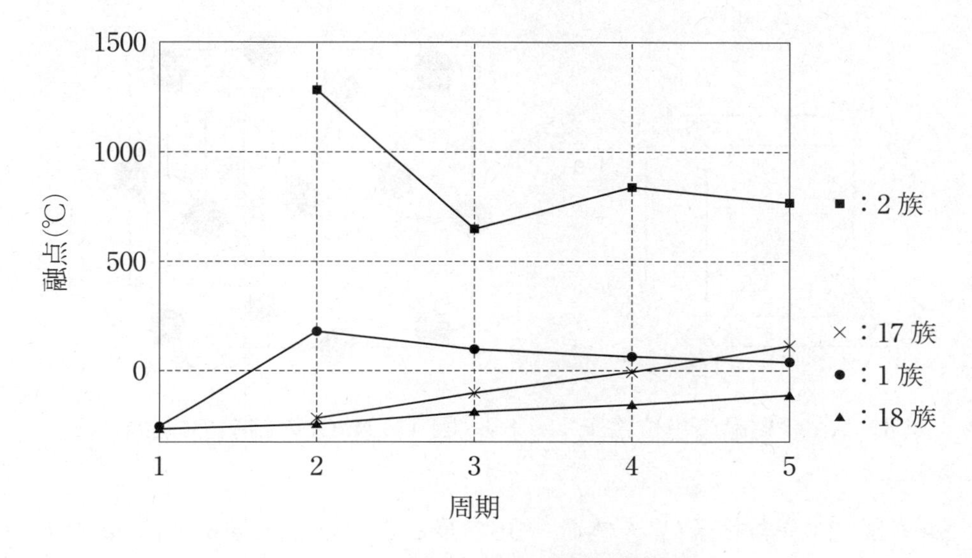

図２　単体の融点と周期の関係

① アルカリ金属の単体では，原子番号が大きいほど原子半径が大きくなるため，融点が低くなる。

② ハロゲンの単体では，構成する原子の原子番号が大きいほどファンデルワールス力が強くなるため，融点が高くなる。

③ 同一周期の金属元素では，原子番号が大きいほど原子の価電子の数が多く，単体の融点が高い。

④ 同一周期のハロゲンの単体と貴ガスの単体では，構成する原子の原子番号が大きいほど分子量が大きくなるため，融点が低くなる。

問5　図3の立方体は，ナトリウム Na の結晶の単位格子を表している。また，図4の立方体は，塩化ナトリウム NaCl の結晶の単位格子を表している。ナトリウムと塩化ナトリウムの結晶に関する後の問い（**a**・**b**）に答えよ。

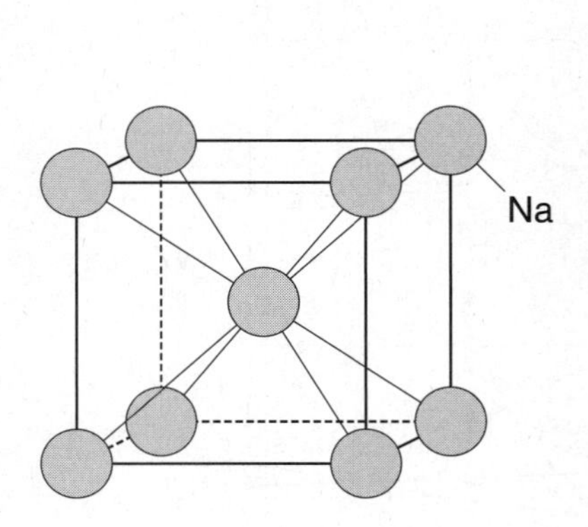

図3　Na の結晶の単位格子

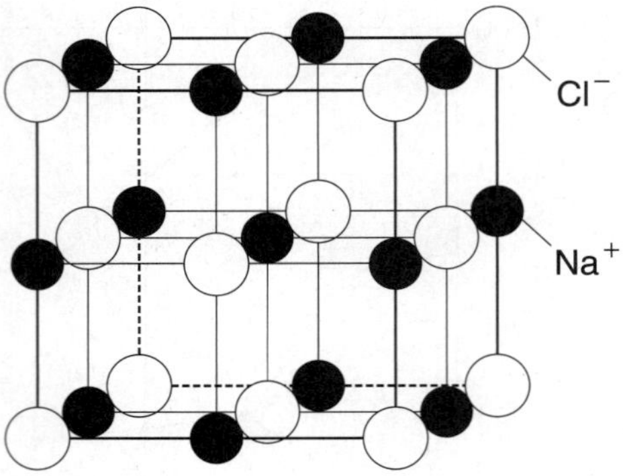

図4　NaCl の結晶の単位格子

a　図3の単位格子（立方体）の一辺の長さを a (nm) とすると，Na 原子の半径 r (nm) を表す式として最も適当なものを，次の①～⑥のうちから一つ選べ。 6 nm

① $\frac{\sqrt{2}}{8}a$　　② $\frac{\sqrt{2}}{4}a$　　③ $\frac{\sqrt{2}}{2}a$

④ $\frac{\sqrt{3}}{8}a$　　⑤ $\frac{\sqrt{3}}{4}a$　　⑥ $\frac{\sqrt{3}}{2}a$

b　Na の結晶の密度を d (g/cm^3)，NaCl の結晶の密度を d' (g/cm^3) とし，Na の式量を M，NaCl の式量を M' とすると，NaCl の単位格子の体積は，Na の単位格子の体積の何倍か。最も適当な式を，次の①～⑥のうちから一つ選べ。[7] 倍

① $\dfrac{d'M'}{2dM}$　　② $\dfrac{d'M'}{dM}$　　③ $\dfrac{2d'M'}{dM}$

④ $\dfrac{dM'}{2d'M}$　　⑤ $\dfrac{dM'}{d'M}$　　⑥ $\dfrac{2dM'}{d'M}$

第2問　次の問い(問1～5)に答えよ。(配点　20)

問1　純物質の状態は，温度と圧力によって決まる。ある温度・圧力において，その物質がどのような状態であるかを示した図を状態図といい，3本の曲線によって三つの状態(物質の三態)に分けられる。図1は，二酸化炭素の状態図を示したものである。これに関する記述として**誤りを含むもの**はどれか。最も適当なものを，後の①～④のうちから一つ選べ。 8

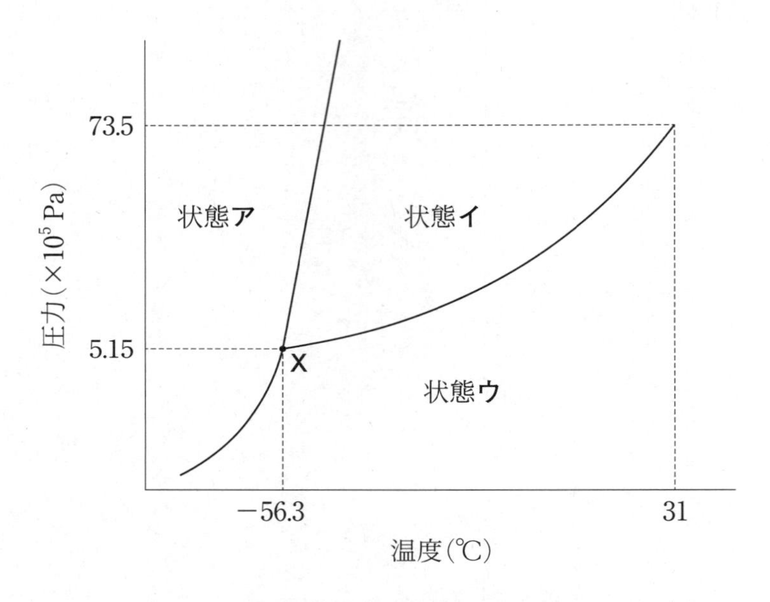

図1　二酸化炭素の状態図

① 状態**ウ**から状態**イ**への変化は，凝縮とよばれる。
② 点**X**では，二酸化炭素の固体，液体，気体が共存することができる。
③ 6.0×10^5 Pa のもとで，固体の二酸化炭素を加熱していくと，液体になる。
④ 温度一定のもとで，固体の二酸化炭素を加圧していくと，液体になる。

問2　容積一定の密閉容器に 1.4 g の一酸化炭素と 3.2 g の酸素を封入し，温度を 27 ℃にしたところ，容器内の圧力は 1.0×10^5 Pa であった。これを**状態Ⅰ**とする。次に，容器内の気体に着火して一酸化炭素を完全に燃焼させた後，冷却して温度を 27 ℃に戻した。これを**状態Ⅱ**とする。これに関する次の問い（**a**・**b**）に答えよ。ただし，気体定数は $R = 8.3 \times 10^3$ Pa·L/(K·mol) とする。

a　この密閉容器の容積は何 L か。最も適当な数値を，次の①～④のうちから一つ選べ。［ 9 ］L

①　1.2　　②　2.5　　③　3.7　　④　7.5

b　**状態Ⅱ**のときの容器内の圧力は何 Pa か。最も適当な数値を，次の①～④のうちから一つ選べ。［ 10 ］Pa

①　5.0×10^4　　②　6.7×10^4　　③　8.3×10^4　　④　1.0×10^5

問3　エタノールと窒素が2：1の物質量比(エタノール：窒素)で含まれる混合物を，温度 t(℃)でピストン付きの密閉容器に入れ，容器の容積を16.0 Lにしたところエタノールはすべて気体になった。次に，温度を t(℃)で一定に保ったまま，容積が2.0 Lになるまで徐々に圧縮すると，容器内の圧力は容器の容積の減少とともに図2のように変化し，その過程でエタノールの液滴が観察された。また，表1は，容器の容積が16.0 L，12.0 L，8.0 L，4.0 Lおよび2.0 Lのときの圧力を記したものである。これに関する記述として**誤りを含むもの**はどれか。最も適当なものを，後の①～④のうちから一つ選べ。ただし，エタノールの液体の体積およびエタノールの液体への窒素の溶解は無視できるものとする。 11

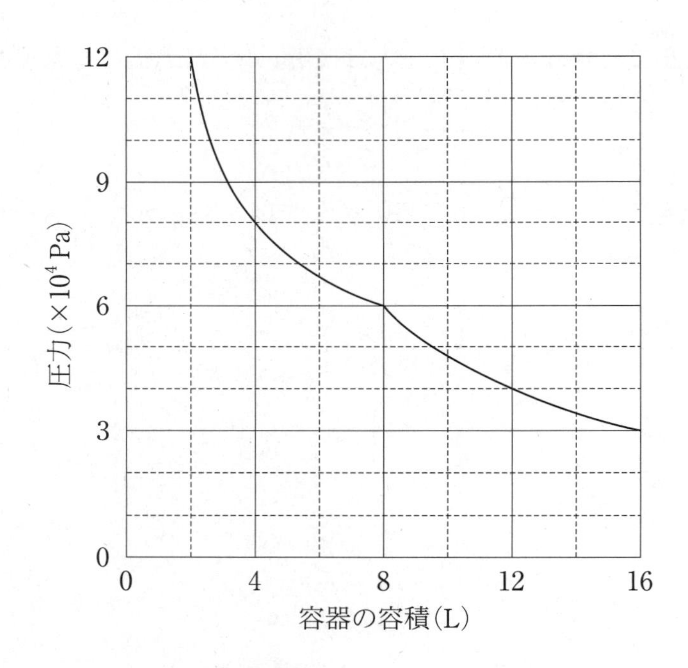

図2　容器の容積と容器内の圧力の関係

表1　容器の容積と容器内の圧力の数値

容器の容積(L)	2.0	4.0	8.0	12.0	16.0
圧力(×10^4 Pa)	12.0	8.0	6.0	4.0	3.0

① 容器の容積が 8.0 L のときの窒素の分圧は，16.0 L のときの窒素の分圧の 2 倍である。

② 容器の容積が 12.0 L のとき，エタノールはすべて気体として存在した。

③ t (℃)におけるエタノールの飽和蒸気圧は，4.0×10^4 Pa である。

④ 容器の容積を 1.0 L にすると，容器内の圧力は 1.8×10^5 Pa になる。

問4　溶解および溶液に関する記述として**誤りを含むもの**はどれか。最も適当なものを，次の①～④のうちから一つ選べ。 12

① 分子からなる物質であるグルコースとアンモニアは，いずれも非電解質に分類される。

② 海水でぬれた服は，純水でぬれた服より乾きにくい。

③ 圧力一定のもとでグルコース水溶液を加熱していくと，沸騰し始めた後も水溶液の温度は徐々に上昇する。

④ 水にエチレングリコールを溶かした水溶液は，1.013×10^5 Pa のもとで 0 ℃でも凝固しない。

問5　純溶媒と溶液を半透膜で仕切り，溶液側に浸透圧を上回る圧力を加えると，溶液側から純溶媒側に溶媒分子を移動させることができる。これを逆浸透といい，海水の淡水化などに利用されている。逆浸透に関する次の**実験**を行った。

実験　図3のように，断面積が一定のU字管を水分子のみを通過させる半透膜で仕切り，両側にそれぞれ100 mLの純水と0.10 mol/Lの塩化ナトリウム水溶液100 mLを入れた。次に，塩化ナトリウム水溶液側の液面に，ある大きさの圧力を加えたところ，塩化ナトリウム水溶液側から純水側に水10 mLが移動した。

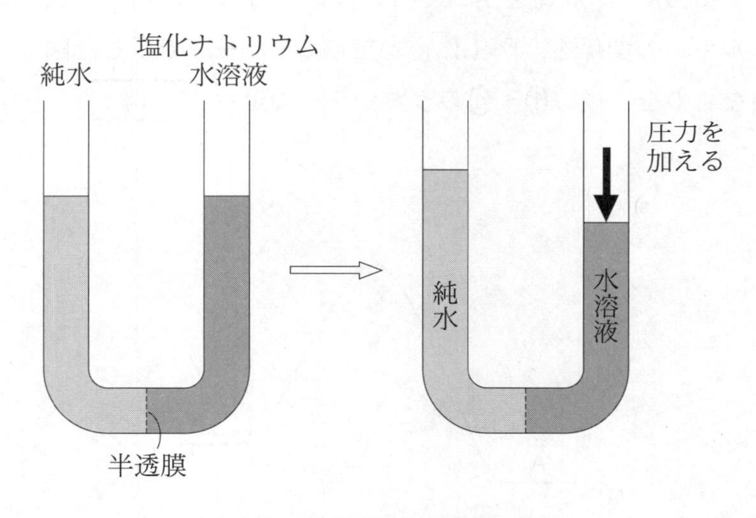

図3　逆浸透の実験

この**実験**において，塩化ナトリウム水溶液側の液面に加えた圧力は何Paか。最も適当な数値を，次の①～④のうちから一つ選べ。ただし，温度は27℃，気体定数は$R=8.3\times10^{3}$ Pa·L/(K·mol)とし，NaClは完全に電離しているものとする。また，生じた液面の高さの差による圧力は無視できるものとし，純水および塩化ナトリウム水溶液の密度は1.0 g/cm^{3}とする。 13 Pa

① 2.5×10^{5}　② 2.8×10^{5}　③ 5.0×10^{5}　④ 5.5×10^{5}

第3問　次の問い(問1～4)に答えよ。(配点　20)

問1　気体Aから気体Bが生成する反応

$$A \longrightarrow 2B \qquad (1)$$

について，次の問い(**a**・**b**)に答えよ。

a　触媒を用いない場合の式(1)の反応経路とエネルギーの関係を図1に実線(――)で示す。触媒を用いてこの反応を行わせた場合の式(1)の反応経路とエネルギーの関係を，図1に重ねて破線(----------)で示した図はどれか。最も適当なものを，後の①～④のうちから一つ選べ。 14

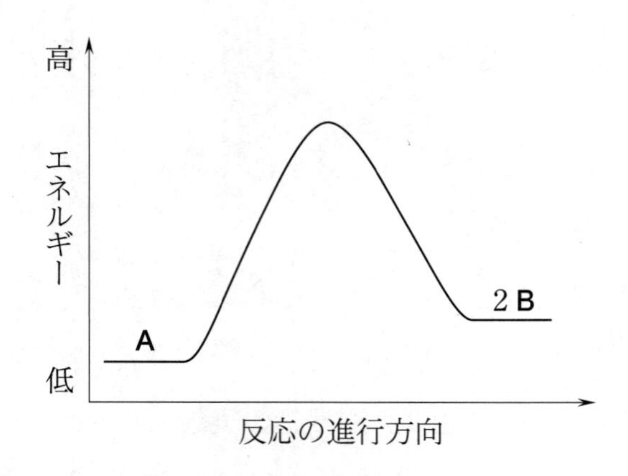

図1　触媒を用いない場合の式(1)の反応経路とエネルギーの関係

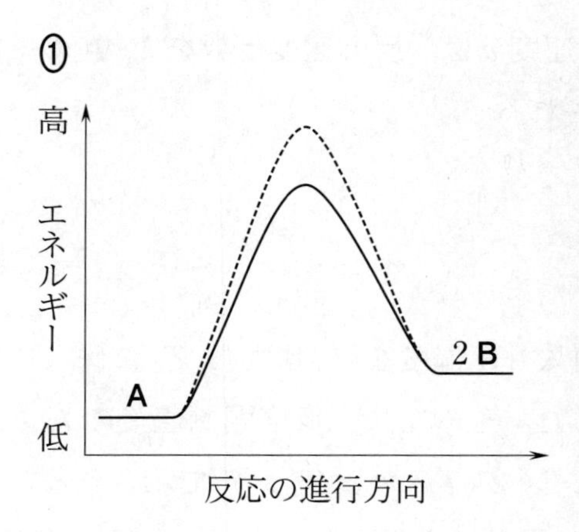
①
高
エネルギー
低
A
2 B
反応の進行方向

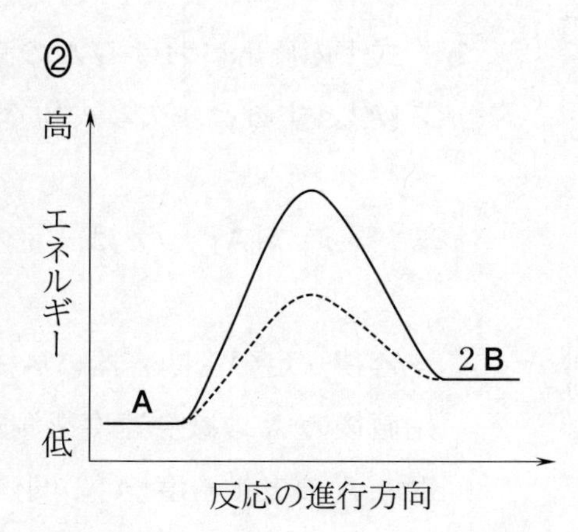
②
高
エネルギー
低
A
2 B
反応の進行方向

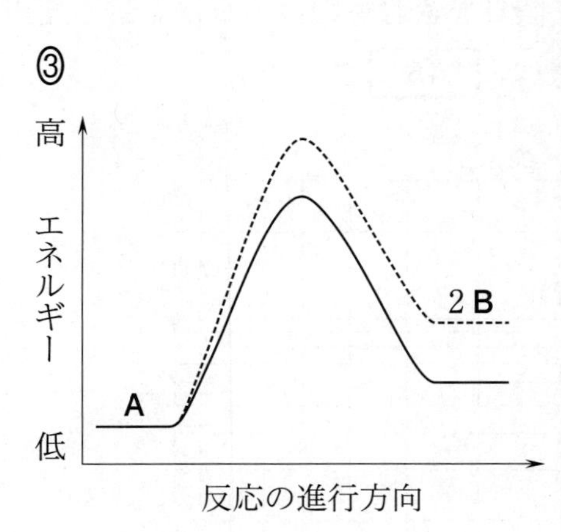
③
高
エネルギー
低
A
2 B
反応の進行方向

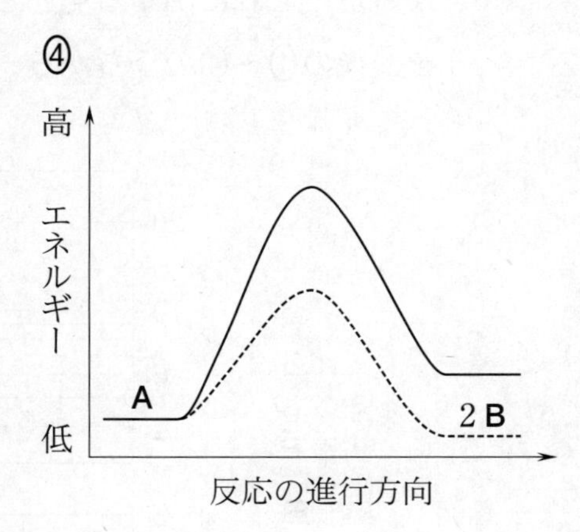
④
高
エネルギー
低
A
2 B
反応の進行方向

b　式(1)の反応における **A** の減少速度 v は，反応速度定数を k，**A** のモル濃度を[**A**]とすると，次の式(2)で表される。

$$v = k[\mathbf{A}]^{a} \quad (a\text{ は一定の指数}) \tag{2}$$

容積一定の密閉容器に **A** を封入し，温度を T_1 または T_2 に保って反応開始直後の **A** の減少速度を測定した。その結果，反応開始直後の **A** の減少速度と **A** のモル濃度[**A**]の関係は，図 2（T_1：●，T_2：◉）で示されることがわかった。これに関する記述として**誤りを含むもの**はどれか。最も適当なものを，後の①～④のうちから一つ選べ。 15

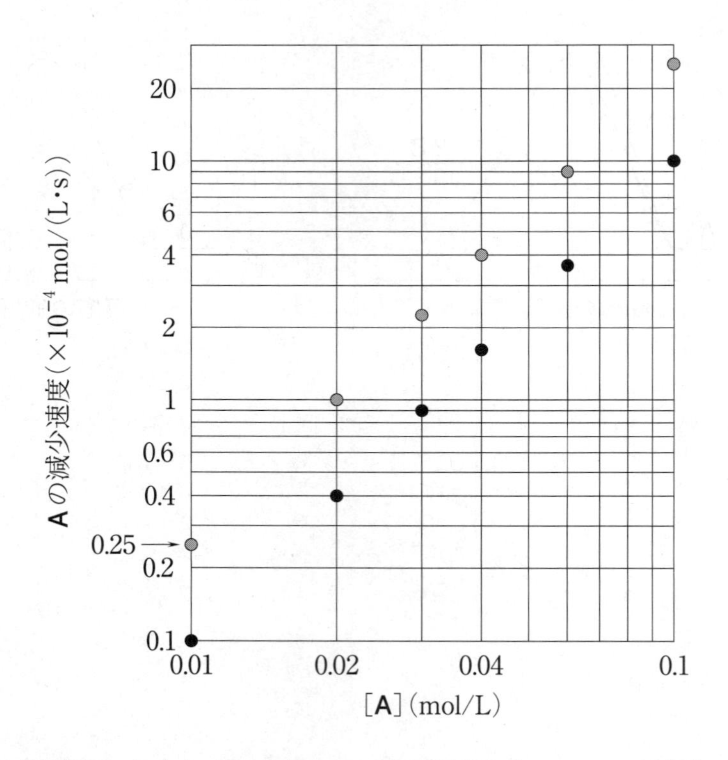

図 2　温度 T_1（●）と T_2（◉）の **A** の減少速度と **A** のモル濃度の関係

① 式(2)の指数部分は，$a=2$ である。

② T_2 での反応速度定数 k は，T_1 での反応速度定数 k の 2.5 倍である。

③ 温度が T_2 で[A]＝0.40 mol/L のとき，A の減少速度は 2.0×10^{-2} mol/(L・s) である。

④ 温度が T_1 で[A]＝0.020 mol/L のとき，B の生成速度は 8.0×10^{-5} mol/(L・s) である。

問 2　二酸化硫黄 SO_2(気)と酸素 O_2(気)を混合し，高温にして反応させると，三酸化硫黄 SO_3(気)が生成する。この反応は，式(3)で表される可逆反応である。

$$2\,SO_2 + O_2 \rightleftarrows 2\,SO_3 \qquad (3)$$

式(3)の可逆反応の平衡定数 K は，式(4)で表される。

$$K = \frac{[SO_3]^2}{[SO_2]^2[O_2]} \qquad (4)$$

式(3)の可逆反応について，次の問い(**a**・**b**)に答えよ。

a　容積が 10 L の密閉容器に SO_2 と O_2 を封入して 1000 K に保ったところ，式(3)の可逆反応が平衡状態に達した。このとき SO_3 の物質量が SO_2 の物質量の 3 倍であったとすると，O_2 の物質量は何 mol か。最も適当な数値を，次の①～⑤のうちから一つ選べ。ただし，1000 K における K の値は 290 L/mol である。[16] mol

① 1.0×10^{-2}　　② 3.1×10^{-2}　　③ 9.3×10^{-2}

④ 1.0×10^{-1}　　⑤ 3.1×10^{-1}

b　次の**操作Ⅰ**～**Ⅲ**の記述中の空欄 ア ～ ウ に当てはまる語句の組合せとして最も適当なものを，後の①～⑧のうちから一つ選べ。ただし，式(3)の右向きの反応(正反応)は発熱反応である。 17

操作Ⅰ　ピストンがなめらかに動く密閉容器に SO_2 と O_2 を封入し，容器内の温度を T_1 (K)に保ったところ，式(3)の可逆反応が平衡状態に達し，容器の容積は V_1 (L)となった(**状態Ⅰ**)。

操作Ⅱ　**状態Ⅰ**から，容器内の圧力を一定に保ちながら温度を上げて T_2 (K)にすると，式(3)の平衡が ア に移動して，新たな平衡状態に達した。このとき，容器の容積は V_1 (L)よりも イ なった(**状態Ⅱ**)。

操作Ⅲ　**状態Ⅱ**から，温度を T_2 (K)に保って容器の容積を V_1 (L)に戻すと，式(3)の平衡が ウ に移動して，新たな平衡状態に達した(**状態Ⅲ**)。

	ア	イ	ウ
①	右向き	小さく	右向き
②	右向き	小さく	左向き
③	右向き	大きく	右向き
④	右向き	大きく	左向き
⑤	左向き	小さく	右向き
⑥	左向き	小さく	左向き
⑦	左向き	大きく	右向き
⑧	左向き	大きく	左向き

問3 pH 指示薬に用いられる色素 HX は1価の弱酸である。HX は，水溶液中で次の式(5)で表される電離平衡の状態になる。

$$\underset{(\text{黄色})}{\mathrm{HX}} \rightleftarrows \mathrm{H^+} + \underset{(\text{青色})}{\mathrm{X^-}} \quad (5)$$

HX を含む水溶液において，HX のモル濃度[HX]が X^- のモル濃度[X^-]の10倍以上になる pH では水溶液の色は黄色を呈し，[X^-]が[HX]の10倍以上になる pH では水溶液の色は青色を呈する。また，その間の pH の範囲を変色域とする。HX の電離定数を 1×10^{-8} mol/L とすると，観察される水溶液の色と pH の関係を示す図として最も適当なものを，次の①～⑥のうちから一つ選べ。 18

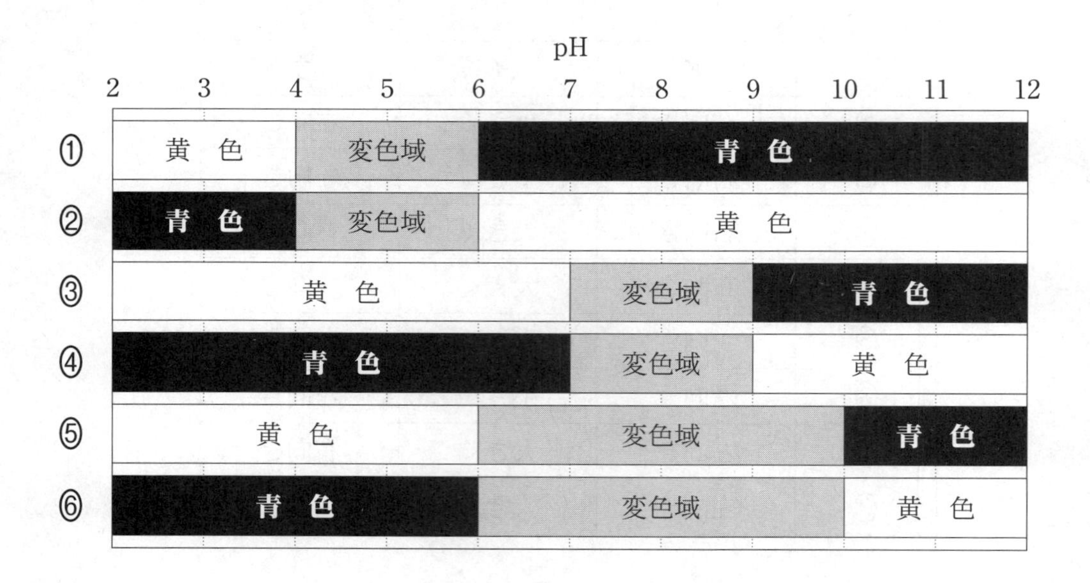

問4 コロイドに関する次の記述(Ⅰ～Ⅲ)に関連する用語の組合せとして最も適当なものを，後の①～⑧のうちから一つ選べ。 19

Ⅰ 硫黄のコロイド溶液に横から強い光を当てると，光の通路が明るく輝いて見えた。

Ⅱ 親水コロイドである卵白の水溶液に硫酸アンモニウムの飽和水溶液を多量に加えると，沈殿が生じた。

Ⅲ 赤褐色の水酸化鉄(Ⅲ)のコロイド溶液に直流電圧をかけると，陰極側の溶液の色が濃くなった。

	Ⅰ	Ⅱ	Ⅲ
①	チンダル現象	塩　析	電気泳動
②	チンダル現象	塩　析	透　析
③	チンダル現象	凝　析	電気泳動
④	チンダル現象	凝　析	透　析
⑤	ブラウン運動	塩　析	電気泳動
⑥	ブラウン運動	塩　析	透　析
⑦	ブラウン運動	凝　析	電気泳動
⑧	ブラウン運動	凝　析	透　析

第４問　次の問い（問１～４）に答えよ。（配点　20）

問１　ケイ素に関する記述として**誤りを含むもの**はどれか。最も適当なものを，次の①～④のうちから一つ選べ。 20

① ケイ素の単体は天然には存在しないが，二酸化ケイ素は石英や水晶などとして天然に存在する。

② 二酸化ケイ素は，塩酸に溶解する。

③ 水ガラスは，粘性の大きな液体である。

④ シリカゲルが乾燥剤として用いられるのは，多孔質であり，多数のヒドロキシ基（－OH）をもつからである。

問２　操作Ａで発生する気体の乾燥剤Ｂとして**適当でないもの**はどれか。次の①～④のうちから一つ選べ。 21

	操作Ａ	乾燥剤Ｂ
①	塩化ナトリウムに濃硫酸を加えて加熱する。	塩化カルシウム
②	酸化マンガン(Ⅳ)に濃塩酸を加えて加熱する。	濃硫酸
③	塩化アンモニウムと水酸化カルシウムの混合物を加熱する。	ソーダ石灰
④	亜硫酸ナトリウム水溶液に希硫酸を加える。	酸化カルシウム

問3　鉄，亜鉛，アルミニウムのうち，水酸化ナトリウム水溶液には溶けるが，濃硝酸には溶けないものはどれか。すべてを正しく選んでいるものとして最も適当なものを，次の①～⑥のうちから一つ選べ。 22

① 鉄　② 亜鉛　③ アルミニウム
④ 鉄，亜鉛　⑤ 鉄，アルミニウム　⑥ 亜鉛，アルミニウム

問4　ナトリウムに関する次の問い（**a**～**c**）に答えよ。

a　ナトリウムに関する記述として**誤りを含むもの**はどれか。最も適当なものを，次の①～④のうちから一つ選べ。 23

① ナトリウムは，黄色の炎色反応を示す。

② ナトリウムの単体は，空気中の酸素や水と反応するので，石油（灯油）中に保存する。

③ 炭酸ナトリウムは，水に溶けにくい。

④ 炭酸水素ナトリウムは，ベーキングパウダーに用いられ，加熱すると二酸化炭素が発生する。

b　図1は，塩化ナトリウム水溶液から水酸化ナトリウムを製造するイオン交換膜法における電気分解の様子を表したものである。この電気分解全体では，式(1)で表される反応が起こる。

$$2\,NaCl + 2\,H_2O \longrightarrow 2\,NaOH + Cl_2 + H_2 \qquad (1)$$

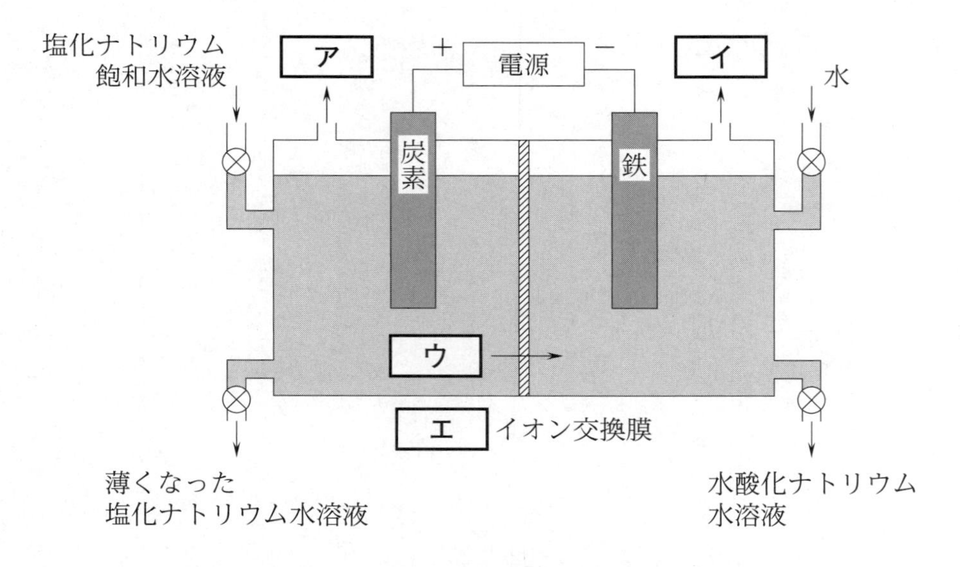

図1　イオン交換膜法の模式図

図1中の空欄 ア ～ エ に当てはまる気体，イオンおよび語の組合せとして最も適当なものを，次の①～⑥のうちから一つ選べ。 24

	ア	イ	ウ	エ
①	水　素	塩　素	塩化物イオン	陰
②	水　素	塩　素	水酸化物イオン	陰
③	水　素	塩　素	ナトリウムイオン	陽
④	塩　素	水　素	塩化物イオン	陰
⑤	塩　素	水　素	水酸化物イオン	陰
⑥	塩　素	水　素	ナトリウムイオン	陽

c　塩化水素 HCl(気)の生成熱および水への溶解熱を表1に示す。

表1　HCl(気)の生成熱および水への溶解熱

HCl(気)の生成熱	92 kJ/mol
HCl(気)の水への溶解熱	75 kJ/mol

また，塩酸(塩化水素の水溶液)と水酸化ナトリウム水溶液を混合したときに発生する中和熱は 56 kJ/mol であり，次の熱化学方程式(2)で表される。

$$\mathrm{HCl\,aq} + \mathrm{NaOH\,aq} = \mathrm{NaCl\,aq} + \mathrm{H_2O}(液) + 56\,\mathrm{kJ} \qquad (2)$$

イオン交換膜法に関連する次の熱化学方程式(3)の Q は何 kJ か。最も適当な数値を，後の①～④のうちから一つ選べ。 25 kJ

$$2\,\mathrm{NaCl\,aq} + 2\,\mathrm{H_2O}(液) = 2\,\mathrm{NaOH\,aq} + \mathrm{Cl_2}(気) + \mathrm{H_2}(気) + Q\,(\mathrm{kJ}) \qquad (3)$$

①　−446　　②　−223　　③　223　　④　446

第5問　次の文章を読み，後の問い(**問1～3**)に答えよ。(配点　20)

硫酸 H_2SO_4 は，鉛蓄電池の電解液や肥料・繊維・医薬品の製造など，さまざまな用途に用いられている物質である。濃硫酸は，工業的には(a)接触法(接触式硫酸製造法)によってつくられている。また，(b)希硫酸は，濃硫酸を薄めて調製する。

(c)硫酸は，水溶液中で次のように二段階で電離する。

$$H_2SO_4 \longrightarrow H^+ + HSO_4^- \quad (1)$$

$$HSO_4^- \rightleftarrows H^+ + SO_4^{2-} \quad (2)$$

第一段階の電離は，式(1)で示すように，完全に進行する。また，第二段階の電離は，式(2)で示すように，完全には進行せず，電離平衡の状態になる。したがって，C (mol/L)の希硫酸中の硫酸イオン SO_4^{2-} のモル濃度を x (mol/L)とすると，硫酸水素イオン HSO_4^- のモル濃度は$(C-x)$ (mol/L)と表される。第二段階の電離の電離定数を K_a とすると，K_a は式(3)で表される。

$$K_a = \frac{[H^+][SO_4^{2-}]}{[HSO_4^-]} \quad (3)$$

問1　下線部(a)に関して，接触法は次の二つの工程からなる。

工程1　酸化バナジウム(V)V_2O_5を触媒として，二酸化硫黄SO_2を空気中の酸素O_2と反応させて三酸化硫黄SO_3にする。

$$2\,SO_2 + O_2 \longrightarrow 2\,SO_3$$

工程2　三酸化硫黄を濃硫酸に吸収させて発煙硫酸とし，これを希硫酸で薄めて濃硫酸にする。

$$SO_3 + H_2O \longrightarrow H_2SO_4$$

接触法の原料である二酸化硫黄は，石油の脱硫過程(硫黄分を取り除く工程)などで回収された単体の硫黄を燃焼させたり，黄鉄鉱FeS_2を焼いたりすることでつくられている。

接触法を利用して，単体の硫黄16 kgをすべて硫酸に変えたとすると，質量パーセント濃度が98 %の濃硫酸は何kg得られるか。最も適当な数値を，次の①～⑤のうちから一つ選べ。 26 kg

① 25　　② 49　　③ 50　　④ 98　　⑤ 100

問2　下線部(b)に関して，次の文章を読み，後の問い（**a**・**b**）に答えよ。

濃硫酸と水を混合すると熱が［ア］。したがって，濃硫酸を希釈する場合，［イ］ながら［ウ］に［エ］を少しずつ加える。

質量パーセント濃度が 98 % で，密度が 1.8 g/cm^3 の濃硫酸 v (mL) を希釈して c (mol/L) の希硫酸 1.0 L を調製した。調製した c (mol/L) の希硫酸 10 mL を完全に中和するために必要な 0.20 mol/L の水酸化ナトリウム水溶液の体積は 20 mL であった。

a　上の文章中の空欄［ア］～［エ］に当てはまる語句の組合せとして最も適当なものを，次の①～④のうちから一つ選べ。［27］

	ア	イ	ウ	エ
①	発生する	冷却し	水	濃硫酸
②	発生する	冷却し	濃硫酸	水
③	吸収される	温　め	水	濃硫酸
④	吸収される	温　め	濃硫酸	水

b　上の文章中の c (mol/L) および v (mL) の数値の組合せとして最も適当なものを，次の①～⑥のうちから一つ選べ。［28］

	c (mol/L)	v (mL)
①	0.20	5.5
②	0.20	11
③	0.20	22
④	0.40	11
⑤	0.40	22
⑥	0.40	44

問3　下線部(c)に関連する次の問い（**a**・**b**）に答えよ。

a　1.50×10^{-2} mol/L の希硫酸中の水素イオン濃度は 2.00×10^{-2} mol/L である。K_a の値は何 mol/L か。最も適当な数値を，次の①～④のうちから一つ選べ。［ 29 ］mol/L

①　5.0×10^{-3}　　②　1.0×10^{-2}　　③　2.0×10^{-2}　　④　4.0×10^{-2}

b　硫酸水素ナトリウム $NaHSO_4$ 水溶液に，次に示す物質**ア**～**ウ**のいずれかを加える。物質**ア**～**ウ**のうち，硫酸水素イオンのモル濃度[HSO_4^-]が大きくなるものはどれか。すべてを正しく選んでいるものとして最も適当なものを，後の①～⑥のうちから一つ選べ。ただし，物質を加えたことによる溶液の体積変化は無視できるものとする。［ 30 ］

ア　気体の塩化水素 HCl
イ　固体の硫酸ナトリウム Na_2SO_4
ウ　固体の水酸化ナトリウム $NaOH$

①　**ア**　　②　**イ**　　③　**ウ**
④　**ア**，**イ**　　⑤　**ア**，**ウ**　　⑥　**イ**，**ウ**

第 3 回

問題を解くまえに

◆ 本問題は100点満点です。次の対比表を参考にして，**目標点**を立てて解答しなさい。

共通テスト換算得点	27以下	28～40	41～52	53～62	63～71	72～79	80以上
偏差値 ➡	37.5	42.5	47.5	52.5	57.5	62.5	
得　　点	21以下	22～30	31～38	39～47	48～56	57～64	65以上

〔注〕 上の表の，
「共通テスト換算得点」は，'21年度全統共通テスト模試と'22年度大学入学共通テストとの相関をもとに得点を換算したものです。
「得点」帯は，'22第３回全統共通テスト模試の結果より推計したものです。

◆ 問題解答時間は60分です。

◆ 問題を解いたら必ず自己採点により学力チェックを行い，解答・解説，学習対策を参考にしてください。

◆ 以下は，'22第３回全統共通テスト模試の結果を表したものです。

人　　数	94,636
配　　点	100
平 均 点	43.2
標準偏差	17.4
最 高 点	100
最 低 点	0

(**解答番号** 1 ～ 33)

必要があれば，原子量は次の値を使うこと。

H　1.0	He　4.0	C　12	O　16
Al　27	Cu　64		

気体は，実在気体とことわりがない限り，理想気体として扱うものとする。

第1問　次の問い(問1～5)に答えよ。(配点　20)

問1　$^{52}_{24}Cr$ が3価の陽イオンになったとき，このイオンに含まれる中性子の数と電子の数の差はいくらか。最も適当な数値を，次の①～⑤のうちから一つ選べ。 1

①　1　　②　3　　③　4　　④　5　　⑤　7

問2　図1は，原子**A**の陽イオン(●)と酸化物イオンO^{2-}(○)からなるイオン結晶の単位格子(立方体)を示したもので，**A**の陽イオンは立方体の各頂点に，酸化物イオンは各辺の中点に位置している。この結晶中の**A**の酸化数として最も適当なものを，後の①～⑥のうちから一つ選べ。 2

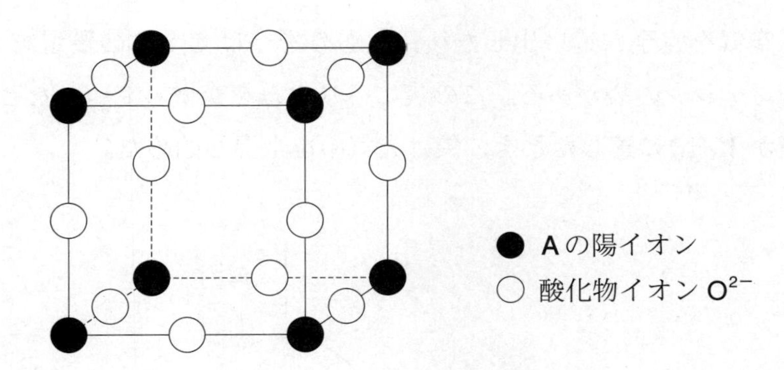

図1　Aの陽イオンと酸化物イオンからなるイオン結晶の単位格子

① ＋1　　② ＋2　　③ ＋3

④ ＋4　　⑤ ＋5　　⑥ ＋6

問 3　大気中で風船は，風船によっておしのけられた空気の質量分の浮力を受けることが知られており，風船にはたらく重力より浮力が大きくなると，風船は浮かび上がる。これに関して，大気圧が 1.0×10^5 Pa，気温が 27 ℃のもとで，次の**実験**を行った。

実験　空気を完全に追い出した後，おもりをつけて全体の質量を 25 g にしたポリエチレンの袋がある。この袋にヘリウムを充塡していったところ，袋の体積が V (L)に達したとき，袋は大気中を上昇し始めた。

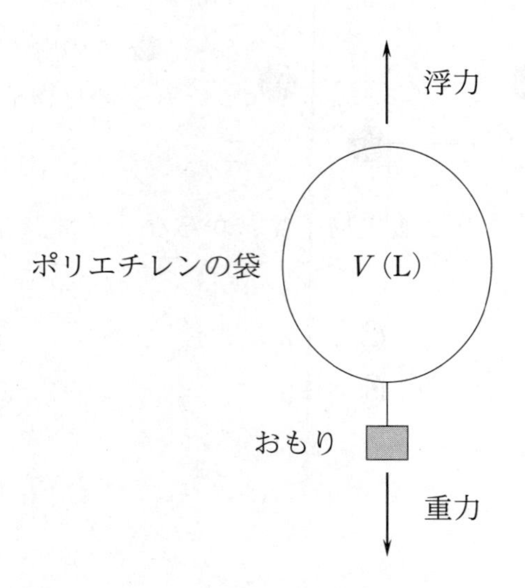

図 2　おもりのついたポリエチレンの袋にはたらく浮力と重力

1.0×10^5 Pa，27 ℃で V (L)の空気の質量を w_1 (g)，1.0×10^5 Pa，27 ℃で V (L)のヘリウムの質量を w_2 (g)とすると，浮力が重力を上回る条件は，

$$w_1\,(\mathrm{g}) > w_2\,(\mathrm{g}) + 25\,\mathrm{g}$$

であり，この条件を満たすと袋は上昇し始める。ただし，おもりの体積は無視できるものとする。

実験において，袋が上昇し始めたときの袋の体積 V は何Lより大きいか。最も適当な数値を，次の①～④のうちから一つ選べ。ただし，気体定数は R $=8.3\times10^3$ Pa·L/(K·mol)，空気の平均分子量は29とする。[3] L

① 25　　② 29　　③ 40　　④ 50

問4　物質の状態に関する記述として**誤りを含むもの**はどれか。最も適当なものを，次の①～④のうちから一つ選べ。[4]

① 理想気体では，圧力を一定に保ったまま温度を絶対零度に近づけると，体積は限りなく0に近づく。

② 0℃，1.013×10^5 Paにおける実在気体のモル体積は，水素よりアンモニアの方が小さい。

③ 0℃に保ちながら，氷が浮かんでいる水にグルコースを溶かすと，氷は融解する。

④ 温度が一定に保たれたピストン付きの密閉容器に水が気液平衡の状態で封入されているとき，ピストンを押し込んで容器の体積を小さくしても，液体の水の量は変化しない。

問5　不揮発性の物質を溶かした溶液の蒸気圧は，純溶媒の蒸気圧より低くなる。これを蒸気圧降下といい，蒸気圧降下の度合い(純溶媒と溶液の蒸気圧の差)は，希薄溶液では溶解している分子やイオンの質量モル濃度に比例する。図3は，100 ℃付近の純水とある希薄水溶液の蒸気圧曲線を表したものである。図3で示されるように，100 ℃付近の狭い温度領域では，純水と希薄水溶液の蒸気圧曲線は互いに平行な直線とみなすことができる。純水の蒸気圧は，100 ℃で1013 hPa，99 ℃で977 hPaである。また，0.100 mol/kgの塩化ナトリウム水溶液の蒸気圧は，100 ℃で1009 hPaであった。これに関して，後の問い(**a**・**b**)に答えよ。ただし，電解質は，水溶液中で完全に電離しているものとする。

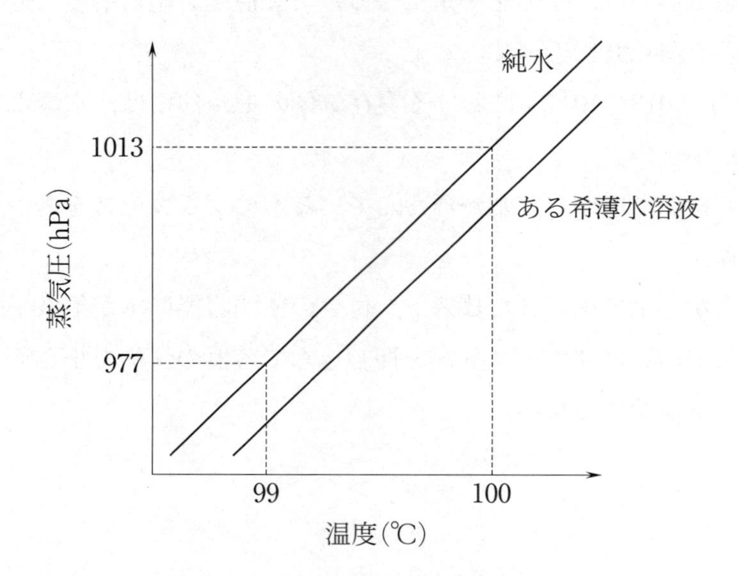

図3　純水とある希薄水溶液の蒸気圧曲線

a　100 ℃における 0.100 mol/kg の硝酸カルシウム水溶液の蒸気圧は何 hPa か。最も適当な数値を，次の①～⑤のうちから一つ選べ。 5 hPa

① 1005　② 1007　③ 1009　④ 1011　⑤ 1013

b　1013 hPa における 0.100 mol/kg の塩化ナトリウム水溶液の沸点は何 ℃か。最も適当な数値を，次の①～④のうちから一つ選べ。 6 ℃

① 100.05　② 100.11　③ 100.15　④ 100.21

第2問 次の問い(問1～4)に答えよ。(配点 20)

問1 エチレンと水からエタノールが生じる反応の熱化学方程式は，式(1)で表される。

$$C_2H_4(\text{気}) + H_2O(\text{液}) = C_2H_5OH(\text{液}) + Q\,\text{kJ} \quad (1)$$

各化合物の気体の生成熱を表1に，各化合物の蒸発熱を表2に示す。これらの数値を用いて計算すると，式(1)の反応熱 Q は何 kJ になるか。最も適当な数値を，後の①～⑥のうちから一つ選べ。 7 kJ

表1 各化合物の気体の生成熱

化合物	生成熱(kJ/mol)
C_2H_4(気)	−52
H_2O(気)	242
C_2H_5OH(気)	235

表2 各化合物の蒸発熱

化合物	蒸発熱(kJ/mol)
H_2O	44
C_2H_5OH	42

① −43　② −45　③ −47
④ 43　⑤ 45　⑥ 47

問2　2.0×10^{-2} mol/L の硫酸ナトリウム Na_2SO_4 水溶液 50 mL と 4.0×10^{-2} mol/L の塩化バリウム $BaCl_2$ 水溶液 50 mL を混合したところ，硫酸バリウム $BaSO_4$ の沈殿が生じ，このときの水溶液の体積は 100 mL であった。この水溶液中のバリウムイオン Ba^{2+} のモル濃度 $[Ba^{2+}]$ および硫酸イオン $SO_4{}^{2-}$ のモル濃度 $[SO_4{}^{2-}]$ はそれぞれ何 mol/L か。最も適当な数値を，次の①～⑤のうちから一つずつ選べ。ただし，$BaSO_4$ の溶解度積は $K_{sp} = [Ba^{2+}][SO_4{}^{2-}] = 1.0 \times 10^{-10}$ $(mol/L)^2$ とする。

$[Ba^{2+}]$　［ 8 ］mol/L

$[SO_4{}^{2-}]$　［ 9 ］mol/L

① 5.0×10^{-9}　② 1.0×10^{-8}　③ 1.0×10^{-5}

④ 1.0×10^{-2}　⑤ 2.0×10^{-2}

問 3　アルミニウム Al は，工業的にはボーキサイトの精製によって得られるアルミナ Al_2O_3 を溶融塩電解(融解塩電解)することで製造されている。アルミナの溶融塩電解において，陰極では式(2)で表される反応が，陽極では式(3)および式(4)で表される反応が起こる。

$$\text{陰極}\quad Al^{3+} + 3\,e^- \longrightarrow Al \qquad (2)$$

$$\text{陽極}\quad C + O^{2-} \longrightarrow CO + 2\,e^- \qquad (3)$$

$$C + 2\,O^{2-} \longrightarrow CO_2 + 4\,e^- \qquad (4)$$

陰極で 9.0 トンの Al が得られたとき，陽極では 4.8 トンの炭素 C が消費された。このとき，陽極で発生した一酸化炭素 CO と二酸化炭素 CO_2 の物質量の比($CO : CO_2$)として最も適当なものを，次の①～⑤のうちから一つ選べ。

10

① 1：3　　② 1：2　　③ 1：1
④ 2：1　　⑤ 3：1

問4　窒素 N_2 と水素 H_2 からアンモニア NH_3 が生成する反応は，次の式(5)で表される可逆反応である。

$$N_2(気) + 3H_2(気) \rightleftarrows 2NH_3(気) \qquad (5)$$

式(5)の反応に関する次の問い（**a**・**b**）に答えよ。

a　N_2 と H_2 を1：3の物質量比で混合した気体を，触媒を入れた容器に封入し，圧力を一定に保ったところ，平衡状態に達した。図1は，1.0×10^7 Pa，3.0×10^7 Pa，6.0×10^7 Pa のいずれかの圧力に保ったときの温度と平衡状態における NH_3 の体積百分率の関係を示している。

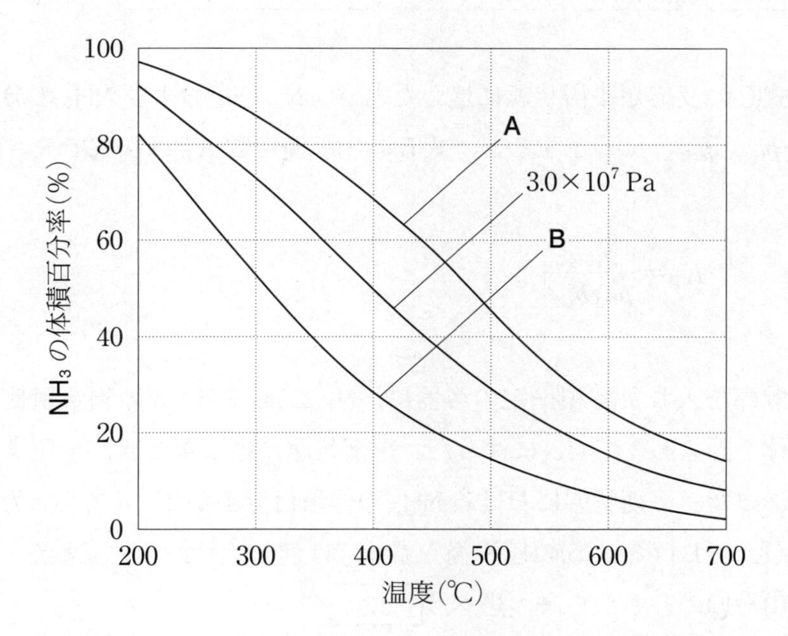

図1　各圧力での温度と平衡状態における NH_3 の体積百分率の関係

式(5)の反応の熱化学方程式は，式(6)のように表される。

$$N_2(気) + 3H_2(気) = 2NH_3(気) \boxed{\text{ア}} 92\,\text{kJ} \qquad (6)$$

式(6)中の空欄 ア に当てはまる記号は＋，－のどちらか。また，図1において，圧力が 1.0×10^7 Pa および 6.0×10^7 Pa のときの温度と平衡状態における NH_3 の体積百分率の関係を表すグラフは，それぞれ A，B のどちらか。これらの組合せとして最も適当なものを，次の①～④のうちから一つ選べ。 11

	ア	1.0×10^7 Pa	6.0×10^7 Pa
①	＋	A	B
②	＋	B	A
③	－	A	B
④	－	B	A

b 式(5)の反応が平衡状態に達したとき，N_2，H_2 および NH_3 の分圧をそれぞれ p_{N_2}，p_{H_2}，p_{NH_3} とすると，式(5)の圧平衡定数 K_p は次式で表される。

$$K_p=\frac{{p_{NH_3}}^2}{p_{N_2}{p_{H_2}}^3}$$

触媒を入れた容積一定の容器に，N_2 と H_2 を 1：3 の物質量比で混合した気体を封入し，T (K)に保った。平衡状態に達したとき，全圧は 2.5×10^7 Pa であった。平衡状態における NH_3 の体積百分率が 20 % であったとすると，T (K)における式(5)の圧平衡定数 K_p は何 Pa^{-2} か。最も適当な数値を，次の①～⑤のうちから一つ選べ。 12 Pa^{-2}

① 7.4×10^{-16}　② 1.5×10^{-15}　③ 2.2×10^{-15}
④ 4.4×10^{-15}　⑤ 8.9×10^{-15}

第3問　次の問い(問1～5)に答えよ。(配点　20)

問1　元素**ア**～**エ**はN，O，P，Sのいずれかであり，次の記述**I**～**III**に示す特徴をもつ。**ア**，**エ**として最も適当な元素を，それぞれ後の①～④のうちから一つずつ選べ。

ア　[13]

エ　[14]

I　**ア**と**イ**，**ウ**と**エ**は，それぞれ同族元素である。

II　**ア**の同素体には，常温で淡黄色の固体で，空気中で自然発火するため水中で保存するものがある。

III　**ウ**の同素体には，常温で淡青色の気体で，強い酸化作用を示すものがある。

①　N　　②　O　　③　P　　④　S

問2　塩素に関する記述として**誤りを含むもの**はどれか。最も適当なものを，次の①～④のうちから一つ選べ。[15]

①　塩素をヨウ化カリウム水溶液に通じると，溶液は無色から褐色に変化する。

②　空気中で塩化水素とアンモニアを反応させると，塩化アンモニウムの白煙が生じる。

③　塩素酸カリウムに触媒として酸化マンガン(IV)を加えて加熱すると，塩素が発生する。

④　塩化カルシウムは，融雪剤や凍結防止剤として用いられる。

問3　次の操作**ア**～**エ**では，いずれも気体が発生する。これらのうち，酸化還元反応が起こる操作はどれか。すべてを正しく選択しているものを，後の①～⑥のうちから一つ選べ。 16

ア　亜鉛に希硫酸を加える。

イ　硫化鉄(Ⅱ)に希硫酸を加える。

ウ　銅に濃硫酸を加えて加熱する。

エ　ギ酸に濃硫酸を加えて加熱する。

① **ア**，**イ**　　② **ア**，**ウ**　　③ **ア**，**エ**

④ **イ**，**ウ**　　⑤ **イ**，**エ**　　⑥ **ウ**，**エ**

問4　クロムに関する記述として**誤りを含むもの**はどれか。最も適当なものを，次の①～④のうちから一つ選べ。 17

①　硫酸で酸性にした過酸化水素水に二クロム酸カリウム水溶液を加えると，酸素が発生する。

②　硝酸バリウム水溶液にクロム酸カリウム水溶液を加えると，黄色沈殿が生じる。

③　クロム酸カリウム水溶液に水酸化ナトリウム水溶液を加えると，水溶液の色が黄色から赤橙色に変化する。

④　ステンレス鋼は，鉄にクロムなどを添加した合金である。

問5　次の文章を読み，後の問い（**a**・**b**）に答えよ。

水溶液中の塩化物イオン Cl^- の量を測定する方法の一つに，フォルハルト法がある。この方法の原理は，次のとおりである。

Cl^- を含む水溶液に過剰量の硝酸銀 $AgNO_3$ 水溶液を加えると，［ア］色の沈殿が生じる。これをろ別した後，ろ液に指示薬として硫酸アンモニウム鉄(Ⅲ) $FeNH_4(SO_4)_2$ 水溶液を少量加え，チオシアン酸カリウム KSCN 水溶液を滴下していくと，はじめは未反応の銀イオン Ag^+ が反応してチオシアン酸銀 AgSCN の白色沈殿が生成する。すべての Ag^+ が沈殿すると，鉄(Ⅲ)イオン Fe^{3+} がチオシアン酸イオン SCN^- と反応して［イ］色の水溶液になる。

Cl^- を含む水溶液（溶液 X とする）がある。溶液 X 中の Cl^- の濃度を求めるため，次の**実験**を行った。

実験

操作Ⅰ　溶液 X 10.0 mL をはかりとり，これに硝酸を加えて酸性にした後，0.0200 mol/L の $AgNO_3$ 水溶液を 15.0 mL 加えたところ，［ア］色の沈殿が生じた。

操作Ⅱ　**操作Ⅰ**で生じた沈殿をろ別し，ろ液に $FeNH_4(SO_4)_2$ 水溶液を少量加えた。これに 0.0100 mol/L の KSCN 水溶液を滴下したところ，7.00 mL 滴下したところで溶液が［イ］色となったので，ここを滴定の終点とした。

a　空欄 ア ・ イ に当てはまる語の組合せとして最も適当なものを，次の①～⑥のうちから一つ選べ。 18

	ア	イ
①	褐	淡　緑
②	褐	血　赤
③	褐	濃　青
④	白	淡　緑
⑤	白	血　赤
⑥	白	濃　青

b　溶液 **X** 中の Cl^- のモル濃度は何 mol/L か。その数値を有効数字 2 桁の次の形式で表すとき， 19 ～ 21 に当てはまる数字を，後の①～⓪のうちから一つずつ選べ。ただし，同じものを繰り返し選んでもよい。

溶液 **X** 中の Cl^- のモル濃度

19 . 20 ×10^(−21) mol/L

① 1　　② 2　　③ 3　　④ 4　　⑤ 5
⑥ 6　　⑦ 7　　⑧ 8　　⑨ 9　　⓪ 0

第４問　次の問い（問１～４）に答えよ。（配点　20）

問１　脂肪族炭化水素に関する記述として**誤りを含むもの**はどれか。最も適当なものを，次の①～④のうちから一つ選べ。［22］

① メタンとプロパンでは，沸点はプロパンの方が高い。

② エチレン（エテン）は，触媒を用いてアセトアルデヒドを酸化することで得られる。

③ 2-ブテンには，シス－トランス異性体（幾何異性体）が存在する。

④ アセチレン（エチン）は，炭化カルシウム（カーバイド）に水を作用させることで得られる。

問2　炭素，水素，酸素からなる有機化合物の試料を元素分析するとき，図1のような装置が用いられる。元素分析に関する記述として**誤りを含むもの**はどれか。最も適当なものを，後の①～④のうちから一つ選べ。 23

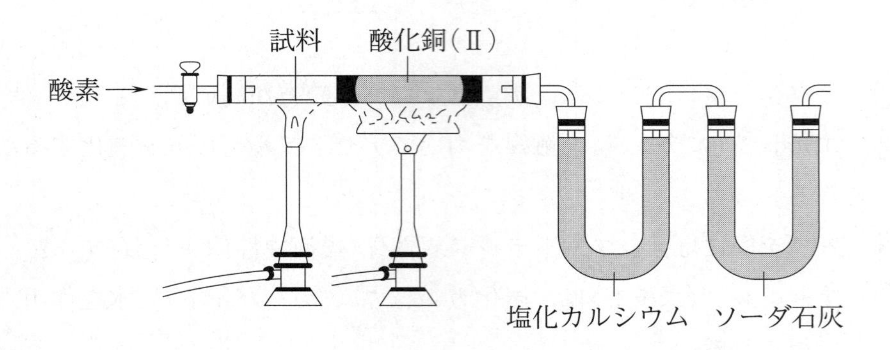

図1　元素分析の装置

① 酸化銅(Ⅱ)は，酸化剤としてはたらく。

② ソーダ石灰管には，二酸化炭素が吸収される。

③ 同じ質量の酢酸(分子式 $C_2H_4O_2$)と乳酸(分子式 $C_3H_6O_3$)を試料として用いた場合を比較すると，塩化カルシウム管の質量の増加量は，乳酸を用いた場合の方が酢酸を用いた場合より1.5倍大きくなる。

④ 塩化カルシウム管とソーダ石灰管をつなぐ順序を逆にすると，ソーダ石灰管の質量のみが増加する。

問3　分子式 $C_5H_{10}O$ で表されるアルデヒドに関する次の問い（**a**・**b**）に答えよ。

a　分子式 $C_5H_{10}O$ のアルデヒドは何種類あるか。最も適当な数を，次の①～⑥のうちから一つ選べ。ただし，立体異性体は区別しないものとする。 24 種類

① 1　② 2　③ 3
④ 4　⑤ 5　⑥ 6

b　アルデヒドにフェーリング液を加えて加熱すると，酸化銅(Ⅰ) Cu_2O の赤色沈殿が生じる。このときのアルデヒドと Cu^{2+} の変化は，次の式(1)，(2)で表される。

$$R-CHO + 3OH^- \longrightarrow R-COO^- + 2H_2O + 2e^- \quad (1)$$
$$2Cu^{2+} + 2OH^- + 2e^- \longrightarrow Cu_2O + H_2O \quad (2)$$

十分な量のフェーリング液を加え，分子式 $C_5H_{10}O$ のアルデヒド 8.60 g を完全に反応させたとき，得られる Cu_2O の質量は何 g か。最も適当な数値を，次の①～⑤のうちから一つ選べ。 25 g

① 3.60　② 7.20　③ 14.4
④ 28.8　⑤ 57.6

問4　次の文章を読み，後の問い（**a**・**b**）に答えよ。

アニリン，安息香酸，フェノールの混合物を含むジエチルエーテル溶液**A**がある。溶液**A**に対して，図2に示す抽出操作を行い，水層**I**にアニリンの塩，水層**II**に安息香酸の塩，エーテル層**II**にフェノールをそれぞれ分離した。

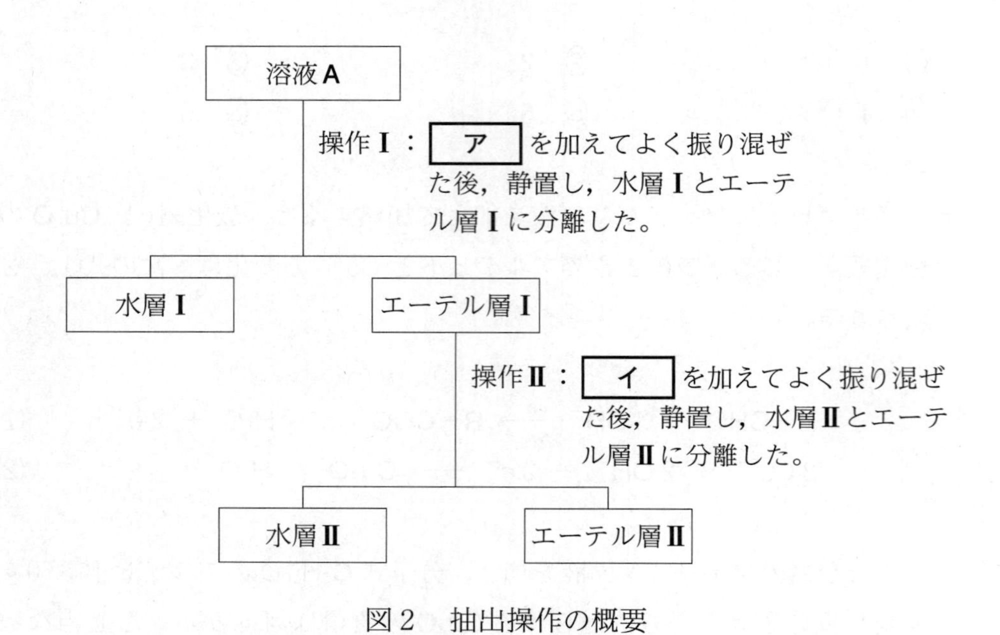

図2　抽出操作の概要

a　空欄 ア ・ イ に当てはまる試薬として最も適当なものを，次の①～④のうちから一つずつ選べ。

ア 26

イ 27

① 塩酸

② 水酸化ナトリウム水溶液

③ 塩化ナトリウム水溶液

④ 炭酸水素ナトリウム水溶液

b　アニリン，安息香酸，フェノールに関する記述として**誤りを含むもの**はどれか。最も適当なものを，次の①～④のうちから一つ選べ。 28

①　トルエンに過マンガン酸カリウム水溶液を加えて加熱した後，酸性にすると，安息香酸が得られる。

②　ベンゼンに紫外線を照射しながら塩素を反応させて得られた化合物に，高温・高圧で水酸化ナトリウム水溶液を作用させると，フェノールが得られる。

③　アニリンに氷冷しながら塩酸と亜硝酸ナトリウム水溶液を加えて反応させた後，温めると，フェノールが得られる。

④　アニリンに硫酸酸性の二クロム酸カリウム水溶液を加えて反応させると，染料に用いられる黒色の物質が得られる。

第5問　次の文章を読み，後の問い(**問1〜3**)に答えよ。(配点　20)

水溶液中のカルシウムイオン Ca^{2+} の量を測定する方法に，図1のエチレンジアミン四酢酸(略称 EDTA)を用いるものがある。

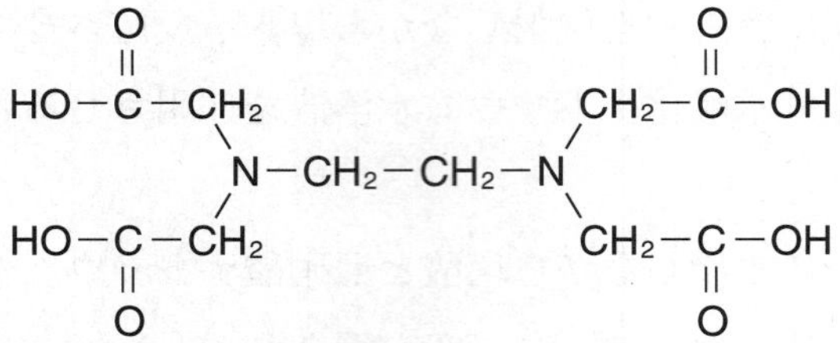

$$
\begin{array}{ccccc}
\mathrm{HO-\overset{\overset{\Large O}{\|}}{C}-CH_2} & & & & \mathrm{CH_2-\overset{\overset{\Large O}{\|}}{C}-OH} \\
 & \diagdown & & \diagup & \\
 & & \mathrm{N-CH_2-CH_2-N} & & \\
 & \diagup & & \diagdown & \\
\mathrm{HO-\underset{\underset{\Large O}{\|}}{C}-CH_2} & & & & \mathrm{CH_2-\underset{\underset{\Large O}{\|}}{C}-OH}
\end{array}
$$

図1　EDTA の構造式

EDTA は4価の弱酸であり，これを H_4Y と略記すると，水溶液中では次のように4段階で電離する。

$$H_4Y \rightleftarrows H^+ + H_3Y^-$$
$$H_3Y^- \rightleftarrows H^+ + H_2Y^{2-}$$
$$H_2Y^{2-} \rightleftarrows H^+ + HY^{3-}$$
$$HY^{3-} \rightleftarrows H^+ + Y^{4-}$$

また，式(1)に示すように，Y^{4-} はカルシウムイオン Ca^{2+} と物質量比1：1で配位結合し，安定な錯イオンを形成する。

$$Ca^{2+} + Y^{4-} \rightleftarrows CaY^{2-} \qquad (1)$$

問1 カルシウムに関する記述として**誤りを含むもの**はどれか。最も適当なものを，次の①～④のうちから一つ選べ。 29

① カルシウムに水を加えると，強塩基性の水酸化物が生じる。

② 石灰水に二酸化炭素を通じると，白色沈殿が生じる。

③ 生石灰(酸化カルシウム)に水を加えると，熱を吸収しながら反応する。

④ 焼きセッコウに水を加えて混ぜると，体積が増加しながら硬化する。

問2 Y^{4-} の構造式を次に示す。このイオン中の O^- の部分は，Ca^{2+} と配位結合することができる。これと同様に，Ca^{2+} と配位結合することができる原子はどれか。最も適当なものを，次の①～⑤のうちから一つ選べ。 30

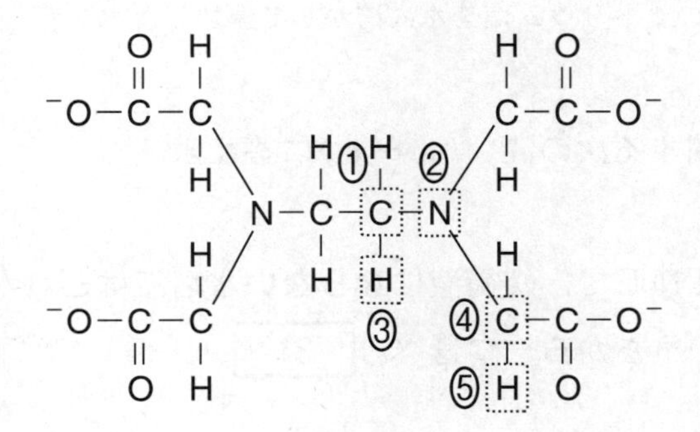

問3　Ca^{2+} を含む水溶液(溶液 **X** とする)がある。溶液 **X** 中の Ca^{2+} の濃度を求めるため，次の**実験**を行った。

実験

操作Ⅰ　溶液 **X** 50 mL をホールピペットではかりとり，コニカルビーカーに入れた。これに緩衝液を加えて，pH を適切に調節した。

操作Ⅱ　**操作Ⅰ**の水溶液に，ビュレットから 1.0×10^{-2} mol/L の EDTA 水溶液(注)を滴下していった。

この滴定の終点では，Ca^{2+} と EDTA のほぼすべてが CaY^{2-} になるため，はかりとった溶液 **X** 中の Ca^{2+} の物質量と，滴下した EDTA の物質量が等しいとみなすことができる。

(注)　EDTA のナトリウム塩を水に溶かして調製した水溶液

この**実験**に関する次の問い(**a** ～ **c**)に答えよ。

a　下線部に関連して，緩衝液に**ならない**水溶液はどれか。最も適当なものを，次の①～④のうちから一つ選べ。 31

① 0.10 mol/L の硫酸 10 mL と 0.10 mol/L のアンモニア水 20 mL を混合した水溶液。

② 0.10 mol/L の塩酸 10 mL と 0.10 mol/L のアンモニア水 20 mL を混合した水溶液。

③ 0.20 mol/L の酢酸水溶液 10 mL と 0.10 mol/L の水酸化ナトリウム水溶液 10 mL を混合した水溶液。

④ 0.20 mol/L の酢酸ナトリウム水溶液 10 mL と 0.10 mol/L の塩酸 10 mL を混合した水溶液。

b　0.010 mol の Ca^{2+} を含む水溶液に，pH を 10 に保ちながら，0.010 mol の EDTA を含む水溶液を加えて，水溶液の体積を 1.0 L とした。これを溶液 **A** とする。溶液 **A** 中では Ca^{2+} のほぼすべてが CaY^{2-} になっており，残存する Ca^{2+} のモル濃度を，次の手順で求めた。

Ca^{2+} と結合していない EDTA の全モル濃度を c (mol/L)とすると，次の式が成り立つ。

$$c=[H_4Y]+[H_3Y^-]+[H_2Y^{2-}]+[HY^{3-}]+[Y^{4-}]$$

pH が 10 のとき，次の式(2)が成り立つことが知られている。

$$\frac{[Y^{4-}]}{c}=0.40 \qquad (2)$$

また，Ca^{2+} が Y^{4-} と物質量比 1：1 で配位結合するときの反応(式(1))の平衡定数 K は式(3)で表される。

$$K=\frac{[CaY^{2-}]}{[Ca^{2+}][Y^{4-}]}=5.0\times10^{10}\ \mathrm{L/mol} \qquad (3)$$

溶液 **A** 中の Ca^{2+} および EDTA の総量について，次の式(4)，(5)が成り立つ。

$$[Ca^{2+}]+[CaY^{2-}]=0.010\ \mathrm{mol/L} \qquad (4)$$

$$c+[CaY^{2-}]=0.010\ \mathrm{mol/L} \qquad (5)$$

また，式(3)の K の値が非常に大きいことから，$[Ca^{2+}]\ll[CaY^{2-}]$であり，Ca^{2+} のほとんどすべてが CaY^{2-} として存在していることがわかる。

溶液 **A** 中の Ca^{2+} のモル濃度$[Ca^{2+}]$は何 mol/L か。最も適当な数値を，次の①～④のうちから一つ選べ。ただし，$\sqrt{2}=1.4$ とする。 [32] mol/L

① 1.4×10^{-7}　　② 7.0×10^{-7}　　③ 1.4×10^{-6}　　④ 7.0×10^{-6}

c　表１は，**操作Ⅱ**における EDTA 水溶液の滴下量(mL)と pCa の値の関係を示したものである。ただし，pCa は次のように定義される。

$$pCa = -\log_{10}[Ca^{2+}]$$

この滴定の終点付近では，pCa の値が急激に変化することが知られている。

表１　EDTA 水溶液の滴下量(mL)と pCa の値

EDTA 水溶液の滴下量(mL)	pCa
5	2.34
10	2.47
15	2.63
20	2.84
25	3.17
26	3.29
27	3.41
28	3.59
29	3.90
30	7.34
31	8.75
32	9.08
34	9.38
36	9.56
40	9.80

溶液 **X** 中の Ca^{2+} のモル濃度は何 mol/L か。最も適当な数値を，次の①～④のうちから一つ選べ。必要があれば，後の方眼紙を使うこと。

| 33 | mol/L

① 3.0×10^{-3}　② 5.0×10^{-3}　③ 6.0×10^{-3}　④ 1.2×10^{-2}

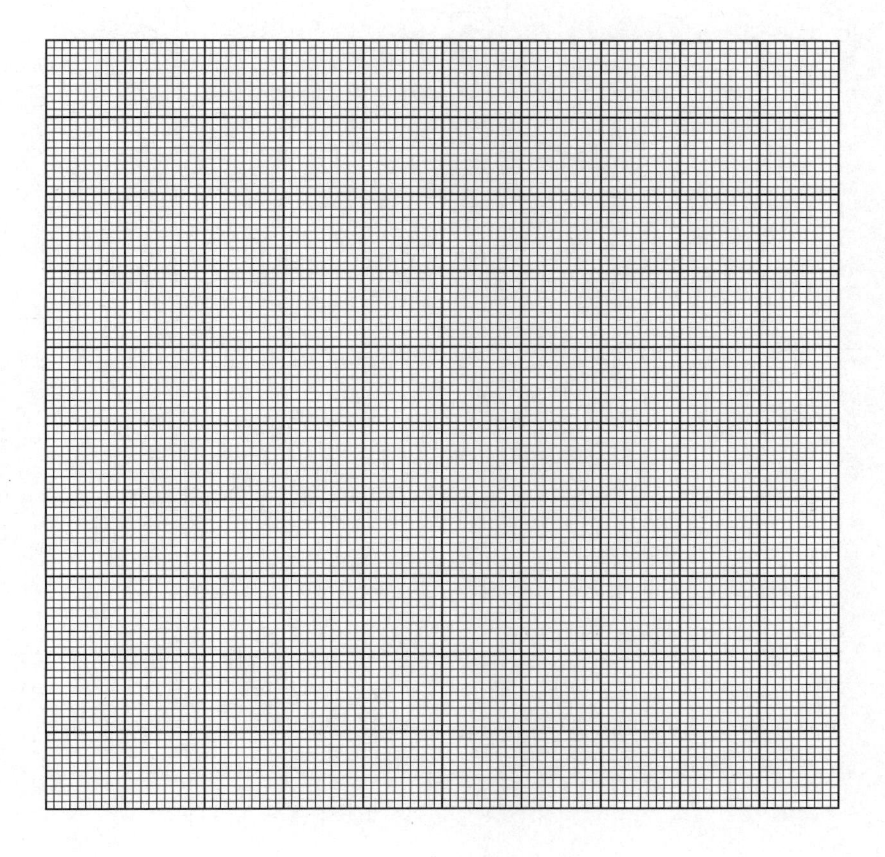

第 4 回

問題を解くまえに

◆ 本問題は100点満点です。次の対比表を参考にして，**目標点**を立てて解答しなさい。

共通テスト換算得点	26以下	27～38	39～49	50～59	60～69	70～78	79以上
偏差値 ➡	37.5	42.5	47.5	52.5	57.5	62.5	
得　点	23以下	24～32	33～41	42～50	51～59	60～68	69以上

〔注〕 上の表の，
「共通テスト換算得点」は，'21年度全統共通テスト模試と'22年度大学入学共通テストとの相関をもとに得点を換算したものです。
「得点」帯は，'22全統プレ共通テストの結果より推計したものです。

◆ 問題解答時間は60分です。

◆ 問題を解いたら必ず自己採点により学力チェックを行い，解答・解説，学習対策を参考にしてください。

◆ 以下は，'22全統プレ共通テストの結果を表したものです。

人　数	100,270
配　点	100
平均点	46.2
標準偏差	17.7
最高点	100
最低点	0

（解答番号 1 ～ 31）

必要があれば，原子量は次の値を使うこと。

H	1.0	C	12	O	16	Al	27
Cl	35.5	K	39	Ti	48	Fe	56
Cu	64	Zn	65	I	127		

気体は，実在気体とことわりがない限り，理想気体として扱うものとする。

また，必要があれば，次の値を使うこと。

$\log_{10} 2 = 0.30$　　$\log_{10} 3 = 0.48$

第1問 次の問い(問1～5)に答えよ。(配点 20)

問1 分子またはイオンの形が正四面体形であるものはどれか。最も適当なものを，次の①～⑤のうちから一つ選べ。 1

① アセチレン(エチン)　② エチレン(エテン)　③ ホルムアルデヒド

④ アンモニウムイオン　⑤ オキソニウムイオン

問 2　金属の結晶構造は，面心立方格子，体心立方格子，六方最密構造のいずれかであることが多い。図1は，面心立方格子，体心立方格子および六方最密構造の単位格子をそれぞれ示したものである。なお，六方最密構造の単位格子は図中の灰色部分である。

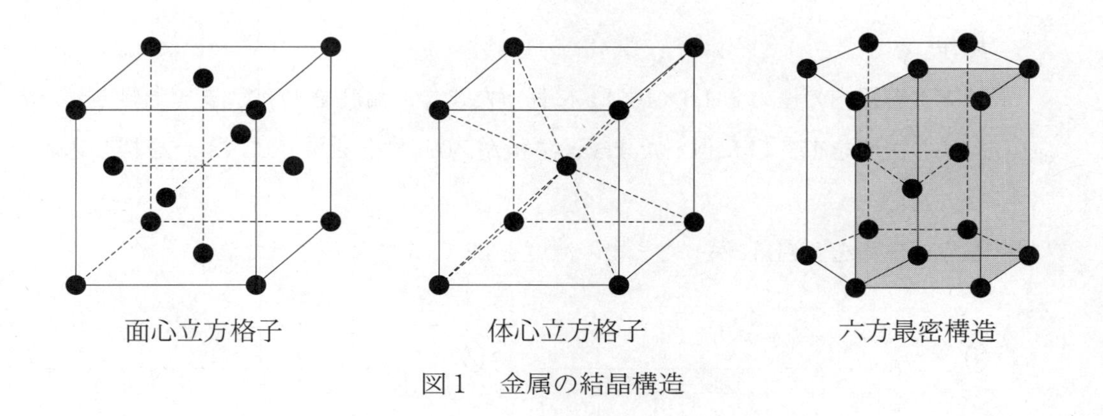

図1　金属の結晶構造

表1に示した金属の結晶のうち，結晶の密度が最も大きいものを，後の①～④のうちから一つ選べ。 2

表1　金属の結晶構造と単位格子の体積

金属	結晶構造	単位格子の体積(cm^3)
Al	面心立方格子	6.6×10^{-23}
Cu	面心立方格子	4.7×10^{-23}
Fe	体心立方格子	2.4×10^{-23}
Zn	六方最密構造	3.0×10^{-23}

①　Al　　②　Cu　　③　Fe　　④　Zn

問 3　ピストン付きの真空密閉容器に一定量の気体を封入して 27 ℃，1.0×10^5 Pa に保ったところ，体積は 6.0 L になった。この状態から，次の**操作ア～ウ**を順に行った。このときの気体の圧力と体積の関係を表したグラフとして最も適当なものを，後の①～④のうちから一つ選べ。 3

操作

ア　容器内の圧力を 1.0×10^5 Pa に保ったまま，温度を 177 ℃ まで上昇させた。

イ　温度を 177 ℃ に保ったまま，体積が 2.0 L になるまでピストンを押し込んだ。

ウ　体積を 2.0 L に保ったまま，温度を 27 ℃ まで降下させた。

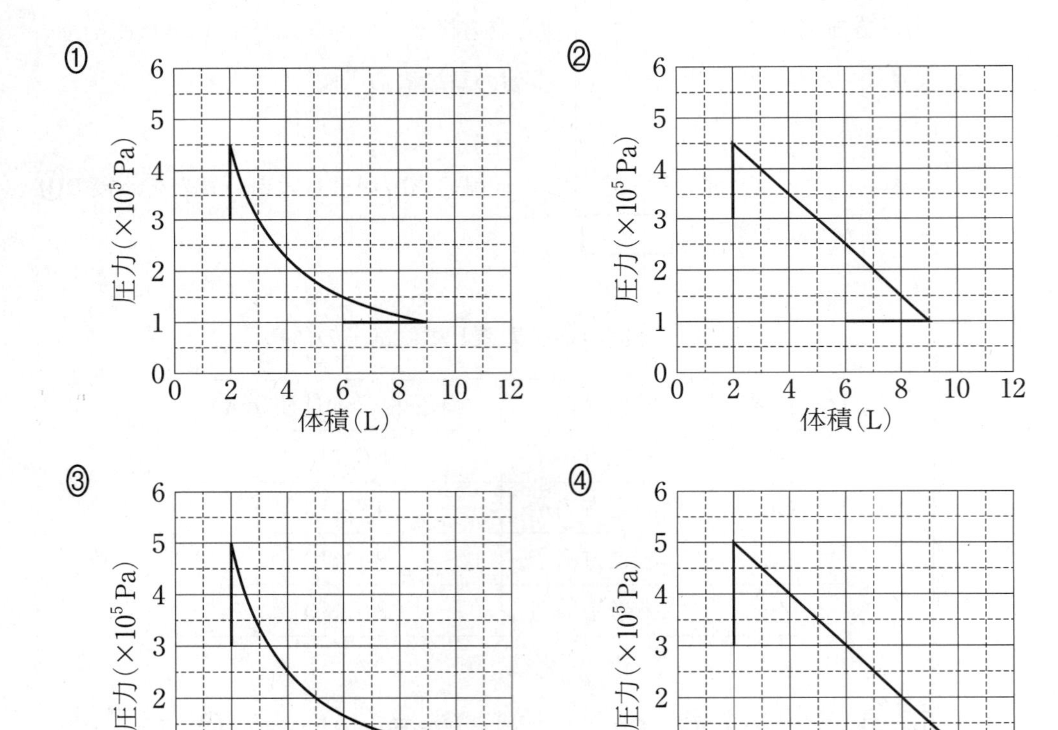

問 4 物質の溶解や溶液に関する記述として**誤りを含むもの**はどれか。最も適当なものを，次の①～④のうちから一つ選べ。ただし，水溶液中で電解質は完全に電離しているものとする。 4

① 0℃，2.0×10^5 Pa で水 3 L に溶ける酸素の物質量は，0℃，1.0×10^5 Pa で水 1 L に溶ける酸素の物質量の 6 倍である。

② 0.010 mol/kg の塩化カルシウム水溶液の凝固点は，0.010 mol/kg の塩化ナトリウム水溶液の凝固点よりも高い。

③ 57℃における 0.010 mol/L のグルコース水溶液の浸透圧は，27℃における 0.010 mol/L のグルコース水溶液の浸透圧よりも大きい。

④ 加熱などの操作によってコロイド溶液が流動性を失った状態を，ゲルという。

問 5　図2は，硝酸カリウム KNO_3 と塩化カリウム KCl の溶解度曲線を示している。これに関する後の問い（**a**・**b**）に答えよ。ただし，KNO_3 と KCl は互いの溶解度に影響しないものとする。

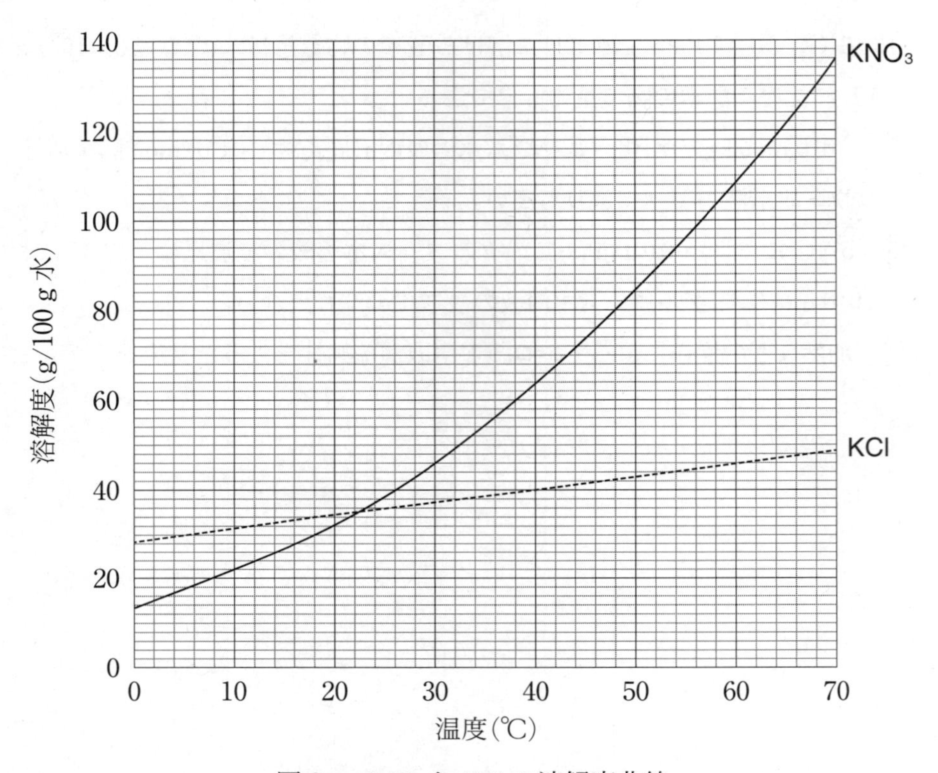

図2　KNO_3 と KCl の溶解度曲線

a　KNO_3 と KCl を 80 g ずつ含む混合物を 70 ℃の水 200 g に溶かしたのち，10 ℃まで冷却した。この操作において，先に結晶が析出し始めるのは KNO_3 と KCl のどちらか。また，そのときの温度は何 ℃か。その組合せとして最も適当なものを，次の①～⑥のうちから一つ選べ。 5

	先に析出する結晶	温度(℃)
①	KNO_3	26
②	KNO_3	40
③	KNO_3	48
④	KCl	26
⑤	KCl	40
⑥	KCl	48

b　KNO_3 70 g と KCl 10 g からなる混合物を 60 ℃の水 100 g に溶かし，加熱して一定量の水を蒸発させたのち，18 ℃まで冷却したところ，KNO_3 のみが 52 g 析出した。蒸発させた水の質量は何 g か。最も適当な数値を，次の①～⑤のうちから一つ選べ。 6 g

① 20　　② 40　　③ 50　　④ 60　　⑤ 80

第2問　次の問い(**問1～4**)に答えよ。(配点　20)

問1　電池に関する記述として**誤りを含むもの**はどれか。最も適当なものを，次の①～④のうちから一つ選べ。[7]

① ダニエル電池を放電すると，導線を亜鉛板から銅板に向かって電流が流れる。

② アルカリマンガン乾電池を放電すると，酸化マンガン(Ⅳ)が還元される。

③ 水素と酸素を用いた燃料電池を放電すると，酸素が還元される。

④ リチウムイオン電池は，充電可能な二次電池である。

問2　過酸化水素 H_2O_2 水に触媒として酸化マンガン(Ⅳ)の粉末を加えると，次の式(1)に示す反応が起こり，酸素が発生する。

$$2\,H_2O_2 \longrightarrow 2\,H_2O + O_2 \qquad (1)$$

H_2O_2 の減少速度 v (mol/(L・s))は，反応速度定数を k(/s)として，次の反応速度式で表される。

$$v = k[H_2O_2]$$

図1は，一定温度に保たれた状態で，式(1)が進行したときの H_2O_2 のモル濃度の時間変化を表すグラフである。グラフ中の**ア～エ**のそれぞれの曲線は，反応温度および反応開始時の H_2O_2 のモル濃度を変えて実験を行ったときの結果を示しているが，一組だけ同じ反応温度で実験を行ったものがある。**ア～エ**の曲線のうち，同じ反応温度で実験を行ったものの組合せはどれか。最も適当なものを，後の①～⑤のうちから一つ選べ。[8]

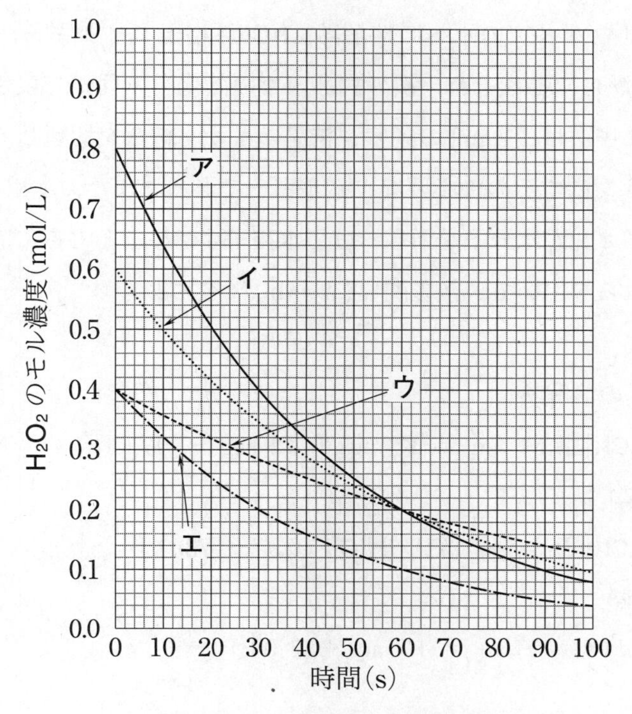

図 1　H_2O_2 のモル濃度の時間変化

① アとイ　② アとウ　③ アとエ
④ イとウ　⑤ イとエ

問 3 塩化カリウム KCl の水への溶解熱，KCl の格子エネルギー，カリウムイオン K^+ の水和熱は，それぞれ，次の式(2)～(4)の熱化学方程式で表される。ここで，格子エネルギーは，1 mol のイオン結晶のイオン結合を切断して気体状態のばらばらのイオンにするのに必要なエネルギーである。また，水和熱は，1 mol の気体状態のイオンが水分子を引きつけて水和イオンになるときに放出される熱量である。これらを用いて，後の問い（**a**・**b**）に答えよ。

KCl の水への溶解熱

$$KCl(固) + aq = K^+ aq + Cl^- aq - 17\,kJ \quad (2)$$

KCl の格子エネルギー

$$KCl(固) = K^+(気) + Cl^-(気) - 720\,kJ \quad (3)$$

K^+ の水和熱

$$K^+(気) + aq = K^+ aq + 340\,kJ \quad (4)$$

a 塩化物イオン Cl^- の水和熱を Q (kJ/mol) とすると，その熱化学方程式は次のように表される。

$$Cl^-(気) + aq = Cl^- aq + Q\,kJ$$

熱化学方程式(2)～(4)を用いると，Cl^- の水和熱は何 kJ/mol になるか。最も適当な数値を，次の①～④のうちから一つ選べ。 [9] kJ/mol

① 363　② 397　③ 1043　④ 1077

b　発泡ポリスチレン容器に水 96.28 g を入れ，25 ℃(室温)に保った。そこへ同じ温度の KCl の固体 3.72 g を加え，すばやく溶解させた。加えた時刻を 0 として横軸に時間，縦軸に水溶液の温度をとってグラフに表すとどのようになるか。最も適当なものを，次の①～④のうちから一つ選べ。ただし，この水溶液の比熱は 4.2 J/(g･K) であるものとする。 10

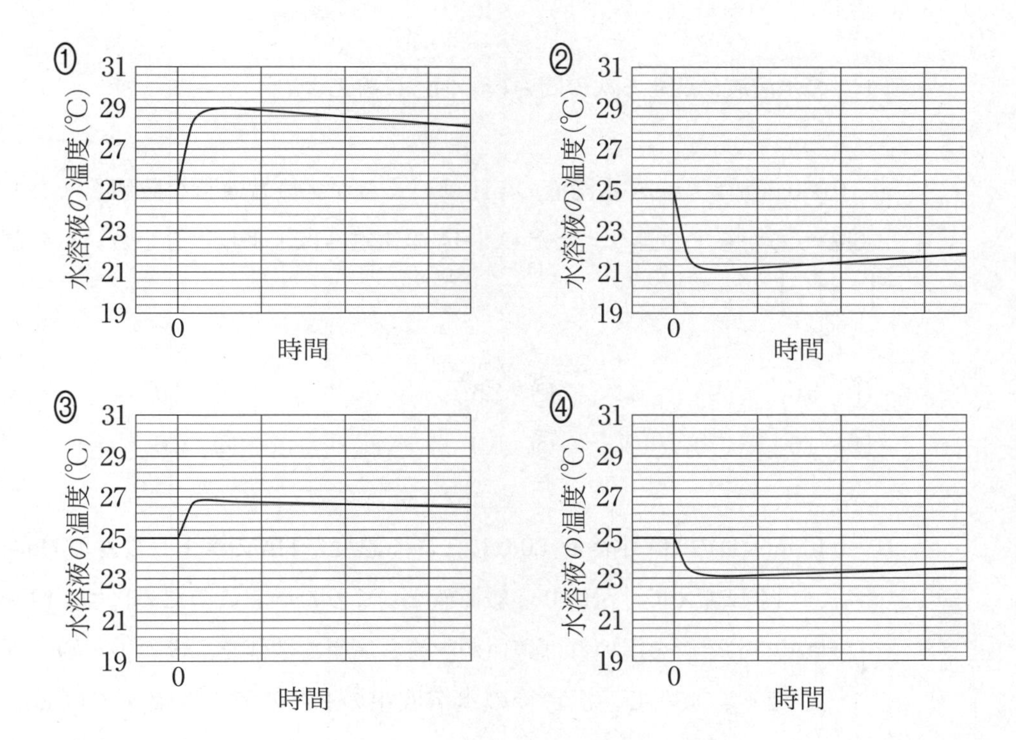

問 4　ある弱酸 HA は水溶液中で次の式(5)のように電離し，その電離定数 K_a は式(6)で与えられる。

$$\mathrm{HA} \rightleftarrows \mathrm{H^+} + \mathrm{A^-} \qquad (5)$$

$$K_a = \frac{[\mathrm{H^+}][\mathrm{A^-}]}{[\mathrm{HA}]} = 3.0 \times 10^{-8}\ \mathrm{mol/L} \qquad (6)$$

HA の水溶液に関する次の問い（**a**・**b**）に答えよ。

a　0.030 mol/L の HA 水溶液の pH はいくらか。最も適当な数値を，次の①～⑥のうちから一つ選べ。ただし，HA の電離度は 1 より十分小さいものとする。 11

① 3.0　　② 3.5　　③ 4.0
④ 4.5　　⑤ 5.0　　⑥ 6.0

b　0.10 mol/L の HA 水溶液 1.0 L に，ある濃度の HA のナトリウム塩 NaA の水溶液を 1.0 L 加えて，pH 7.0 の緩衝液をつくりたい。このためには，何 mol/L の NaA の水溶液を用いればよいか。最も適当な数値を，後の①～⑥のうちから一つ選べ。ただし，混合後の水溶液中の HA のモル濃度を C_a (mol/L)，NaA のモル濃度を C_s (mol/L)とすると，次の近似が成り立つものとする。 12 mol/L

$$[\mathrm{HA}] \fallingdotseq C_a \qquad [\mathrm{A^-}] \fallingdotseq C_s$$

① 1.5×10^{-2}　　② 3.0×10^{-2}　　③ 5.0×10^{-2}
④ 1.5×10^{-1}　　⑤ 3.0×10^{-1}　　⑥ 5.0×10^{-1}

第3問 次の問い(問1～4)に答えよ。(配点 20)

問1 金属イオンに関する記述として**誤りを含むもの**はどれか。最も適当なものを，次の①～④のうちから一つ選べ。 13

① 硝酸鉛(Ⅱ)水溶液に希塩酸を加えると，白色沈殿が生じる。

② 硫酸酸性の硫酸亜鉛水溶液に硫化水素を通じると，黒色沈殿が生じる。

③ 硝酸アルミニウム水溶液に過剰のアンモニア水を加えると，白色沈殿が生じる。

④ 硫酸銅(Ⅱ)水溶液に過剰のアンモニア水を加えると，深青色の水溶液になる。

問2 十分な量の希硫酸に 0.560 g の鉄を加えてすべて溶かした後，空気中に放置した水溶液**A**がある。水溶液**A**を 0.050 mol/L の過マンガン酸カリウム水溶液で滴定したところ，滴下量が 24.0 mL のときに赤紫色が消えずにわずかに残った。水溶液**A**に含まれていた鉄(Ⅲ)イオン Fe^{3+} の物質量は何 mol か。最も適当な数値を，次の①～⑥のうちから一つ選べ。 14 mol

① 2.4×10^{-4}　② 1.2×10^{-3}　③ 4.0×10^{-3}

④ 6.0×10^{-3}　⑤ 8.8×10^{-3}　⑥ 9.8×10^{-3}

問 3 オキソ酸**ア**～**エ**は，リン酸，硫酸，硝酸，次亜塩素酸のいずれかであり，次の記述**Ⅰ**～**Ⅳ**に示す特徴をもつ。**イ**，**エ**として最も適当なものを，後の①～④のうちからそれぞれ一つずつ選べ。

イ [15]

エ [16]

Ⅰ **ア**と水酸化カルシウムの正塩および**エ**と水酸化カルシウムの正塩は，いずれも水に溶けにくい。

Ⅱ **イ**のナトリウム塩に希塩酸を加えると，有色で有毒な気体が発生する。

Ⅲ **ア**と水酸化カルシウムの正塩を**エ**と反応させて得られる物質は，肥料として用いられる。

Ⅳ **ウ**と**エ**の混合物は，火薬の製造に用いられる。

① リン酸　② 硫酸　③ 硝酸　④ 次亜塩素酸

問 4　次の文章を読み，後の問い(**a** ～ **c**)に答えよ。

チタン Ti は，周期表の第 4 周期，4 族に属する金属元素であり，その単体は，軽くて硬く，耐食性に優れている。

チタンの単体は，酸化チタン(Ⅳ) TiO_2 を含むチタン鉱石を原料として，図 1 に示すように**工程Ⅰ**～**Ⅲ**により製造されている。

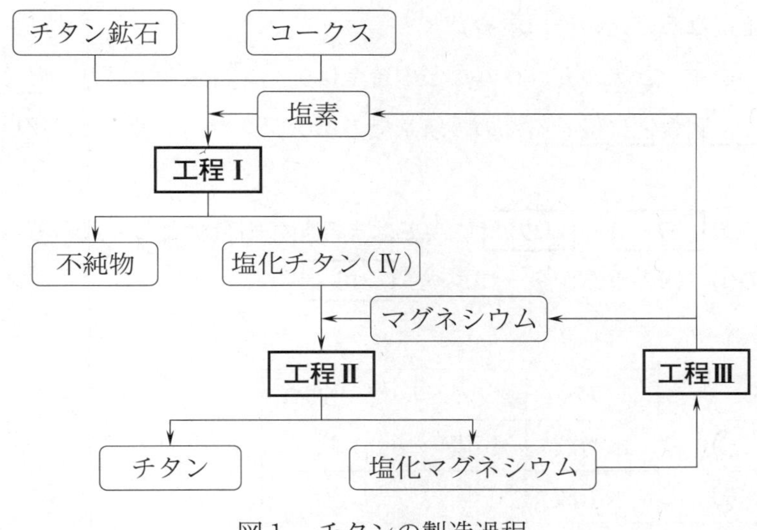

図 1　チタンの製造過程

工程Ⅰ　チタン鉱石とコークス C を 1000 ℃ に加熱した炉に入れ，塩素 Cl_2 を吹き込むと，塩化チタン(Ⅳ) $TiCl_4$ と二酸化炭素 CO_2 が生成し，不純物を除くと，純粋な $TiCl_4$ が得られる。

工程Ⅱ　800～850 ℃ で融解したマグネシウム Mg に $TiCl_4$ を加えると，$TiCl_4$ が還元され，Ti の単体が得られる。このとき，Mg は塩化マグネシウム $MgCl_2$ に変化する。

工程Ⅲ　$MgCl_2$ の［ ア ］を電気分解すると，［ イ ］極に Mg が，［ ウ ］極に Cl_2 が得られる。これらを，**工程Ⅰ** および **Ⅱ** でそれぞれ再利用する。

a　チタンに関する記述として下線部に**誤りを含むもの**はどれか。最も適当なものを，次の①～④のうちから一つ選べ。 17

① チタン原子の最外殻電子の数は4である。

② 酸化チタン(Ⅳ)は光触媒の一種であり，光が当たると有機物などを分解する。

③ チタンとニッケルの合金は形状記憶合金であり，変形しても，ある温度以上になると元の形に戻る。

④ チタンとアルミニウムなどの合金はチタン合金とよばれ，軽くて強度が高く，耐食性に優れるため，航空機のエンジンや人工骨などに用いられる。

b　空欄 ア ～ ウ に当てはまる語の組合せとして最も適当なものを，次の①～④のうちから一つ選べ。 18

	ア	イ	ウ
①	水溶液	陽	陰
②	水溶液	陰	陽
③	融解液	陽	陰
④	融解液	陰	陽

c　Tiの単体を1.0トン製造するためには，チタン鉱石が何トン必要か。最も適当な数値を，次の①～④のうちから一つ選べ。ただし，チタン鉱石中に含まれるTiO_2の含有率(質量パーセント)は50％とし，各工程での反応は完全に進行するものとする。 19 トン

① 1.7　　② 2.0　　③ 3.3　　④ 4.7

第4問　次の問い(**問1～4**)に答えよ。(配点　20)

問1　アルコールおよびアルデヒドに関する記述として**誤りを含むもの**はどれか。最も適当なものを，次の①～⑤のうちから一つ選べ。 20

① メタノールは，工業的には一酸化炭素と水素からつくられる。

② 2-メチル-1-プロパノールは，硫酸酸性の二クロム酸カリウム水溶液を加えて加熱しても，酸化されない。

③ 2-ブタノールを，濃硫酸を用いて分子内脱水すると，3種類のアルケンが生じる。

④ ホルムアルデヒドは，加熱した銅線にメタノールの蒸気を触れさせると生じる。

⑤ アセトアルデヒドの水溶液にヨウ素と水酸化ナトリウム水溶液を加えて温めると，黄色沈殿が生じる。

問2　芳香族化合物に関する記述として**誤りを含むもの**はどれか。最も適当なものを，次の①～⑤のうちから一つ選べ。 21

① ベンゼンは，空気中で燃やすと，多量のすすを出す。

② アニリンは，工業的にはニトロベンゼンを水素で還元してつくられる。

③ 合成洗剤に用いられるアルキルベンゼンスルホン酸ナトリウムの水溶液は，酸性を示す。

④ フェノールとホルムアルデヒドを付加縮合させてつくられるフェノール樹脂は，熱硬化性樹脂である。

⑤ スチレンと p-ジビニルベンゼンを共重合させてつくられる高分子化合物をスルホン化すると，陽イオン交換樹脂が得られる。

問 3　表 1 は，油脂 **A** ～ **C** の平均分子量および構成する脂肪酸の種類とその物質量の割合(%)を示したものである。油脂 **A** ～ **C** がそれぞれ 100 g あるとき，これらの油脂に付加できるヨウ素の質量が大きい順に並べたものはどれか。最も適当なものを，後の①～⑥のうちから一つ選べ。 22

表 1　油脂 **A** ～ **C** の平均分子量および構成する脂肪酸とその物質量の割合(%)

			油脂 **A**	油脂 **B**	油脂 **C**
平均分子量			865	876	873
構成脂肪酸	パルミチン酸	$C_{15}H_{31}COOH$	27 %	10 %	5 %
	ステアリン酸	$C_{17}H_{35}COOH$	30 %	3 %	3 %
	オレイン酸	$C_{17}H_{33}COOH$	40 %	76 %	27 %
	リノール酸	$C_{17}H_{31}COOH$	2 %	10 %	15 %
	リノレン酸	$C_{17}H_{29}COOH$	1 %	1 %	50 %

① **A** > **B** > **C**　　② **A** > **C** > **B**　　③ **B** > **A** > **C**

④ **B** > **C** > **A**　　⑤ **C** > **A** > **B**　　⑥ **C** > **B** > **A**

問 4　次の文章を読み，後の問い(**a** ～ **c**)に答えよ。

近年，地球環境に与える影響を考慮して，バイオプラスチックが注目されている。バイオプラスチックとは，生物資源から得られたプラスチック(バイオマスプラスチック)および微生物などによって自然界で分解される性質をもつプラスチック(生分解性プラスチック)の総称である。

次に示した図1は，バイオプラスチックの一つであるポリ乳酸の循環サイクルを表したものである。ポリ乳酸は，この循環サイクルでは二酸化炭素と水からつくられ，燃焼させても大気中の二酸化炭素を増加させないと考えられる。また，微生物によって分解される性質をもつことから，環境問題に対しての効果が期待されている。

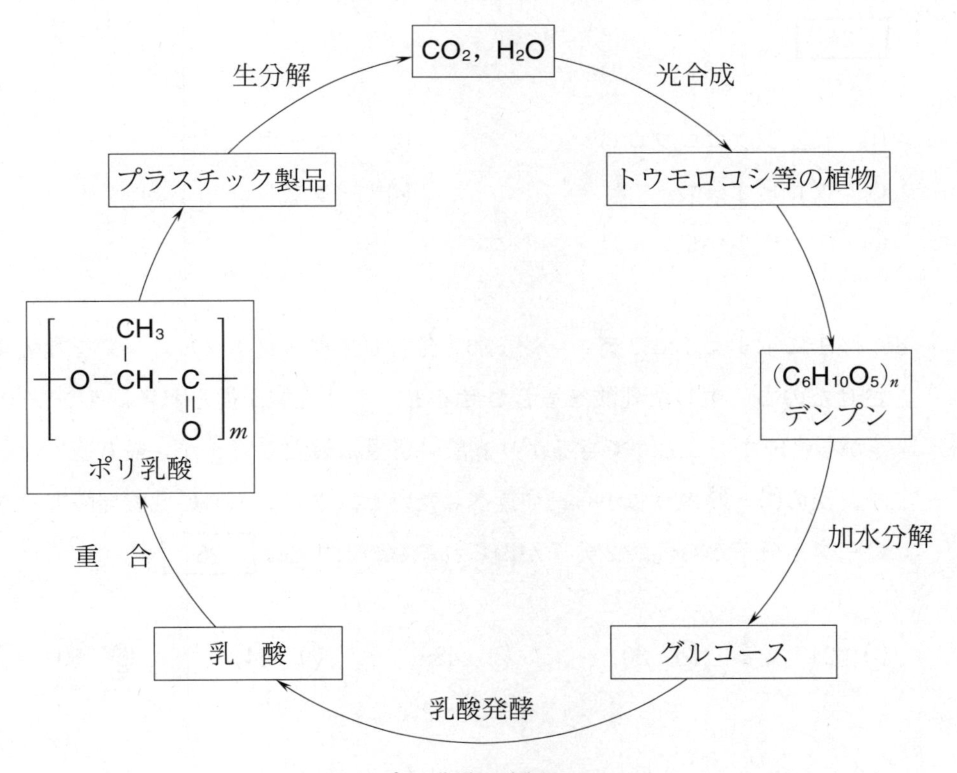

図1　ポリ乳酸の循環サイクル

a　図1中の物質に関する記述として**誤りを含むもの**はどれか。最も適当なものを，次の①～④のうちから一つ選べ。 23

① デンプン水溶液にフェーリング液を加えて加熱しても，赤色沈殿は生じない。

② 環状のグルコースが鎖状構造に変化すると，分子内のヒドロキシ基の数が減少する。

③ 乳酸を炭酸水素ナトリウム水溶液に加えると，二酸化炭素が発生する。

④ ポリ乳酸には，多くのエステル結合が含まれる。

b　グルコースと乳酸は，いずれも不斉炭素原子をもつ化合物である。これらと同様に，不斉炭素原子をもつ化合物を，次の①～⑤のうちから一つ選べ。
24

① 1,2-ジクロロプロパン　　② フマル酸
③ プロピオン酸　　④ イソプレン
⑤ アセチルサリチル酸

c　図1に示すように，デンプンを加水分解して得られるグルコースを乳酸発酵させたのち，生じた乳酸を重合させると，ポリ乳酸が得られる。デンプン 54 g から合成することができるポリ乳酸の質量は最大で何 g か。最も適当な数値を，次の①～⑤のうちから一つ選べ。ただし，グルコースの乳酸発酵ではグルコース1分子から乳酸2分子が得られるものとする。 25 g

① 24　② 30　③ 48　④ 54　⑤ 60

第5問 次の文章を読み，後の問い(**問1～3**)に答えよ。(配点 20)

アミノ酸がペプチド結合(－CONH－)で結びついた化合物をペプチドといい，様々な生理的作用をもつものが知られている。タンパク質は，多数のアミノ酸が結合したポリペプチドの構造をもち，生命活動を支える重要なはたらきをしている。

問1 アミノ酸およびタンパク質に関する記述として**誤りを含むもの**はどれか。最も適当なものを，次の①～④のうちから一つ選べ。 26

① グリシンは，結晶中で双性イオンとして存在する。

② タンパク質中にみられるα-ヘリックスとβ-シートは，いずれもペプチド結合の >C=O と H－N< 間の水素結合で形成されている。

③ タンパク質中にみられるジスルフィド結合は，システインの－SH 間の反応で形成される。

④ 血液中の酸素運搬にはたらくヘモグロビンは，単純タンパク質に分類される。

問 2　アラニンと塩化水素から生じる塩であるアラニン塩酸塩を水に溶かすと，式(1)のように電離する。

$$\underset{\text{アラニン塩酸塩}}{\mathrm{CH_3{-}\underset{\substack{|\\ NH_3Cl}}{CH}{-}COOH}} \longrightarrow \mathrm{CH_3{-}\underset{\substack{|\\ NH_3{}^{+}}}{CH}{-}COOH} + \mathrm{Cl^-} \qquad (1)$$

0.10 mol/L のアラニン塩酸塩水溶液 10 mL に 0.10 mol/L の水酸化ナトリウム水溶液を滴下したときの滴定曲線はどれか。最も適当なものを，次の①～④のうちから一つ選べ。 27

①

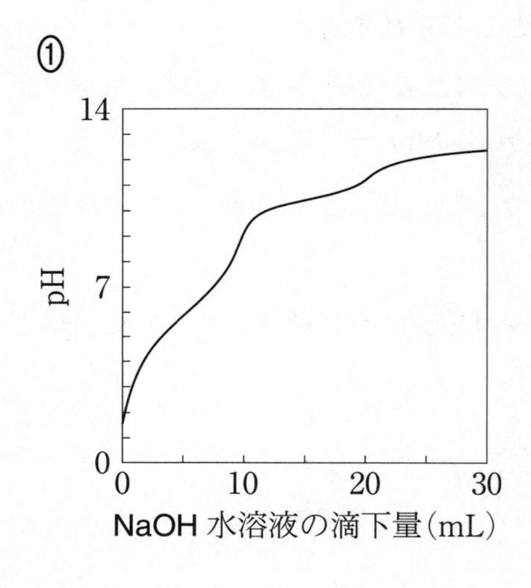

②

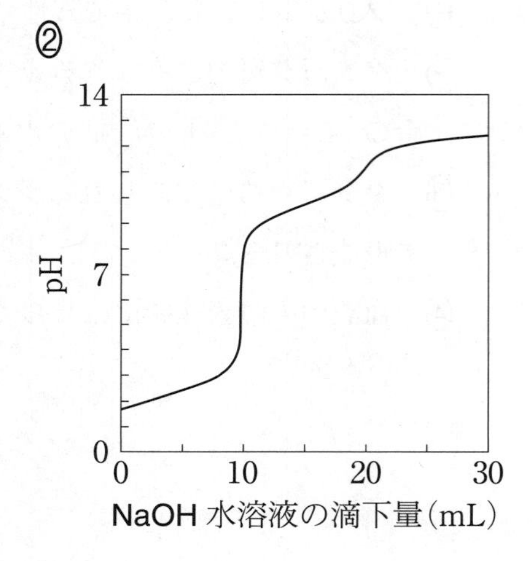

③

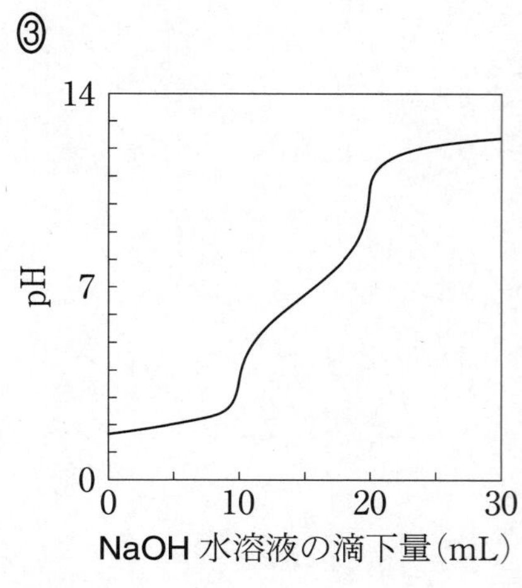

④

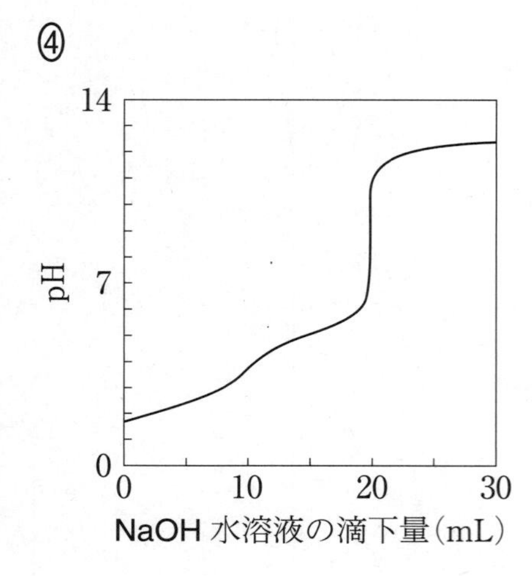

問 3　α-アミノ酸のアミノ基とカルボキシ基の両方が結合している炭素原子を α-炭素という。図1に示すように，鎖状のペプチドにおいて，アミノ酸の α-炭素に結合した遊離のアミノ基が存在する末端を**N**末端(アミノ末端)，α-炭素に結合した遊離のカルボキシ基が存在する末端を**C**末端(カルボキシ末端)という。また，図1のペプチドにおいて，アラニンのカルボキシ側のペプチド結合とは，(a)のことを指す。

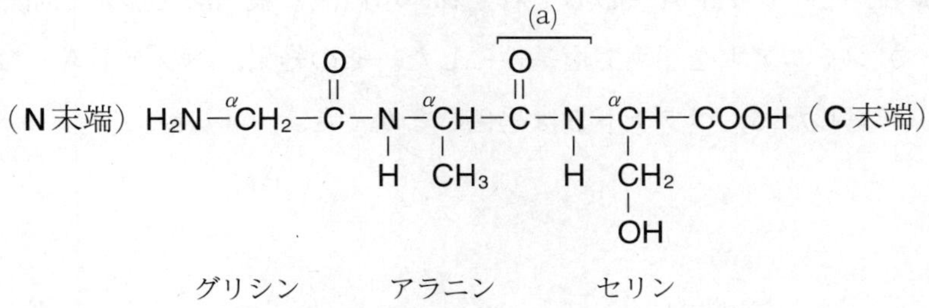

(N末端) $H_2N-CH_2-CO-NH-CH(CH_3)-CO-NH-CH(CH_2OH)-COOH$ (C末端)

グリシン　アラニン　セリン

図1　グリシン，アラニン，セリンからなるトリペプチド

海苔(のり)由来のペプチド**X**は，直鎖状のペンタペプチド(5個のアミノ酸が結合したペプチド)であり，血圧降下作用をもつことが期待されている。ペプチド**X**に関する**実験 I** ～ **IV**を行った。後の問い(**a** ～ **c**)に答えよ。

実験 I　ペプチド**X**を完全に加水分解したところ，図2に示す4種類の α-アミノ酸が得られた。

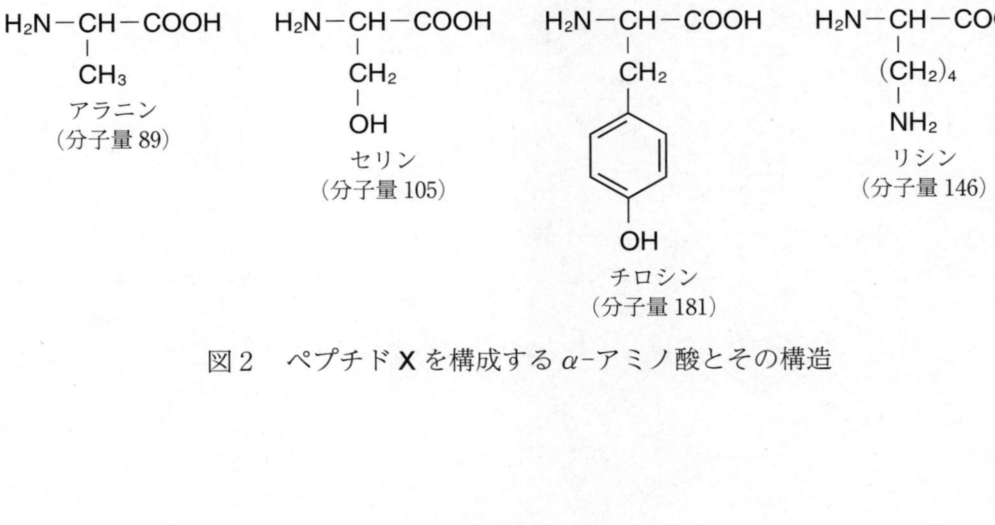

$H_2N-CH(CH_3)-COOH$
アラニン
(分子量 89)

$H_2N-CH(CH_2OH)-COOH$
セリン
(分子量 105)

$H_2N-CH(CH_2-C_6H_4-OH)-COOH$
チロシン
(分子量 181)

$H_2N-CH((CH_2)_4NH_2)-COOH$
リシン
(分子量 146)

図2　ペプチド**X**を構成する α-アミノ酸とその構造

実験Ⅱ　ペプチド**X**を，塩基性アミノ酸のカルボキシ基側のペプチド結合を特異的に加水分解する酵素で処理したところ，トリペプチド**A**とジペプチド**B**の2種類の断片のみが得られた。

実験Ⅲ　ペプチド**X**を，芳香族アミノ酸のカルボキシ基側のペプチド結合を特異的に加水分解する酵素で処理したところ，トリペプチド**C**とジペプチド**D**の2種類の断片のみが得られた。

実験Ⅳ　ペプチド**A**～**D**のそれぞれの水溶液に濃硝酸を加えて加熱し，冷却後にアンモニア水を加えて塩基性にした。その結果，ペプチド**A**，**C**，**D**は橙黄色を呈したが，ペプチド**B**は呈色しなかった。

a　次の文章中の空欄 ア ・ イ に当てはまる語句の組合せとして最も適当なものを，後の①～④のうちから一つ選べ。 28

pH 6 の緩衝液に浸したろ紙の中央(図3の点線部分)に，ペプチド**A**と**B**の混合水溶液を少量付着させたのち，直流電圧をかけて電気泳動を行った。ろ紙を乾燥後に， ア 水溶液を噴霧してドライヤーで温め，電気泳動後のペプチド**A**と**B**の位置を確認したところ，図3で示される結果が得られた。このことから，構成アミノ酸としてリシンを含むものは， イ であることが確かめられた。

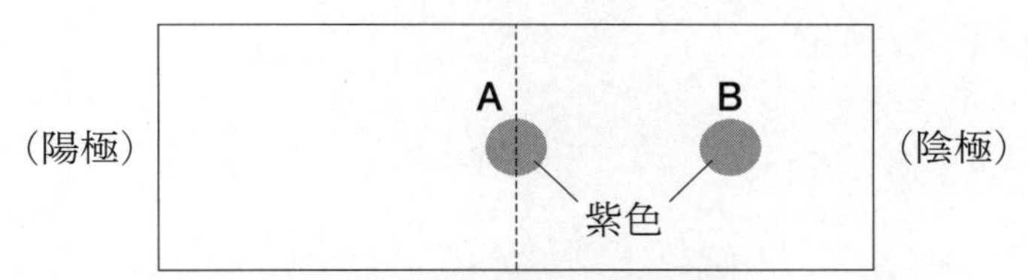

（ろ紙を pH 6 の緩衝液に浸して直流電圧を加えた。）

図3　ペプチド**A**・**B**を用いた電気泳動の結果

	ア	イ
①	塩化鉄(Ⅲ)	ペプチド**A**
②	塩化鉄(Ⅲ)	ペプチド**B**
③	ニンヒドリン	ペプチド**A**
④	ニンヒドリン	ペプチド**B**

b　ペプチド**B** 0.10 g に含まれる窒素をすべてアンモニアに変換して気体とし，これをすべて 0.10 mol/L の希塩酸 40.0 mL に吸収させた。この吸収液に残存する HCl の物質量を調べるため，指示薬としてメチルレッド(変色域：pH 4.2～6.2)を加え，0.10 mol/L の水酸化ナトリウム水溶液で滴定したところ，終点までに 26.2 mL を要した。ペプチド**B** 1分子に含まれる窒素原子の数を N とすると，ペプチド**B**の分子量を表す式はどのようになるか。最も適当なものを，次の①～④のうちから一つ選べ。 29

① $3.8 \times 10N$　　② $7.2 \times 10N$　　③ $7.8 \times 10N$　　④ 1.1×10^2N

c　実験Ⅰ～Ⅳおよび**a**，**b**の結果から，ペプチド**X**のアミノ酸配列を決定することができる。その確認のため，1×10^{-3} mol のペプチド**X**に，ペプチドの**C**末端から順に一つずつアミノ酸を加水分解する酵素を作用させたところ，ペプチド**X**の**C**末端から3番目までのアミノ酸の生成量と反応時間の関係について，図4で示される結果が得られた。図4中の**ウ**，**エ**のグラフは，それぞれいずれのアミノ酸の生成量を表したものか。最も適当なものを，後の①～④のうちから一つずつ選べ。

ウ　[30]

エ　[31]

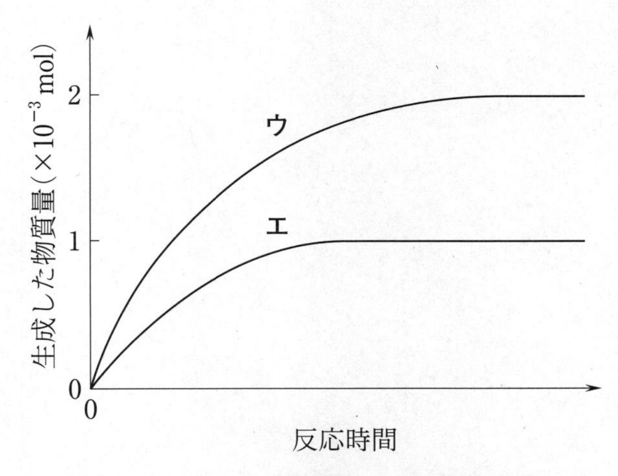

図4　アミノ酸の生成量と反応時間の関係

①　アラニン　　②　セリン　　③　チロシン　　④　リシン

第 5 回

問題を解くまえに

◆ 本問題は100点満点です。

◆ 問題解答時間は60分です。

◆ 問題を解いたら必ず自己採点により学力チェックを行い，解答・解説，学習対策を参考にしてください。

◆ 以下は，'21全統共通テスト高２模試の結果を表したものです。

人　　数	42,102
配　　点	100
平 均 点	39.9
標準偏差	16.3
最 高 点	100
最 低 点	0

（解答番号 1 ～ 31）

必要があれば，原子量は次の値を使うこと。

H　1.0　　C　12　　N　14　　O　16

Ba　137

気体は，実在気体とことわりがない限り，理想気体として扱うものとする。

第1問　次の問い（問1～5）に答えよ。（配点　22）

問1　次の記述（**ア・イ**）の両方に当てはまるものを，下の①～⑤のうちから一つ選べ。 1

ア　結晶の状態では電気を導かないが，融解して液体にすると電気を導く。
イ　水によく溶ける。

① 鉄　　② 塩化銀　　③ スクロース
④ 塩化カリウム　　⑤ ヨウ素

問2　原子およびイオンの電子配置として**誤りを含むもの**はどれか。最も適当なものを，次の①～⑤のうちから一つ選べ。 2

	原子および イオン	電子配置		
		K殻	L殻	M殻
①	Li^{+}	2		
②	F	2	7	
③	O^{2-}	2	8	
④	Ar	2	8	8
⑤	Ca	2	8	10

問3　次の記述(**ア**～**ウ**)で示される数値のうち，炭素原子として ^{12}C のみを含む二酸化炭素と ^{13}C のみを含む二酸化炭素で**異なるもの**はどれか。すべてを正しく選択しているものを，下の①～⑥のうちから一つ選べ。ただし，二酸化炭素に含まれる酸素原子は ^{16}O のみとする。 3

ア　1分子中に含まれる電子の総数

イ　1分子中に含まれる中性子の総数

ウ　1 mol あたりの質量

①　**ア**	②　**イ**	③　**ウ**
④　**ア**，**イ**	⑤　**ア**，**ウ**	⑥　**イ**，**ウ**

問4　次の記述(**ア～ウ**)で示される物質量 a ～ c の大小関係として最も適当なものを，下の①～⑥のうちから一つ選べ。ただし，アボガドロ定数は $N_A = 6.0 \times 10^{23}$ /mol とする。 4

ア　0℃，1.013×10^5 Pa(標準状態)における体積が 11.2 L のヘリウムの物質量 a

イ　6.0 g の水に含まれる水素原子の物質量 b

ウ　3.0×10^{23} 個のナトリウムイオンを含む硫酸ナトリウムの物質量 c

①　$a > b > c$　　②　$a > c > b$　　③　$b > a > c$

④　$b > c > a$　　⑤　$c > a > b$　　⑥　$c > b > a$

問5　図1は，ナトリウム Na の結晶の単位格子(立方体)を，図2は，パラジウム Pd の結晶の単位格子(立方体)を表しており，●の位置に原子が存在する。これらの結晶に関連する下の問い(**a**・**b**)に答えよ。

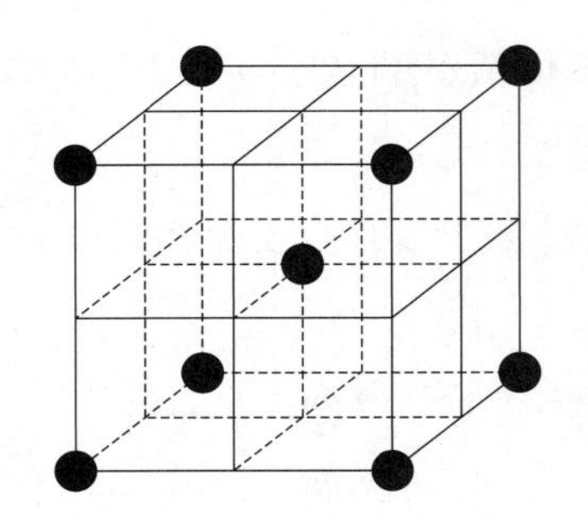

図1　Na の結晶の単位格子

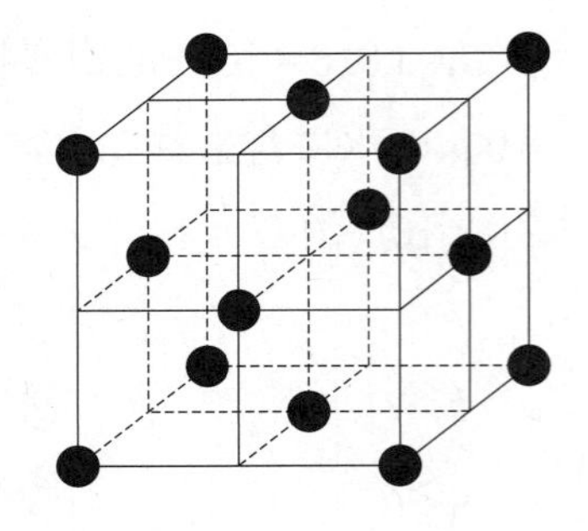

図2　Pd の結晶の単位格子

a　ナトリウムの結晶およびパラジウムの結晶に関する記述として**誤りを含むもの**はどれか。最も適当なものを，次の①～④のうちから一つ選べ。ただし，原子は球とみなし，最も近くに位置する原子どうしは互いに接しているものとする。［ 5 ］

① ナトリウムの結晶の単位格子には，2個の原子が含まれる。

② ナトリウムの原子半径は，単位格子の一辺の長さの $\frac{\sqrt{2}}{4}$ 倍である。

③ パラジウムの結晶では，配位数(1個の原子から最も近い位置にある原子の数)は12である。

④ パラジウムの結晶は，最密構造(同じ大きさの球を最も密に詰めた結晶構造)である。

b　パラジウムは，水素を吸蔵する金属の一つである。次ページの図3に示すように，パラジウムの結晶には，正八面体形に配置した6個のパラジウム原子に囲まれた空間(空間 X とする)があり，空間 X 1か所あたり1個の水素原子 H を取り込むことができる。

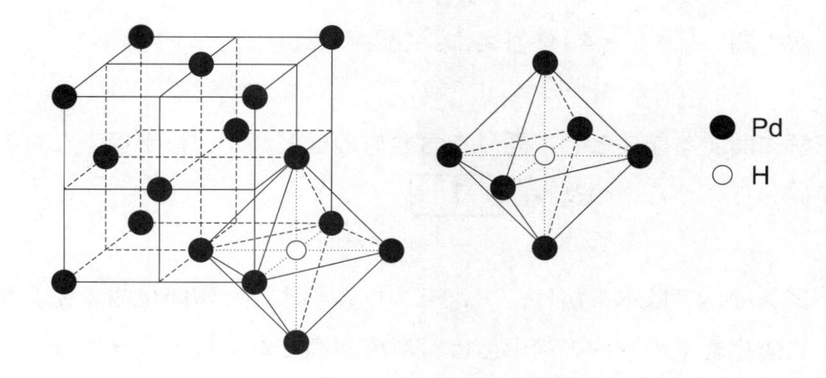

図３　空間 X への水素原子の取り込み

パラジウムの結晶中のすべての空間 X に水素原子が取り込まれたとき，その単位格子は，図４のようになる。

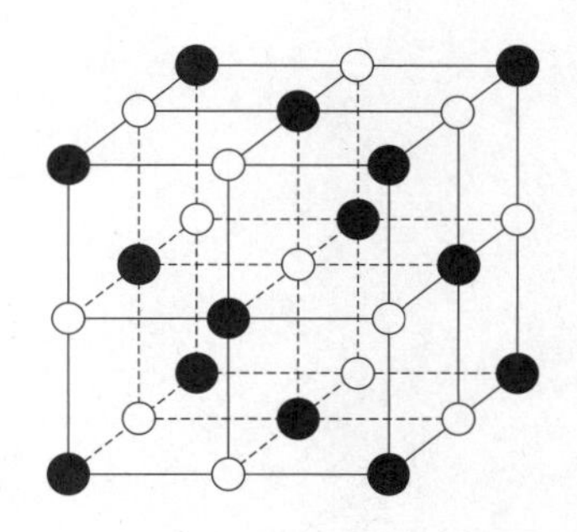

図４　すべての空間 X に水素原子が取り込まれたときの単位格子

空間 X に取り込まれた水素原子は，適切な方法で水素分子 H_2 として完全に取り出すことができる。パラジウムの結晶中のすべての空間 X に水素原子が取り込まれた物質がある。この物質から取り出すことができる水素分子の物質量は，この物質に含まれるパラジウム原子の物質量の何倍か。最も適当な数値を，次の①～⑤のうちから一つ選べ。［ 6 ］倍

① $\frac{1}{4}$　　② $\frac{1}{2}$　　③ 1　　④ 2　　⑤ 4

第2問 次の問い(**問1～4**)に答えよ。(配点 21)

問1 溶解に関する記述として**誤りを含むもの**はどれか。最も適当なものを，次の①～④のうちから一つ選べ。 7

① アンモニアは水に溶け，アンモニウムイオンと水酸化物イオンを生じる。

② 二酸化炭素の水への溶解度は，温度が高くなるほど大きくなる。

③ 硝酸カリウムの飽和水溶液を冷却すると，硝酸カリウムの結晶が析出する。

④ 塩化ナトリウムの水溶液中で，塩化物イオンは，水分子の水素原子と静電気的な引力によって結びついている。

問2　次に示す塩の水溶液**ア**～**ウ**を，pH が小さい順に並べたものはどれか。最も適当なものを，下の①～⑥のうちから一つ選べ。 8

ア　0.10 mol/L の硫酸水素ナトリウム $NaHSO_4$ 水溶液

イ　0.10 mol/L の硝酸ナトリウム $NaNO_3$ 水溶液

ウ　0.10 mol/L の酢酸ナトリウム CH_3COONa 水溶液

①　ア＜イ＜ウ　　②　ア＜ウ＜イ　　③　イ＜ア＜ウ

④　イ＜ウ＜ア　　⑤　ウ＜ア＜イ　　⑥　ウ＜イ＜ア

問 3　(a)0.0500 mol/L のシュウ酸水溶液 10.0 mL をコニカルビーカーにはかりとり，(b)指示薬を加えた後，ビュレットに入れた濃度未知の水酸化ナトリウム水溶液を滴下したところ，滴定の終点までに 20.0 mL を要した。図 1 は，この滴定における滴定曲線を示したものである。この滴定に関する下の問い（**a** ～ **c**）に答えよ。

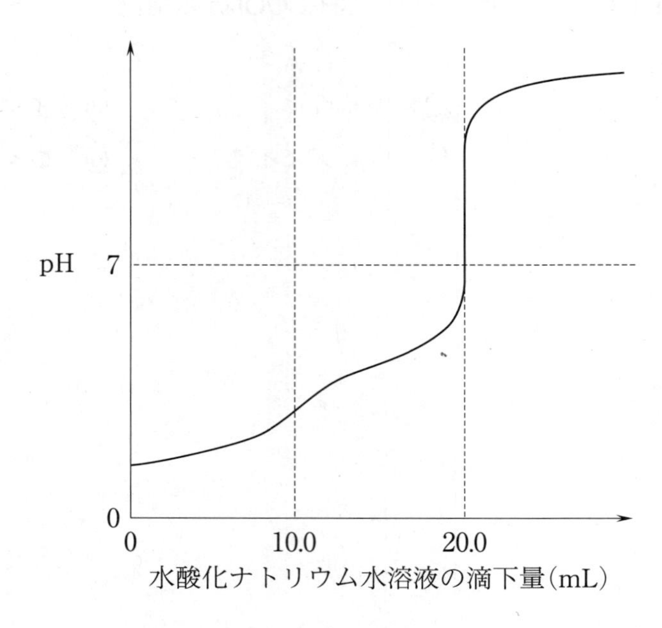

図 1　シュウ酸水溶液に水酸化ナトリウム水溶液を滴下したときの滴定曲線

a　下線部(a)について，シュウ酸二水和物 $(COOH)_2 \cdot 2H_2O$ の結晶を水に溶かして，0.0500 mol/L のシュウ酸水溶液 500 mL を調製するときの操作として最も適当なものを，次の①～④のうちから一つ選べ。 9

①　シュウ酸二水和物 3.15 g を水に溶かして全量を 500 mL にする。
②　シュウ酸二水和物 3.15 g を 496.85 g の水に溶かす。
③　シュウ酸二水和物 2.25 g を水に溶かして全量を 500 mL にする。
④　シュウ酸二水和物 2.25 g を 497.75 g の水に溶かす。

b　下線部(b)について，この滴定で用いる指示薬と，滴定の終点の前後における溶液の色の変化の組合せとして最も適当なものを，次の①～④のうちから一つ選べ。 10

	指示薬	色の変化
①	メチルオレンジ	赤色から黄色
②	メチルオレンジ	黄色から赤色
③	フェノールフタレイン	赤色から無色
④	フェノールフタレイン	無色から赤色

c　水酸化ナトリウム水溶液のモル濃度は何 mol/L か。最も適当な数値を，次の①～⑤のうちから一つ選べ。 11 mol/L

① 0.0125　　② 0.0250　　③ 0.0500
④ 0.100　　⑤ 0.200

問4　x (mol/L)の塩酸と y (mol/L)の水酸化ナトリウム水溶液を体積比 1：1 で混合したところ，得られた水溶液中の水素イオン濃度は 2.5×10^{-2} mol/L であった。一方，x (mol/L)の塩酸と y (mol/L)の水酸化ナトリウム水溶液を体積比 1：4 で混合したところ，得られた水溶液中の水酸化物イオン濃度は 5.0×10^{-2} mol/L であった。x として最も適当な数値を，次の①～⑥のうちから一つ選べ。
[12] mol/L

① 0.050　　② 0.10　　③ 0.15
④ 0.20　　⑤ 0.25　　⑥ 0.30

第3問 次の問い(問1～3)に答えよ。(配点 21)

問1 窒素の酸化物には，窒素と酸素の組成が異なるものが複数存在する。そのうちの一つである酸化物**A**は，赤褐色の気体であり，銅と濃硝酸を反応させると発生する。表1は，酸化物**A**に含まれる窒素と酸素の質量の関係を表したものである。

表1 酸化物**A**に含まれる窒素と酸素の質量

窒素の質量(g)	酸素の質量(g)
3.5	8.0
4.2	9.6

一方，酸化物**A**とは別の窒素の酸化物**B**・**C**に含まれる窒素と酸素の質量を調べたところ，表2の結果が得られた。

表2 酸化物**B**・**C**に含まれる窒素と酸素の質量

酸化物の種類	窒素の質量(g)	酸素の質量(g)
B	9.1	5.2
C	4.9	8.4

これに関する次の問い(**a**・**b**)に答えよ。

a 酸化物**A**として最も適当なものを，次の①～⑤のうちから一つ選べ。
13

① N_2O　② NO　③ N_2O_3　④ NO_2　⑤ N_2O_5

b　1803年にイギリスの化学者ドルトンは，倍数比例の法則とよばれる次のような法則を発表した。

2種類の元素**X**，**Z**からなる化合物が2種類以上あるとき，これらの化合物間では，一定質量の**X**と化合している**Z**の質量比が簡単な整数比になる。

これに関連して，酸化物**A**～**C**の間で，一定質量の窒素と化合している酸素の質量比(**A**：**B**：**C**)は，最も簡単な整数比でどのように表されるか。正しいものを，次の①～⑥のうちから一つ選べ。必要があれば下の方眼紙を使うこと。 14

① 3：1：2　　② 4：1：2　　③ 4：1：3
④ 4：2：3　　⑤ 5：2：4　　⑥ 5：3：4

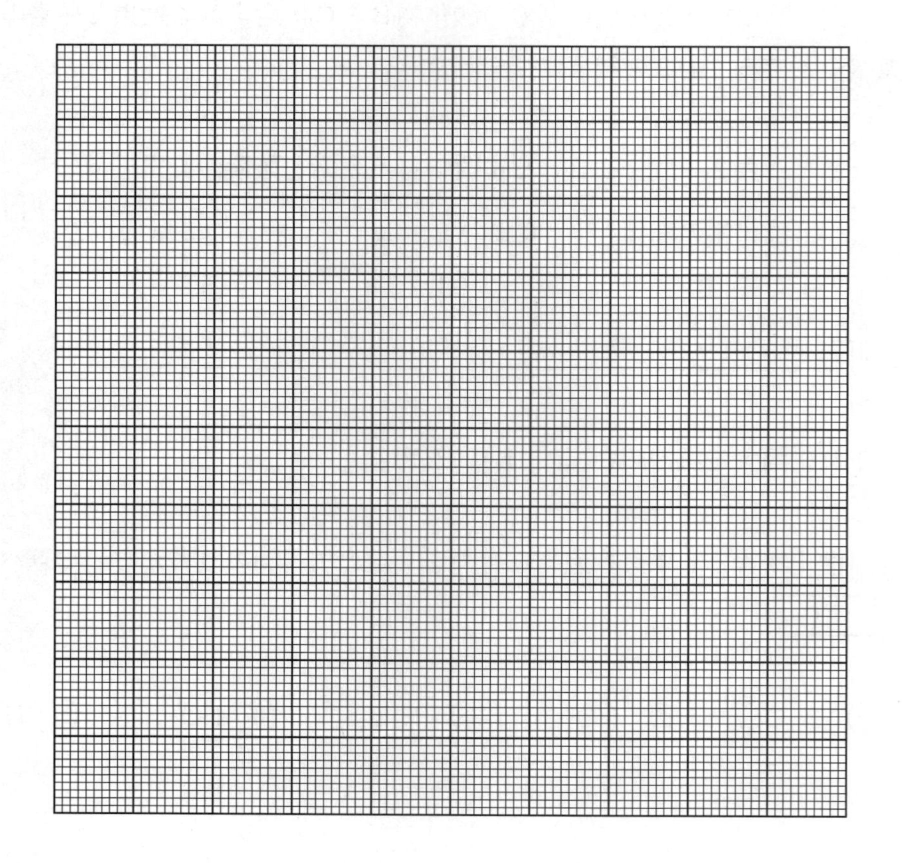

問2　不純物を含む銅試料(**試料X**とする)中の単体の銅の含有量を求めるために，次の**操作Ⅰ・Ⅱ**からなる実験を行った。この実験に関する下の問い(**a**～**c**)に答えよ。

操作Ⅰ　**試料X** 0.10 g をコニカルビーカーにはかりとり，0.35 mol/L の塩化鉄(Ⅲ)$FeCl_3$ 水溶液 50 mL を加えてよくかき混ぜた。このとき，次の式(1)で表される反応が起こり，**試料X**中の単体の銅は完全に溶解した。

$$Cu + 2Fe^{3+} \longrightarrow Cu^{2+} + 2Fe^{2+} \qquad (1)$$

操作Ⅱ　**操作Ⅰ**に続いて，コニカルビーカーに硫酸マンガン(Ⅱ)$MnSO_4$ 水溶液と希硫酸を加えた後，ビュレットから 0.020 mol/L の過マンガン酸カリウム $KMnO_4$ 水溶液を滴下したところ，30 mL 加えたところで滴下した水溶液の赤紫色が消えなくなったので，滴定の終点とした。この滴定において，終点までに次の式(2)で表される反応が完結する。

$$MnO_4^- + 5Fe^{2+} + 8H^+ \longrightarrow Mn^{2+} + 5Fe^{3+} + 4H_2O \qquad (2)$$

注意　**操作Ⅰ・Ⅱ**では，式(1)・(2)以外の反応は起こらなかった。なお，$MnSO_4$ は，塩化物イオン Cl^- が MnO_4^- と反応することを防ぐはたらきをもつ。

a　式(1)・(2)の反応において，酸化剤としてはたらいている物質の組合せとして最も適当なものを，次の①～④のうちから一つ選べ。 15

	式(1)の反応の酸化剤	式(2)の反応の酸化剤
①	銅	過マンガン酸カリウム
②	銅	塩化鉄(Ⅱ)
③	塩化鉄(Ⅲ)	過マンガン酸カリウム
④	塩化鉄(Ⅲ)	塩化鉄(Ⅱ)

b　**試料X** 0.10 g 中に含まれる単体の銅の物質量は何 mol か。最も適当な数値を，次の①～⑤のうちから一つ選べ。 16 mol

① 4.0×10^{-5}　② 8.0×10^{-5}　③ 1.0×10^{-3}
④ 1.5×10^{-3}　⑤ 2.0×10^{-3}

c　実験器具の取り扱いが不適切な場合，正しい滴定結果が得られないことがある。これに関する次の文章中の ア ・ イ に当てはまる語句の組合せとして最も適当なものを，下の①～④のうちから一つ選べ。 17

ビュレットを洗浄した後，内部が水でぬれた状態でビュレットに過マンガン酸カリウム水溶液を入れ，**操作Ⅱ**と同様に滴定を行うとすると，終点までに滴下する過マンガン酸カリウム水溶液の体積が 30 mL より ア なるので，**試料X** 0.10 g 中に含まれる単体の銅の物質量が正しい値より イ 求まる。

	ア	イ
①	大きく	大きく
②	大きく	小さく
③	小さく	大きく
④	小さく	小さく

問3　図1で模式的に表される電池Ⅰ～Ⅳがある。表3は，電池Ⅰ～Ⅳの構成を示したものである。電池Ⅰ～Ⅳのうち，電極Aが負極，電極Bが正極となるものが二つある。その組合せとして最も適当なものを，下の①～⑥のうちから一つ選べ。ただし，水溶液1・2のモル濃度は，いずれも 0.1 mol/L とする。
18

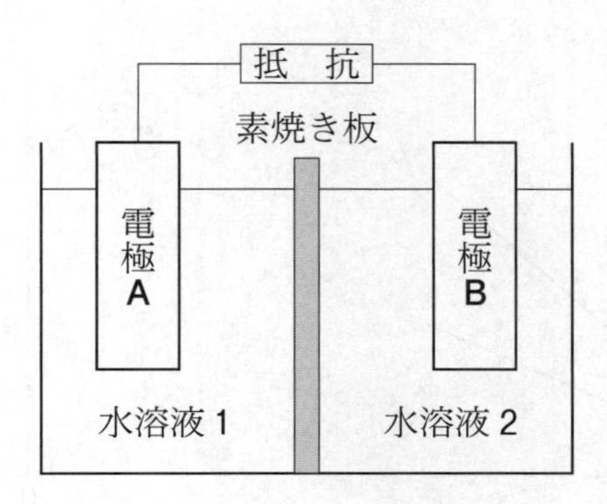

図1　電池Ⅰ～Ⅳの模式図

表3　電池Ⅰ～Ⅳの構成

電池の種類	電極A	水溶液1	水溶液2	電極B
Ⅰ	Ag	$AgNO_3$ 水溶液	$Al(NO_3)_3$ 水溶液	Al
Ⅱ	Al	$Al(NO_3)_3$ 水溶液	$CuSO_4$ 水溶液	Cu
Ⅲ	Cu	$CuSO_4$ 水溶液	$ZnSO_4$ 水溶液	Zn
Ⅳ	Zn	$ZnSO_4$ 水溶液	$AgNO_3$ 水溶液	Ag

① Ⅰ，Ⅱ　② Ⅰ，Ⅲ　③ Ⅰ，Ⅳ
④ Ⅱ，Ⅲ　⑤ Ⅱ，Ⅳ　⑥ Ⅲ，Ⅳ

第4問 次の問い(問1～3)に答えよ。(配点　18)

問1　理想気体1 molの圧力をP_1(Pa)またはP_2(Pa)に保ったまま，温度を変化させる。このときの気体の体積V(L)と絶対温度T(K)との関係を表すグラフとして最も適当なものを，次の①～④のうちから一つ選べ。ただし，$P_1 > P_2$とする。[19]

①
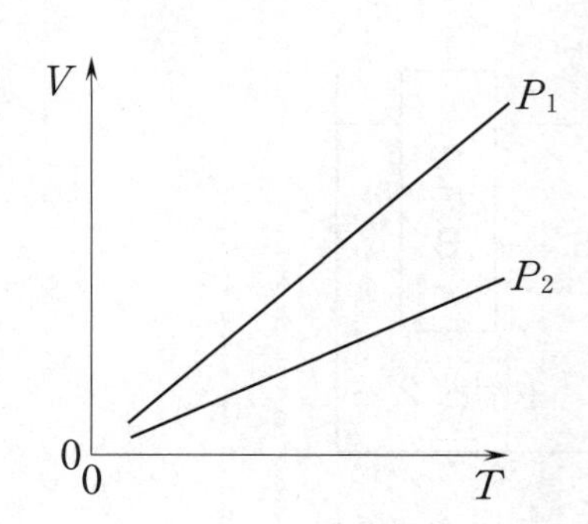

②
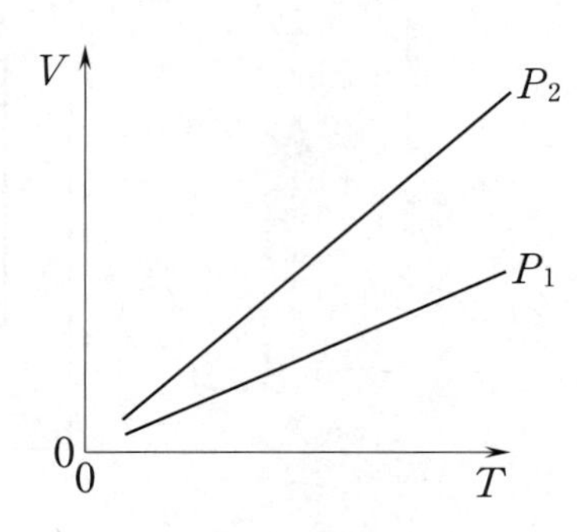

③
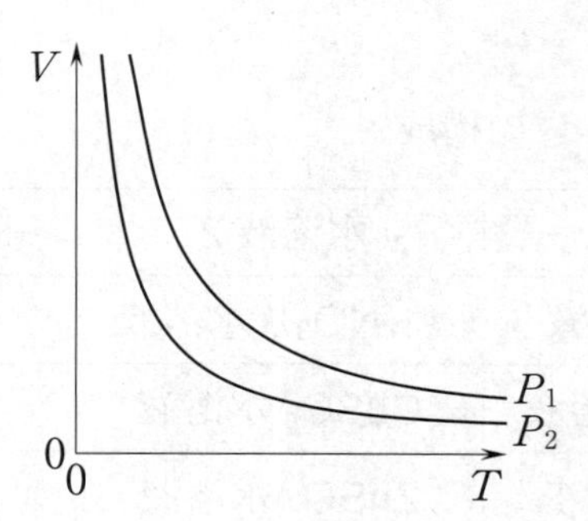

④
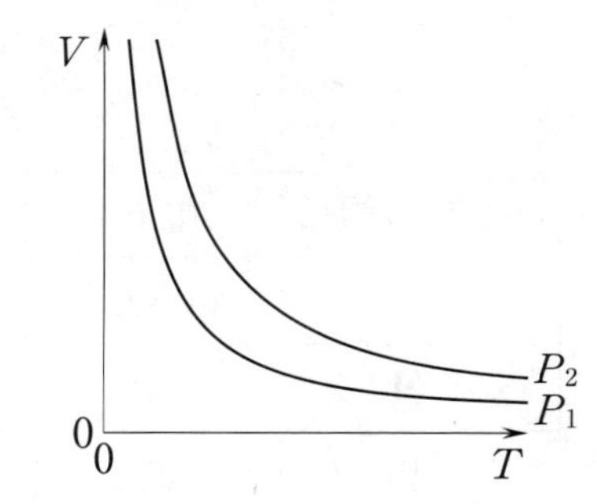

問2　ドライアイスを 27 ℃，1.0×10^5 Pa のもとですべて気体にしたとき，その体積は，ドライアイスの体積の何倍になるか。最も適当な数値を，次の①～④のうちから一つ選べ。ただし，ドライアイスの密度は 1.6 g/cm^3，気体定数は $R = 8.3 \times 10^3$ Pa·L/(K·mol) とする。 20 倍

① 3.6×10^2　　② 8.1×10^2　　③ 9.1×10^2　　④ 1.2×10^3

問3　図1に示すようなピストン付きの容器を用いて，気体に関する**実験Ⅰ・Ⅱ**を行った。この**実験**に関する下の問い（**a**〜**c**）に答えよ。ただし，容器内の温度は常に 50 ℃ に保たれており，50 ℃ におけるエタノールの蒸気圧（飽和蒸気圧）は 3.0×10^4 Pa とする。また，液体の体積は気体の体積に比べて十分に小さく無視できるものとし，気体の液体への溶解も無視できるものとする。

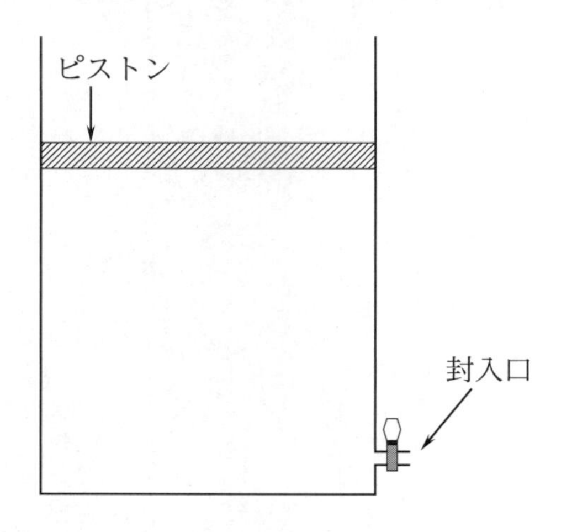

図1　実験に用いたピストン付きの容器

実験Ⅰ　容積が 8.4 L になるようにピストンを固定した真空の容器内に，圧力が 2.0×10^4 Pa になるように窒素を封入した。さらに，ピストンを固定したまま窒素と同じ物質量のエタノールを封入した。

実験Ⅱ　**実験Ⅰ**に続いて，ピストンの固定を外して自由に動くようにした後，容器内の圧力を 1.00×10^5 Pa に保った。

a　**実験Ⅰ**において，容器内のエタノール蒸気の分圧は何 Pa になるか。最も適当な数値を，次の①〜④のうちから一つ選べ。［21］Pa

①　2.0×10^4　　②　3.0×10^4　　③　5.0×10^4　　④　1.0×10^5

b　**実験Ⅱ**において，容器内のエタノール蒸気の分圧は何 Pa になるか。最も適当な数値を，次の①～④のうちから一つ選べ。 22 Pa

① 2.0×10^4　② 3.0×10^4　③ 5.0×10^4　④ 1.0×10^5

c　**実験Ⅱ**において，容器の容積は何 L になるか。最も適当な数値を，次の①～④のうちから一つ選べ。 23 L

① 2.4　② 3.4　③ 5.6　④ 29

第５問　メタンハイドレートに関する下の問い(**問１～４**)に答えよ。(配点　18)

(a)<u>永久凍土層や深海では，メタンハイドレートとよばれる水とメタンからなる結晶が多量に存在することが知られている</u>。図１は，メタンハイドレートの構造を模式的に表したものであり，水分子がつくるかご状の構造に，メタン分子が取り込まれた構造をしている。メタンハイドレート中のメタン分子と水分子の個数の比は1：5.75であり，その化学式は$CH_4 \cdot 5.75\,H_2O$(式量119.5)と表される。

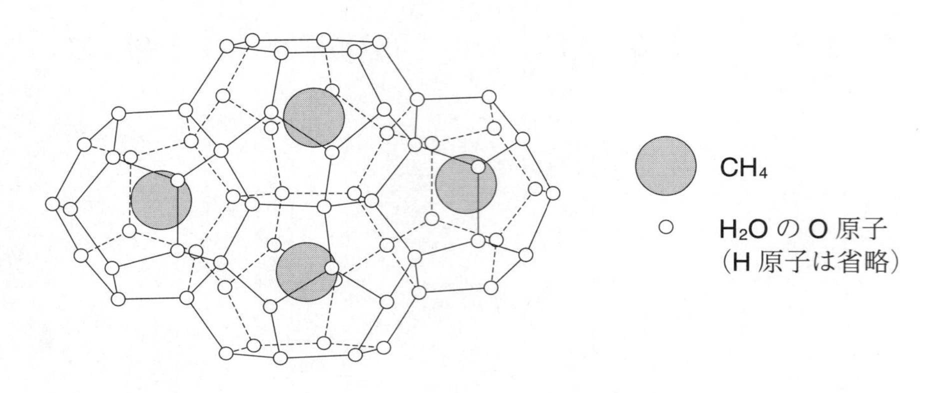

図１　メタンハイドレートの構造の模式図

問１　メタンCH_4と水H_2Oに関する記述として**誤りを含むもの**はどれか。最も適当なものを，次の①～④のうちから一つ選べ。 24

① メタン分子は，C－H結合に極性がなく，分子全体として無極性分子である。

② 水分子は，２組の非共有電子対をもつ。

③ 液体の状態で，メタンおよび水の分子間にはファンデルワールス力がはたらき，水は分子間で水素結合も形成する。

④ 水の沸点は，メタンの沸点よりも高い。

問2　下線部(a)に関して，メタンハイドレートの存在条件に関する次の文章中の［ア］～［ウ］に当てはまる語として最も適当なものを，それぞれ下の①～④のうちから一つずつ選べ。ただし，同じものを繰り返し選んでもよい。

ア［25］
イ［26］
ウ［27］

図2は，メタンと水がメタンハイドレートに変化する温度と圧力の条件を示したものであり，領域**X**・領域**Y**は，メタンと水で存在する領域またはメタンハイドレートで存在する領域のいずれかを表している。深海にメタンハイドレートが多量に存在することから，圧力が［ア］いほど，メタンハイドレートは形成されやすく，領域**X**・領域**Y**のうち，［イ］がメタンハイドレートで存在する領域を表していると判断できる。また，温度が［ウ］くなると，メタンハイドレートはメタンと水に分解することがわかる。

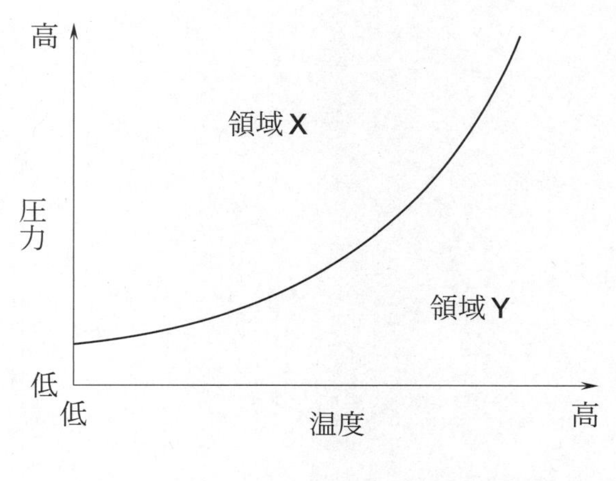

図2　メタンハイドレートの存在条件

① 高　　② 低　　③ 領域**X**　　④ 領域**Y**

問3　ある質量のメタンハイドレートを完全燃焼させ，発生した二酸化炭素をすべて 0.10 mol/L の水酸化バリウム水溶液 500 mL に吸収させたところ，3.94 g の炭酸バリウム $BaCO_3$ の白色沈殿が生じた。用いたメタンハイドレートの質量は何 g か。その数値を，小数第 1 位まで次の形式で表すとき，それぞれに当てはまる数字を，次の①～⓪のうちから一つずつ選べ。ただし，同じものを繰り返し選んでもよい。[28].[29] g

① 1　② 2　③ 3　④ 4　⑤ 5
⑥ 6　⑦ 7　⑧ 8　⑨ 9　⓪ 0

問4 水分子がつくるかご状の構造に，メタンや二酸化炭素のような気体分子が取り込まれた氷状の固体を総称してガスハイドレートといい，取り込まれた分子がメタンの場合はメタンハイドレート，二酸化炭素の場合は CO_2 ハイドレートという。

メタンハイドレートからメタンを取り出す方法として，二酸化炭素注入法が研究されている。この方法では，メタンハイドレートに二酸化炭素を注入し，水分子がつくるかご状の構造に取り込まれる分子をメタンから二酸化炭素に置き換えて CO_2 ハイドレートとすることで，メタンを取り出す。

478 g のメタンハイドレートに二酸化炭素を注入したところ，メタンの一部が同じ物質量の二酸化炭素に置き換わり，メタンハイドレートと CO_2 ハイドレートからなるガスハイドレートが 562 g 得られた。

これに関する次の問い（**a**・**b**）に答えよ。ただし，水分子がつくるかご状の構造は，二酸化炭素の注入の前後で変化しなかったものとする。

a 478 g のメタンハイドレートに含まれるメタンの物質量は何 mol か。最も適当な数値を，次の①～⑤のうちから一つ選べ。［30］mol

① 1.0　② 2.0　③ 3.0　④ 4.0　⑤ 5.0

b はじめのメタンハイドレートに含まれていたメタンのうち，取り出されたメタンの割合は何 % か。最も適当な数値を，次の①～⑤のうちから一つ選べ。［31］%

① 25　② 33　③ 50　④ 67　⑤ 75

大学入学共通テスト

’23　本試験

（2023 年 1 月実施）

60 分　100 点

(解答番号 1 ～ 35)

必要があれば，原子量は次の値を使うこと。

H	1.0	Li	6.9	Be	9.0	C	12
O	16	Na	23	Mg	24	S	32
K	39	Ca	40	I	127		

気体は，実在気体とことわりがない限り，理想気体として扱うものとする。

また，必要があれば，次の値を使うこと。

$\sqrt{2} = 1.41$

第1問 次の問い(問1～4)に答えよ。(配点 20)

問1 すべての化学結合が単結合からなる物質として最も適当なものを，次の①～④のうちから一つ選べ。 1

① CH_3CHO　② C_2H_2　③ Br_2　④ $BaCl_2$

問 2 次の文章を読み，下線部(a)・(b)の状態を示す用語の組合せとして最も適当なものを，後の①～⑧のうちから一つ選べ。 2

海藻であるテングサを乾燥し，熱湯で溶出させると流動性のあるコロイド溶液が得られる。この溶液を冷却すると(a)流動性を失ったかたまりになる。さらに，このかたまりから水分を除去すると(b)乾燥した寒天ができる。

	(a)	(b)
①	ゾ ル	エーロゾル(エアロゾル)
②	ゾ ル	キセロゲル
③	エーロゾル(エアロゾル)	ゾ ル
④	エーロゾル(エアロゾル)	ゲ ル
⑤	ゲ ル	エーロゾル(エアロゾル)
⑥	ゲ ル	キセロゲル
⑦	キセロゲル	ゾ ル
⑧	キセロゲル	ゲ ル

問 3　水蒸気を含む空気を温度一定のまま圧縮すると，全圧の増加に比例して水蒸気の分圧は上昇する。水蒸気の分圧が水の飽和蒸気圧に達すると，水蒸気の一部が液体の水に凝縮し，それ以上圧縮しても水蒸気の分圧は水の飽和蒸気圧と等しいままである。

分圧 3.0×10^3 Pa の水蒸気を含む全圧 1.0×10^5 Pa，温度 300 K，体積 24.9 L の空気を，気体を圧縮する装置を用いて，温度一定のまま，
体積 8.3 L にまで圧縮した。この過程で水蒸気の分圧が 300 K における水の飽和蒸気圧である 3.6×10^3 Pa に達すると，水蒸気の一部が液体の水に凝縮し始めた。図 1 は圧縮前と圧縮後の様子を模式的に示したものである。圧縮後に生じた液体の水の物質量は何 mol か。最も適当な数値を，後の①～⑥のうちから一つ選べ。ただし，気体定数は $R = 8.3 \times 10^3$ Pa·L/(K·mol) とし，全圧の変化による水の飽和蒸気圧の変化は無視できるものとする。 [3] mol

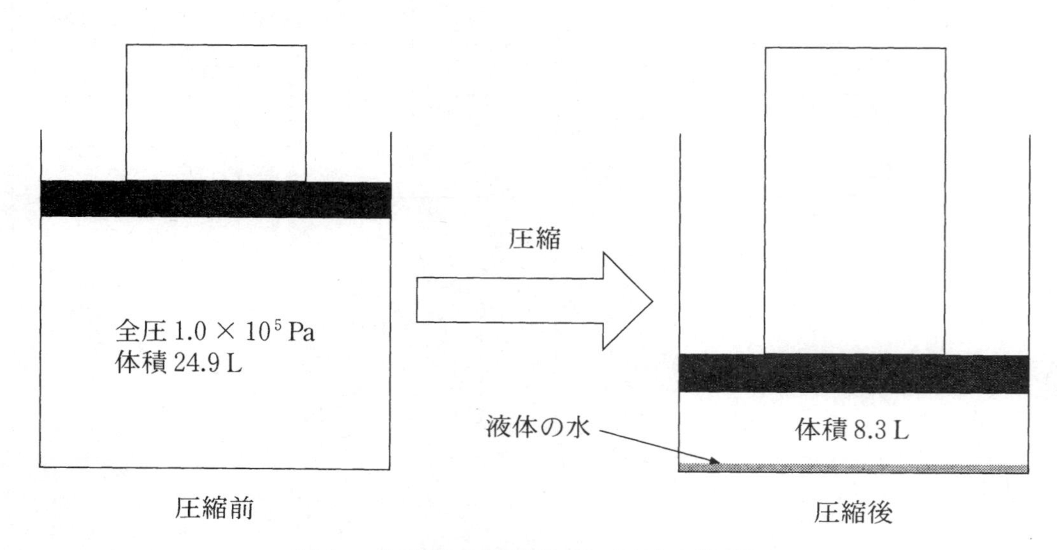

図 1　水蒸気を含む空気の圧縮の模式図

① 0.012　　② 0.018　　③ 0.030
④ 0.12　　⑤ 0.18　　⑥ 0.30

問 4 硫化カルシウム CaS（式量 72）の結晶構造に関する次の記述を読み，後の問い（**a** ～ **c**）に答えよ。

CaS の結晶中では，カルシウムイオン Ca^{2+} と硫化物イオン S^{2-} が図 2 に示すように規則正しく配列している。結晶中の Ca^{2+} と S^{2-} の配位数はいずれも［ ア ］で，単位格子は Ca^{2+} と S^{2-} がそれぞれ 4 個ずつ含まれる立方体である。隣り合う Ca^{2+} と S^{2-} は接しているが，(a)電荷が等しい Ca^{2+} どうし，および S^{2-} どうしは，結晶中で互いに接していない。Ca^{2+} のイオン半径を r_{Ca}，S^{2-} のイオン半径を R_S とすると $r_{Ca} < R_S$ であり，CaS の結晶の単位格子の体積 V は［ イ ］で表される。

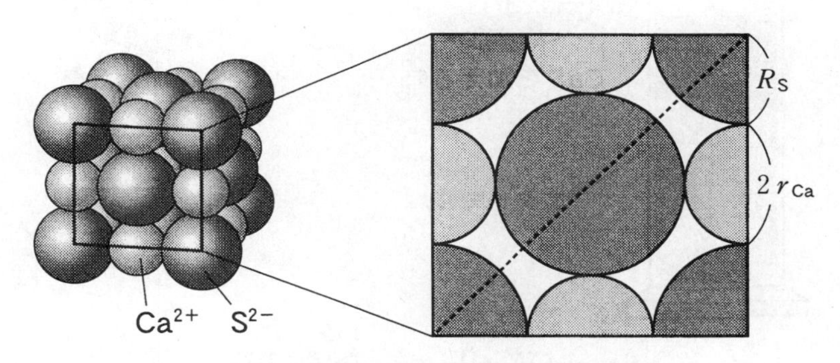

図 2　CaS の結晶構造と単位格子の断面

a 空欄［ ア ］・［ イ ］に当てはまる数字または式として最も適当なものを，それぞれの解答群の①～⑤のうちから一つずつ選べ。

アの解答群［ 4 ］

① 4　② 6　③ 8　④ 10　⑤ 12

イの解答群［ 5 ］

① $V = 8\,(R_S + r_{Ca})^3$

② $V = 32(R_S{}^3 + r_{Ca}{}^3)$

③ $V = (R_S + r_{Ca})^3$

④ $V = \dfrac{16}{3}\pi(R_S{}^3 + r_{Ca}{}^3)$

⑤ $V = \dfrac{4}{3}\pi(R_S{}^3 + r_{Ca}{}^3)$

b　エタノール 40 mL を入れたメスシリンダーを用意し，CaS の結晶 40 g をこのエタノール中に加えたところ，結晶はもとの形のまま溶けずに沈み，図 3 に示すように，40 の目盛りの位置にあった液面が 55 の目盛りの位置に移動した。この結晶の単位格子の体積 V は何 cm^3 か。最も適当な数値を，後の①～⑤のうちから一つ選べ。ただし，アボガドロ定数を 6.0×10^{23}/mol とする。 [6] cm^3

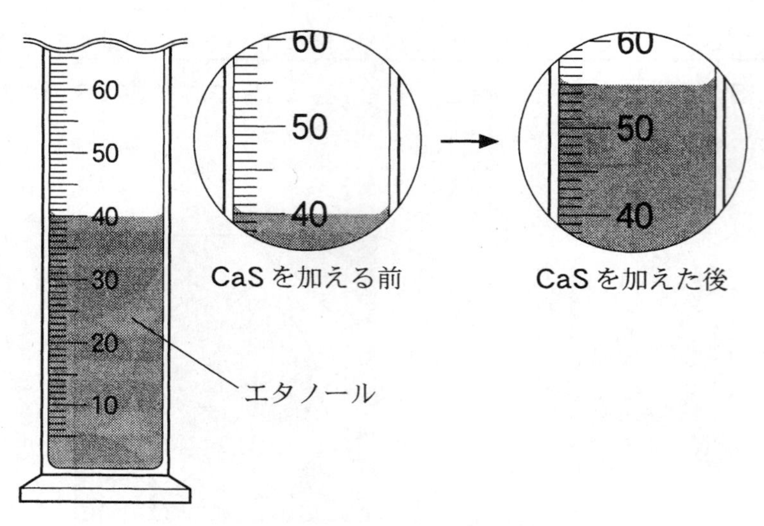

図 3　メスシリンダーの液面の移動

① 4.5×10^{-23}　② 1.8×10^{-22}　③ 3.6×10^{-22}
④ 6.6×10^{-22}　⑤ 1.3×10^{-21}

c　図2に示すような配列の結晶構造をとる物質はCaS以外にも存在する。そのような物質では，下線部(a)に示すのと同様に，結晶中で陽イオンどうし，および陰イオンどうしが互いに接していないものが多い。結晶を構成する2種類のイオンのうち，イオンの大きさが大きい方のイオン半径をR，小さい方のイオン半径をrとして結晶の安定性を考える。このとき，Rが$\left(\sqrt{\boxed{ウ}}+\boxed{エ}\right)r$以上になると，図2に示す単位格子の断面の対角線（破線）上で大きい方のイオンどうしが接するようになる。その結果，この結晶構造が不安定になり，異なる結晶構造をとりやすくなることが知られている。

空欄 ウ ・ エ に当てはまる数字として最も適当なものを，後の①～⓪のうちから一つずつ選べ。ただし，同じものを繰り返し選んでもよい。

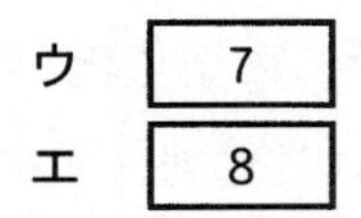

① 1	② 2	③ 3	④ 4	⑤ 5
⑥ 6	⑦ 7	⑧ 8	⑨ 9	⓪ 0

第2問　次の問い(問1～4)に答えよ。(配点　20)

問1　二酸化炭素CO_2とアンモニアNH_3を高温・高圧で反応させると，尿素$(NH_2)_2CO$が生成する。このときの熱化学方程式(1)の反応熱Qは何kJか。最も適当な数値を，後の①～⑧のうちから一つ選べ。ただし，CO_2(気)，NH_3(気)，$(NH_2)_2CO$(固)，水H_2O(液)の生成熱は，それぞれ394 kJ/mol，46 kJ/mol，333 kJ/mol，286 kJ/molとする。 [9] kJ

$$CO_2(気) + 2\,NH_3(気) = (NH_2)_2CO(固) + H_2O(液) + Q\,\text{kJ} \qquad (1)$$

① －179　② －153　③ －133　④ －107
⑤ 107　⑥ 133　⑦ 153　⑧ 179

問2　硝酸銀$AgNO_3$水溶液の入った電解槽Vに浸した2枚の白金電極(電極A，B)と，塩化ナトリウム$NaCl$水溶液の入った電解槽Wに浸した2本の炭素電極(電極C，D)を，図1に示すように電源に接続した装置を組み立てた。この装置で電気分解を行った結果に関する記述として**誤りを含むもの**を，次の①～⑤のうちから二つ選べ。ただし，解答の順序は問わない。

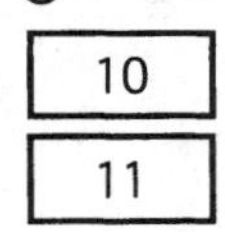

① 電解槽Vの水素イオン濃度が増加した。
② 電極Aに銀Agが析出した。
③ 電極Bで水素H_2が発生した。
④ 電極CにナトリウムNaが析出した。
⑤ 電極Dで塩素Cl_2が発生した。

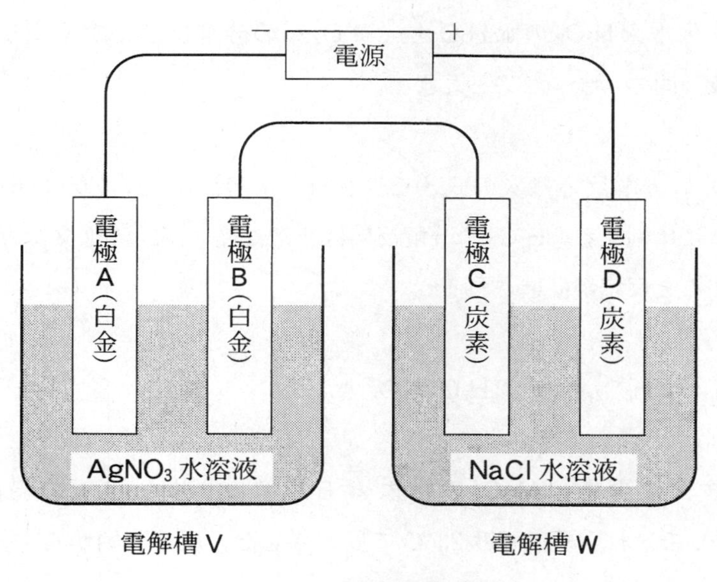

図1　電気分解の装置

問 3　容積一定の密閉容器Xに水素 H_2 とヨウ素 I_2 を入れて，一定温度 T に保ったところ，次の式(2)の反応が平衡状態に達した。

$$H_2(気) + I_2(気) \rightleftarrows 2\,HI(気) \qquad (2)$$

平衡状態の H_2，I_2，ヨウ化水素HIの物質量は，それぞれ0.40 mol，0.40 mol，3.2 molであった。

次に，Xの半分の一定容積をもつ密閉容器Yに1.0 molのHIのみを入れて，同じ一定温度 T に保つと，平衡状態に達した。このときのHIの物質量は何molか。最も適当な数値を，次の①〜⑥のうちから一つ選べ。ただし，H_2，I_2，HIはすべて気体として存在するものとする。 12 mol

① 0.060　② 0.11　③ 0.20　④ 0.80　⑤ 0.89　⑥ 0.94

問 4　過酸化水素 H_2O_2 の水 H_2O と酸素 O_2 への分解反応に関する次の文章を読み，後の問い（**a** ～ **c**）に答えよ。

H_2O_2 の分解反応は次の式(3)で表され，水溶液中での分解反応速度は H_2O_2 の濃度に比例する。H_2O_2 の分解反応は非常に遅いが，酸化マンガン(Ⅳ) MnO_2 を加えると反応が促進される。

$$2\,H_2O_2 \longrightarrow 2\,H_2O + O_2 \tag{3}$$

試験管に少量の MnO_2 の粉末とモル濃度 0.400 mol/L の過酸化水素水 10.0 mL を入れ，一定温度 20 ℃ で反応させた。反応開始から 1 分ごとに，それまでに発生した O_2 の体積を測定し，その物質量を計算した。10 分までの結果を表 1 と図 2 に示す。ただし，反応による水溶液の体積変化と，発生した O_2 の水溶液への溶解は無視できるものとする。

表 1　反応温度 20 ℃ で各時間までに発生した O_2 の物質量

反応開始からの時間(min)	発生した O_2 の物質量($\times 10^{-3}$ mol)
0	0
1.0	0.417
2.0	0.747
3.0	1.01
4.0	1.22
5.0	1.38
6.0	1.51
7.0	1.61
8.0	1.69
9.0	1.76
10.0	1.81

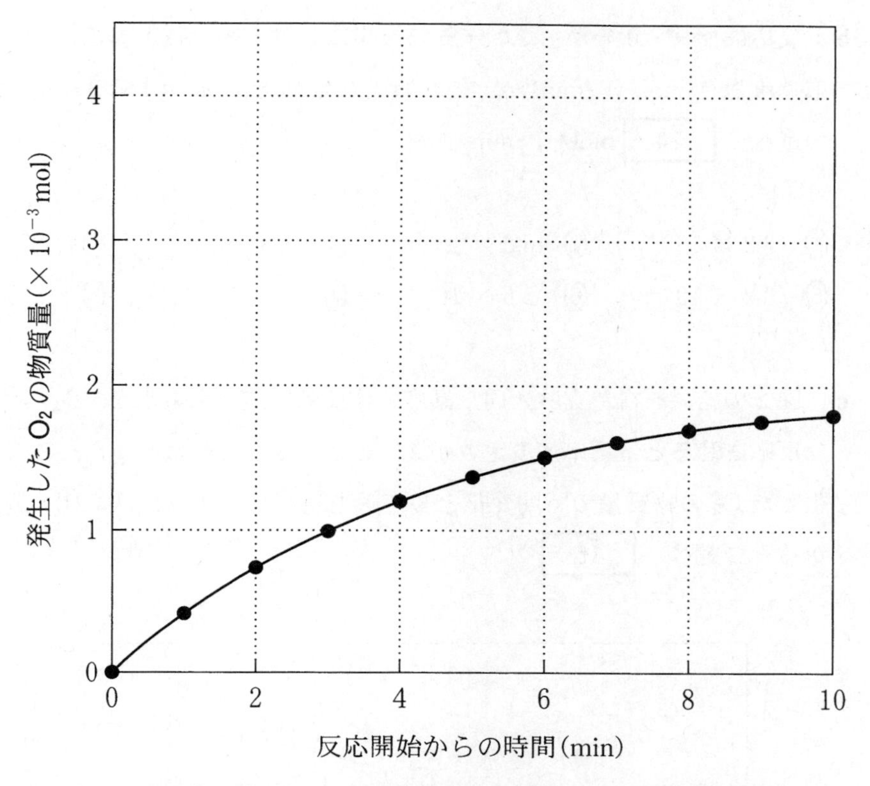

図2　反応温度 20 ℃ で各時間までに発生した O_2 の物質量

a　H_2O_2 の水溶液中での分解反応に関する記述として**誤りを含むもの**はどれか。最も適当なものを，次の①～④のうちから一つ選べ。 13

① 少量の塩化鉄(Ⅲ)$FeCl_3$ 水溶液を加えると，反応速度が大きくなる。

② 肝臓などに含まれるカタラーゼを適切な条件で加えると，反応速度が大きくなる。

③ MnO_2 の有無にかかわらず，温度を上げると反応速度が大きくなる。

④ MnO_2 を加えた場合，反応の前後でマンガン原子の酸化数が変化する。

b　反応開始後 1.0 分から 2.0 分までの間における H_2O_2 の分解反応の平均反応速度は何 mol/(L･min)か。最も適当な数値を，次の①～⑧のうちから一つ選べ。 14 mol/(L･min)

① 3.3×10^{-4}　② 6.6×10^{-4}　③ 8.3×10^{-4}　④ 1.5×10^{-3}
⑤ 3.3×10^{-2}　⑥ 6.6×10^{-2}　⑦ 8.3×10^{-2}　⑧ 0.15

c　図 2 の結果を得た実験と同じ濃度と体積の過酸化水素水を，別の反応条件で反応させると，反応速度定数が 2.0 倍になることがわかった。このとき発生した O_2 の物質量の時間変化として最も適当なものを，次の①～⑥のうちから一つ選べ。 15

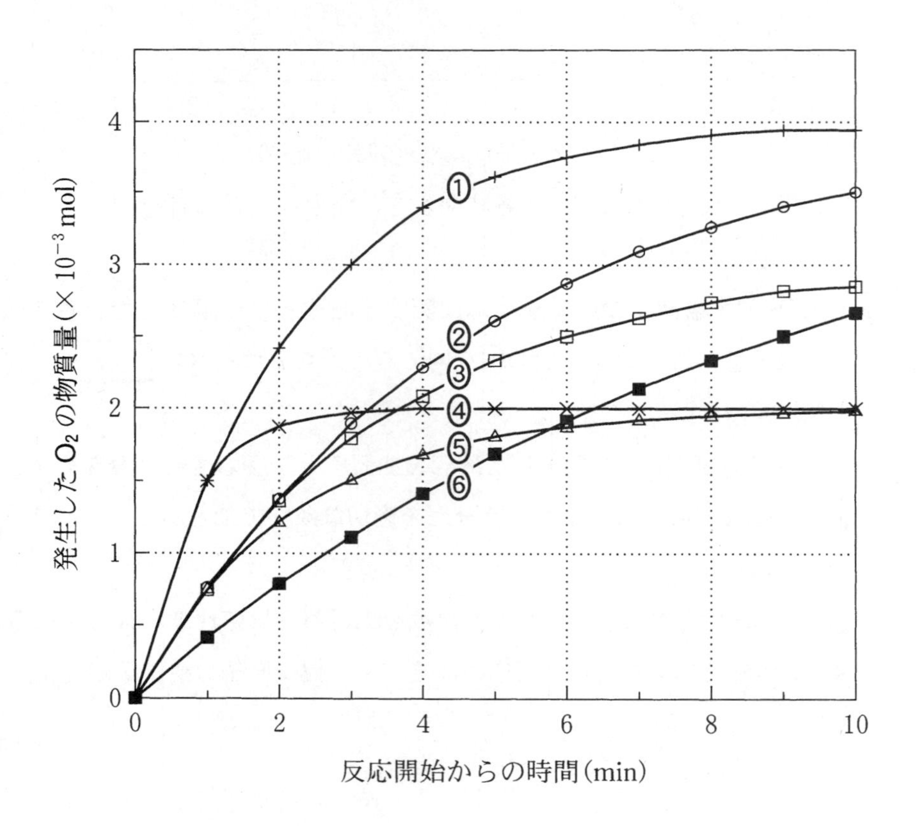

第3問 次の問い(問1～3)に答えよ。(配点 20)

問 1 フッ化水素 HF に関する記述として**誤りを含むもの**はどれか。最も適当なものを，次の①～④のうちから一つ選べ。 16

① 水溶液は弱い酸性を示す。

② 水溶液に銀イオン Ag^+ が加わっても沈殿は生じない。

③ 他のハロゲン化水素よりも沸点が高い。

④ ヨウ素 I_2 と反応してフッ素 F_2 を生じる。

問 2　金属イオン Ag^+，Al^{3+}，Cu^{2+}，Fe^{3+}，Zn^{2+} の硝酸塩のうち二つを含む水溶液 A がある。A に対して次の図 1 に示す**操作Ⅰ～Ⅳ**を行ったところ，それぞれ図 1 に示すような**結果**が得られた。A に含まれる二つの金属イオンとして最も適当なものを，後の①～⑤のうちから二つ選べ。ただし，解答の順序は問わない。

17

18

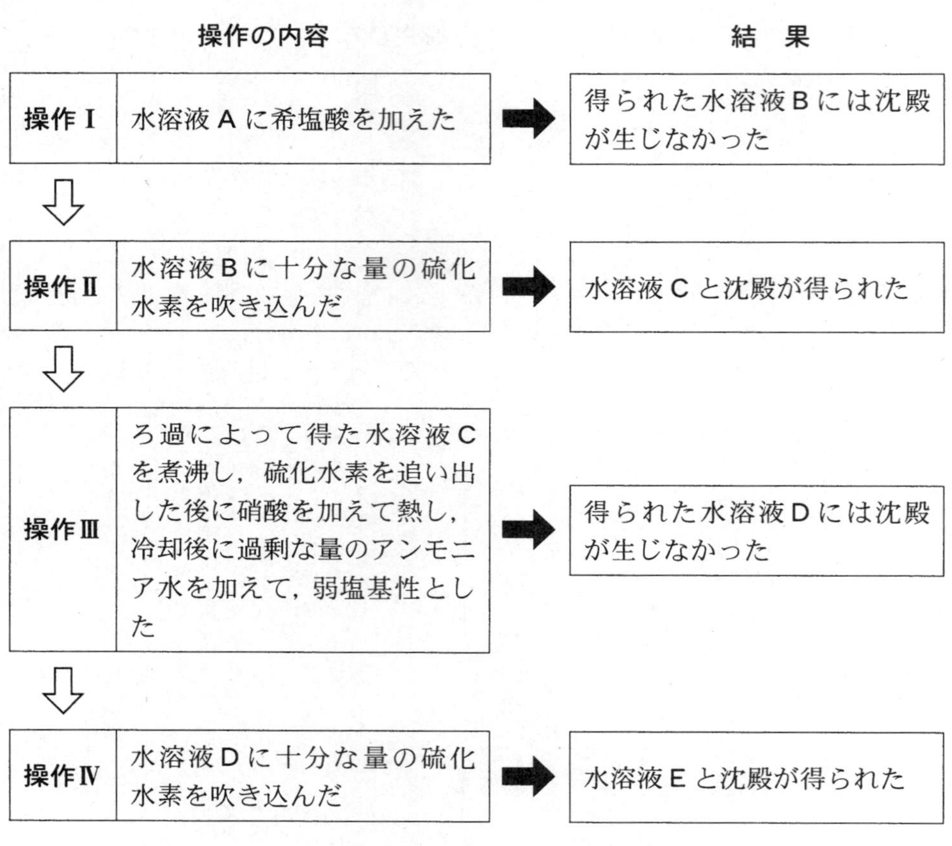

図 1　操作の内容と結果

① Ag^+　　② Al^{3+}　　③ Cu^{2+}　　④ Fe^{3+}　　⑤ Zn^{2+}

問 3　1族，2族の金属元素に関する次の問い(**a**～**c**)に答えよ。

a　金属X，Yは，1族元素のリチウムLi，ナトリウムNa，カリウムK，2族元素のベリリウムBe，マグネシウムMg，カルシウムCaのいずれかの単体である。Xは希塩酸と反応して水素H_2を発生し，Yは室温の水と反応してH_2を発生する。そこで，さまざまな質量のX，Yを用意し，Xは希塩酸と，Yは室温の水とすべて反応させ，発生したH_2の体積を測定した。反応させたX，Yの質量と，発生したH_2の体積(0℃，1.013×10^5 Paにおける体積に換算した値)との関係を図2に示す。

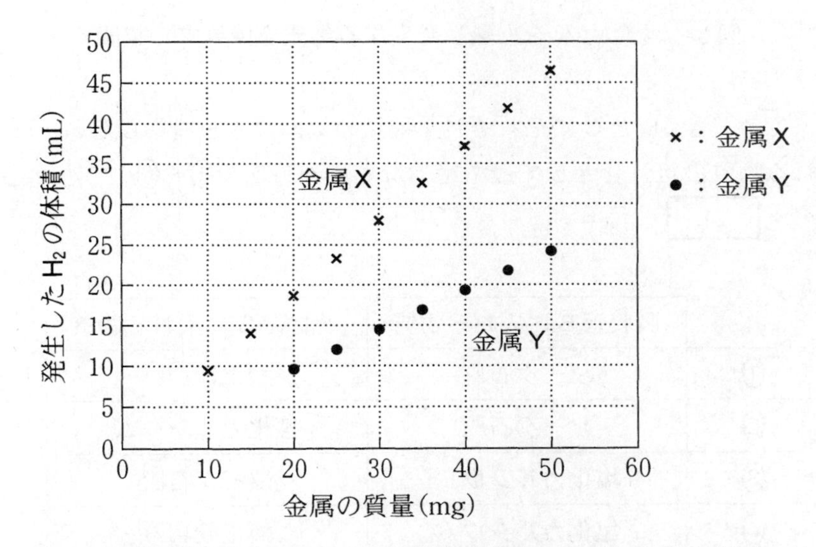

図2　反応させた金属X，Yの質量と発生したH_2の体積(0℃，1.013×10^5 Paにおける体積に換算した値)の関係

このとき，X，Yとして最も適当なものを，後の①～⑥のうちからそれぞれ一つずつ選べ。ただし，気体定数は$R = 8.31 \times 10^3$ Pa・L/(K・mol)とする。

X　[19]

Y　[20]

① Li　② Na　③ K

④ Be　⑤ Mg　⑥ Ca

b　マグネシウムの酸化物 MgO，水酸化物 $Mg(OH)_2$，炭酸塩 $MgCO_3$ の混合物 A を乾燥した酸素中で加熱すると，水 H_2O と二酸化炭素 CO_2 が発生し，後に MgO のみが残る。図 3 の装置を用いて混合物 A を反応管中で加熱し，発生した気体をすべて吸収管 B と吸収管 C で捕集する実験を行った。

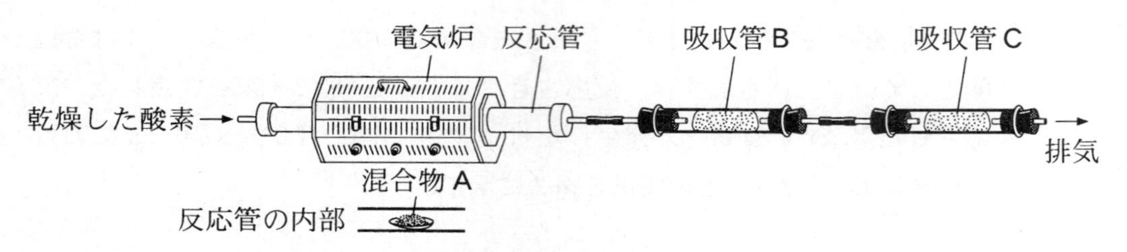

図 3　混合物 A を加熱し発生する気体を捕集する装置

このとき，B と C にそれぞれ 1 種類の気体のみを捕集したい。B，C に入れる物質の組合せとして最も適当なものを，次の①～⑥のうちから一つ選べ。 21

	吸収管 B に入れる物質	吸収管 C に入れる物質
①	ソーダ石灰	酸化銅（Ⅱ）
②	ソーダ石灰	塩化カルシウム
③	塩化カルシウム	ソーダ石灰
④	塩化カルシウム	酸化銅（Ⅱ）
⑤	酸化銅（Ⅱ）	塩化カルシウム
⑥	酸化銅（Ⅱ）	ソーダ石灰

c　**b** の実験で，ある量の混合物 A を加熱すると MgO のみが 2.00 g 残った。また捕集された H_2O と CO_2 の質量はそれぞれ 0.18 g，0.22 g であった。加熱前の混合物 A に含まれていたマグネシウムのうち，MgO として存在していたマグネシウムの物質量の割合は何 % か。最も適当な数値を，次の①～⑤のうちから一つ選べ。 22 %

① 30　　② 40　　③ 60　　④ 70　　⑤ 80

第4問 次の問い(問1～4)に答えよ。(配点 20)

問1 次の条件(**ア・イ**)をともに満たすアルコールとして最も適当なものを，後の①～④のうちから一つ選べ。 23

ア ヨードホルム反応を示さない。

イ 分子内脱水反応により生成したアルケンに臭素を付加させると，不斉炭素原子をもつ化合物が生成する。

① $CH_3-CH(CH_3)-OH$

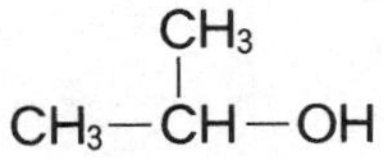

② $CH_3-CH_2-CH_2-OH$

③ $CH_3-C(CH_3)_2-OH$

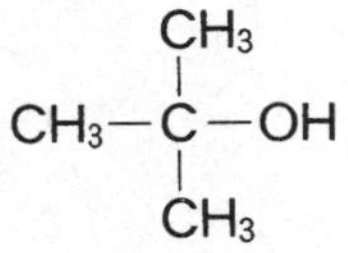

④ $CH_3-CH(CH_3)-CH_2-OH$

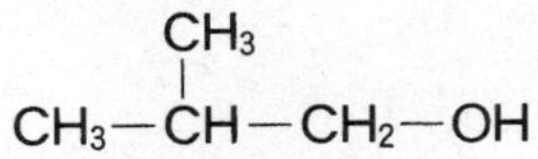

問2 芳香族化合物に関する記述として**誤りを含むもの**はどれか。最も適当なものを，次の①～④のうちから一つ選べ。 24

① フタル酸を加熱すると，分子内で脱水し，酸無水物が生成する。

② アニリンは，水酸化ナトリウム水溶液と塩酸のいずれにもよく溶ける。

③ ジクロロベンゼンには，ベンゼン環に結合する塩素原子の位置によって3種類の異性体が存在する。

④ アセチルサリチル酸に塩化鉄(Ⅲ)水溶液を加えても呈色しない。

問 3　高分子化合物の構造に関する記述として**誤りを含むもの**はどれか。最も適当なものを，次の①～④のうちから一つ選べ。 25

① セルロースでは，分子内や分子間に水素結合が形成されている。

② DNA 分子の二重らせん構造中では，水素結合によって塩基対が形成されている。

③ タンパク質のポリペプチド鎖は，分子内で形成される水素結合により二次構造をつくる。

④ ポリプロピレンでは，分子間に水素結合が形成されている。

問 4　グリセリンの三つのヒドロキシ基がすべて脂肪酸によりエステル化された化合物をトリグリセリドと呼び，その構造は図１のように表される。

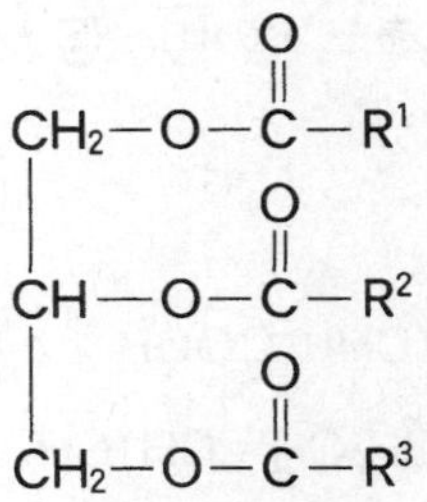

$$
\begin{array}{l}
CH_2-O-\overset{\overset{\displaystyle O}{\|}}{C}-R^1 \\
| \\
CH-O-\overset{\overset{\displaystyle O}{\|}}{C}-R^2 \\
| \\
CH_2-O-\overset{\overset{\displaystyle O}{\|}}{C}-R^3
\end{array}
$$

図１　トリグリセリドの構造（R^1，R^2，R^3 は鎖式炭化水素基）

あるトリグリセリドＸ（分子量 882）の構造を調べることにした。(a)<u>Ｘを触媒とともに水素と完全に反応させると，消費された水素の量から，１分子のＸには４個のＣ＝Ｃ結合があることがわかった</u>。また，Ｘを完全に加水分解したところ，グリセリンと，脂肪酸Ａ（炭素数 18）と脂肪酸Ｂ（炭素数 18）のみが得られ，ＡとＢの物質量比は１：２であった。トリグリセリドＸに関する次の問い（**a**〜**c**）に答えよ。

a　下線部(a)に関して，44.1 g のＸを用いると，消費される水素は何 mol か。その数値を小数第２位まで次の形式で表すとき，［26］〜［28］に当てはまる数字を，後の①〜⓪のうちから一つずつ選べ。ただし，同じものを繰り返し選んでもよい。また，ＸのＣ＝Ｃ結合のみが水素と反応するものとする。

［26］.［27］［28］mol

① 1　② 2　③ 3　④ 4　⑤ 5
⑥ 6　⑦ 7　⑧ 8　⑨ 9　⓪ 0

b　トリグリセリドXを完全に加水分解して得られた脂肪酸Aと脂肪酸Bを，硫酸酸性の希薄な過マンガン酸カリウム水溶液にそれぞれ加えると，いずれも過マンガン酸イオンの赤紫色が消えた。脂肪酸A(炭素数 18)の示性式として最も適当なものを，次の①～⑤のうちから一つ選べ。 29

① $CH_3(CH_2)_{16}COOH$

② $CH_3(CH_2)_7CH=CH(CH_2)_7COOH$

③ $CH_3(CH_2)_4CH=CHCH_2CH=CH(CH_2)_7COOH$

④ $CH_3CH_2CH=CHCH_2CH=CHCH_2CH=CH(CH_2)_7COOH$

⑤ $CH_3CH_2CH=CHCH_2CH=CHCH_2CH=CHCH_2CH=CH(CH_2)_4COOH$

c　トリグリセリドＸをある酵素で部分的に加水分解すると，図２のように脂肪酸Ａ，脂肪酸Ｂ，化合物Ｙのみが物質量比１：１：１で生成した。また，Ｘには鏡像異性体(光学異性体)が存在し，Ｙには鏡像異性体が存在しなかった。Ａを$\mathrm{R^A-COOH}$，Ｂを$\mathrm{R^B-COOH}$と表すとき，図２に示す化合物Ｙの構造式において，［ア］・［イ］に当てはまる原子と原子団の組合せとして最も適当なものを，後の①～④のうちから一つ選べ。［30］

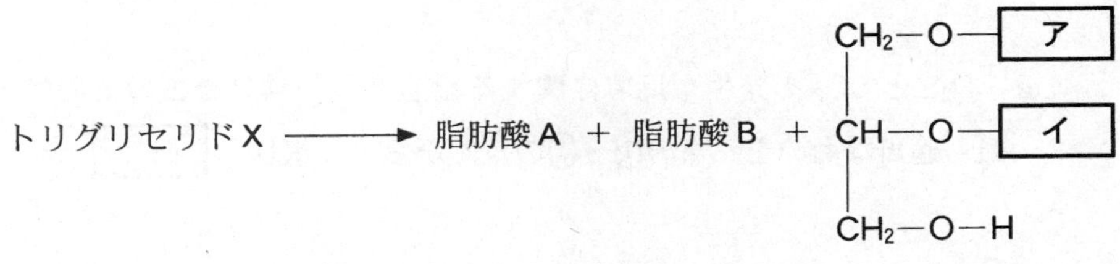

トリグリセリドＸ ⟶ 脂肪酸Ａ ＋ 脂肪酸Ｂ ＋ 化合物Ｙ

化合物Ｙ:

$$\begin{array}{l} \mathrm{CH_2-O-}\boxed{\text{ア}} \\ \ | \\ \mathrm{CH-O-}\boxed{\text{イ}} \\ \ | \\ \mathrm{CH_2-O-H} \end{array}$$

図２　ある酵素によるトリグリセリドＸの加水分解

	ア	イ
①	$\mathrm{\overset{O}{\overset{\Vert}{C}}-R^A}$	H
②	$\mathrm{\overset{O}{\overset{\Vert}{C}}-R^B}$	H
③	H	$\mathrm{\overset{O}{\overset{\Vert}{C}}-R^A}$
④	H	$\mathrm{\overset{O}{\overset{\Vert}{C}}-R^B}$

第5問 硫黄Sの化合物である硫化水素H_2Sや二酸化硫黄SO_2を，さまざまな物質と反応させることにより，人間生活に有用な物質が得られる。一方，H_2SとSO_2はともに火山ガスに含まれる有毒な気体であり，健康被害を及ぼす量のガスを吸い込むことがないように，大気中の濃度を求める必要がある。次の問い(**問1～3**)に答えよ。(配点　20)

問1 H_2SとSO_2が関わる反応について，次の問い(**a**・**b**)に答えよ。

a H_2SとSO_2の発生や反応に関する記述として**誤りを含むもの**はどれか。最も適当なものを，次の①～④のうちから一つ選べ。 31

① 硫化鉄(Ⅱ)FeSに希硫酸を加えると，H_2Sが発生する。
② 硫酸ナトリウムNa_2SO_4に希硫酸を加えると，SO_2が発生する。
③ H_2Sの水溶液にSO_2を通じて反応させると，単体のSが生じる。
④ 水酸化ナトリウムNaOHの水溶液にSO_2を通じて反応させると，亜硫酸ナトリウムNa_2SO_3が生じる。

b 酸化バナジウム(V)V_2O_5を触媒としてSO_2とO_2の混合気体を反応させると，正反応が発熱反応である，次の式(1)の反応が起こる。SO_2とO_2の混合気体と触媒をピストン付きの密閉容器に入れて反応させるとき，式(1)の反応に関する記述として下線部に**誤りを含むもの**はどれか。最も適当なものを，後の①～④のうちから一つ選べ。 32

$$2SO_2 + O_2 \rightleftarrows 2SO_3 \qquad (1)$$

① 反応が平衡状態に達した後，温度一定で密閉容器内の圧力を減少させると，平衡は右に移動する。

② 反応が平衡状態に達した後，圧力一定で密閉容器内の温度を上昇させると，平衡は左に移動する。

③ SO_2 の濃度を 2 倍にしたとき，正反応の反応速度が何倍になるかは，反応式中の係数から単純に導き出すことはできない。

④ 平衡状態では，正反応と逆反応の反応速度が等しくなっている。

問 2 窒素と H_2S からなる気体試料 A がある。気体試料 A に含まれる H_2S の量を次の式(2)～(4)で表される反応を利用した酸化還元滴定によって求めたいと考え，後の**実験**を行った。

$$H_2S \longrightarrow 2\,H^+ + S + 2\,e^- \quad (2)$$

$$I_2 + 2\,e^- \longrightarrow 2\,I^- \quad (3)$$

$$2\,S_2O_3^{2-} \longrightarrow S_4O_6^{2-} + 2\,e^- \quad (4)$$

実験 ある体積の気体試料 A に含まれていた H_2S を水に完全に溶かした水溶液に，0.127 g のヨウ素 I_2(分子量 254)を含むヨウ化カリウム KI 水溶液を加えた。そこで生じた沈殿を取り除き，ろ液に 5.00×10^{-2} mol/L チオ硫酸ナトリウム $Na_2S_2O_3$ 水溶液を 4.80 mL 滴下したところで少量のデンプンの水溶液を加えた。そして，$Na_2S_2O_3$ 水溶液を全量で 5.00 mL 滴下したときに，水溶液の青色が消えて無色となった。

この**実験**で用いた気体試料 A に含まれていた H_2S は，0 ℃，1.013×10^5 Pa において何 mL か。最も適当な数値を，次の①～⑤のうちから一つ選べ。ただし，気体定数は $R = 8.31 \times 10^3$ Pa·L/(K·mol) とする。 [33] mL

① 2.80　② 5.60　③ 8.40　④ 10.0　⑤ 11.2

問 3　火口周辺での SO_2 の濃度は，SO_2 が光を吸収する性質を利用して測定できる。光の吸収を利用して物質の濃度を求める方法の原理を調べたところ，次の記述が見つかった。

多くの物質は紫外線を吸収する。紫外線が透過する方向の長さが L の透明な密閉容器に，モル濃度 c の気体試料が封入されている。ある波長の紫外線(光の量，I_0)を密閉容器に入射すると，その一部が気体試料に吸収され，透過した光の量は少なくなり I となる。このことを模式的に表したものが図 1 である。

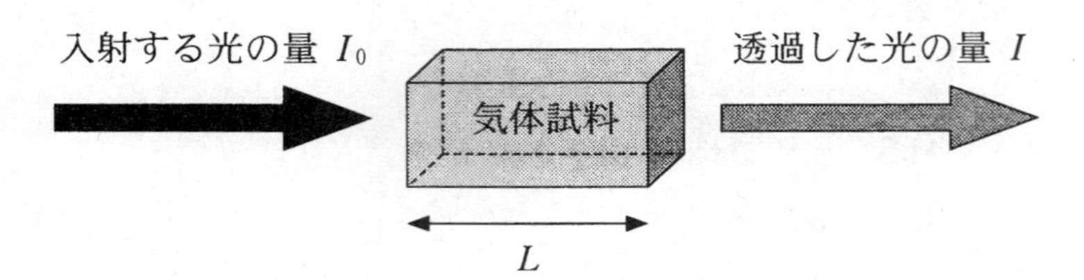

図 1　密閉容器内の気体試料に紫外線を入射したときの模式図

入射する光の量 I_0 に対する透過した光の量 I の比を表す透過率 $T = \dfrac{I}{I_0}$ を用いると，$\log_{10} T$ は c および L と比例関係となる。

次の問い(**a**・**b**)に答えよ。

a　圧力一定の条件で，窒素で満たされた長さ L の密閉容器内に物質量の異なる SO_2 を添加し，ある波長の紫外線に対する透過率 T をそれぞれ測定した。SO_2 のモル濃度 c と得られた $\log_{10} T$ を次ページの表1に示す。次に，窒素中に含まれる SO_2 のモル濃度が不明な気体試料Bに対して，同じ条件で透過率 T を測定したところ 0.80 であった。気体試料Bに含まれる SO_2 のモル濃度を次の形式で表すとき，[34] に当てはまる数値として最も適当なものを，後の①～⑤のうちから一つ選べ。必要があれば，次ページの方眼紙や $\log_{10} 2 = 0.30$ の値を使うこと。ただし，窒素および密閉容器による紫外線の吸収，反射，散乱は無視できるものとする。

気体試料Bに含まれる SO_2 のモル濃度 [34] $\times 10^{-8}$ mol/L

① 2.2　　② 2.6　　③ 3.0　　④ 3.4　　⑤ 3.8

表1　密閉容器内の気体に含まれる SO_2 のモル濃度 c と $\log_{10} T$ の関係

SO_2 のモル濃度 c ($\times 10^{-8}$ mol/L)	$\log_{10} T$
0.0	0.000
2.0	− 0.067
4.0	− 0.133
6.0	− 0.200
8.0	− 0.267
10.0	− 0.333

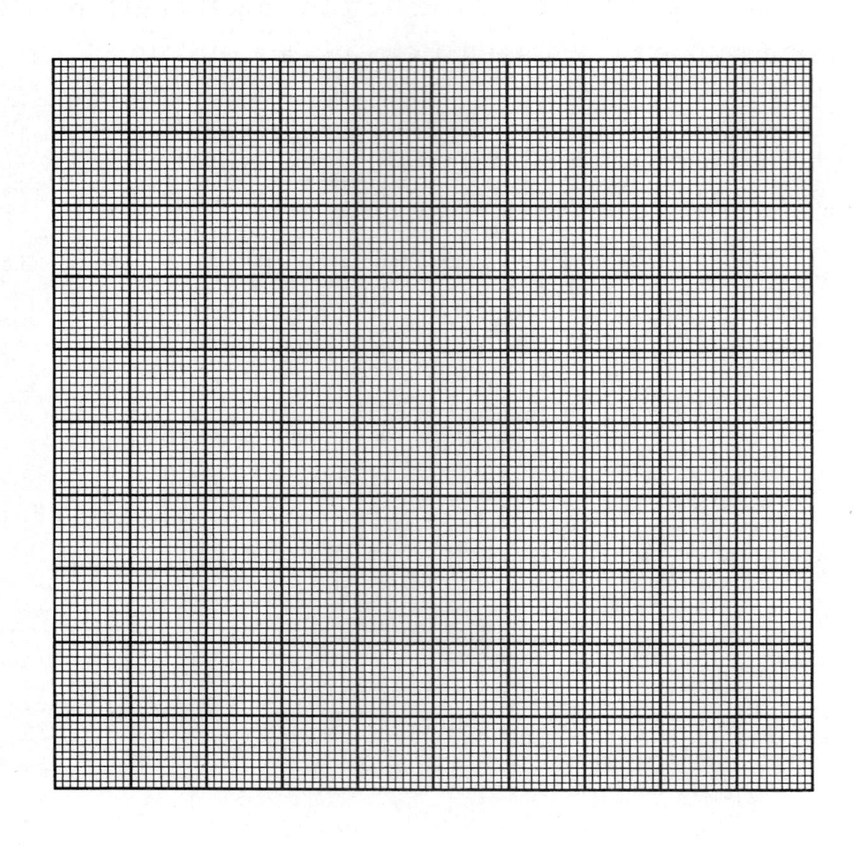

b　図2に示すように，**a**で用いたものと同じ密閉容器を二つ直列に並べて長さ $2L$ とした密閉容器を用意した。それぞれに **a** と同じ条件で気体試料Bを封入して，**a**で用いた波長の紫外線を入射させた。このときの透過率 T の値として最も適当な数値を，後の①～⑤のうちから一つ選べ。ただし，窒素および密閉容器による紫外線の吸収，反射，散乱は無視できるものとする。

35

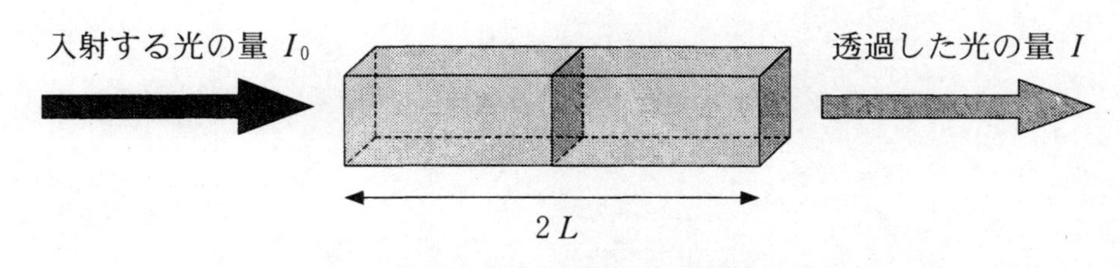

図2　密閉容器を直列に並べた場合の模式図

① 0.32　② 0.40　③ 0.60　④ 0.64　⑤ 0.80

河合出版ホームページ
http://www.kawai-publishing.jp/
E-mail
kp@kawaijuku.jp

表紙イラスト　阿部伸二（カレラ）
表紙デザイン　岡本 健＋

2024共通テスト総合問題集
化　学

発　行　2023年 6 月10日

編　者　河合塾化学科

発行者　宮本正生

発行所　**株式会社　河合出版**
［東　京］東京都新宿区西新宿 7－15－2
〒160-0023　tel(03)5539-1511
fax(03)5539-1508
［名古屋］名古屋市東区葵 3－24－2
〒461-0004　tel(052)930-6310
fax(052)936-6335

印刷所　名鉄局印刷株式会社

製本所　望月製本所

・乱丁本，落丁本はお取り替えいたします。
・編集上のご質問，お問い合わせは，編集部までお願いいたします。

ISBN978-4-7772-2662-7

第　回　理科②解答用紙

注意事項

1　解答科目欄が無マーク又は複数マークの場合は、０点となります。

2　訂正は、消しゴムできれいに消し，消しくずを残してはいけません。

3　所定欄以外にはマークしたり、記入したりしてはいけません。

良い例	悪い例
●	(悪い例の図)

氏名(フリガナ)、クラス、出席番号を記入しなさい。

フリガナ	
氏名	

クラス	クラス	出席番号	番

解答番号	解答欄											
	1	2	3	4	5	6	7	8	9	0	a	b
1	①	②	③	④	⑤	⑥	⑦	⑧	⑨	⓪	ⓐ	ⓑ
2	①	②	③	④	⑤	⑥	⑦	⑧	⑨	⓪	ⓐ	ⓑ
3	①	②	③	④	⑤	⑥	⑦	⑧	⑨	⓪	ⓐ	ⓑ
4	①	②	③	④	⑤	⑥	⑦	⑧	⑨	⓪	ⓐ	ⓑ
5	①	②	③	④	⑤	⑥	⑦	⑧	⑨	⓪	ⓐ	ⓑ
6	①	②	③	④	⑤	⑥	⑦	⑧	⑨	⓪	ⓐ	ⓑ
7	①	②	③	④	⑤	⑥	⑦	⑧	⑨	⓪	ⓐ	ⓑ
8	①	②	③	④	⑤	⑥	⑦	⑧	⑨	⓪	ⓐ	ⓑ
9	①	②	③	④	⑤	⑥	⑦	⑧	⑨	⓪	ⓐ	ⓑ
10	①	②	③	④	⑤	⑥	⑦	⑧	⑨	⓪	ⓐ	ⓑ
11	①	②	③	④	⑤	⑥	⑦	⑧	⑨	⓪	ⓐ	ⓑ
12	①	②	③	④	⑤	⑥	⑦	⑧	⑨	⓪	ⓐ	ⓑ
13	①	②	③	④	⑤	⑥	⑦	⑧	⑨	⓪	ⓐ	ⓑ
14	①	②	③	④	⑤	⑥	⑦	⑧	⑨	⓪	ⓐ	ⓑ
15	①	②	③	④	⑤	⑥	⑦	⑧	⑨	⓪	ⓐ	ⓑ
16	①	②	③	④	⑤	⑥	⑦	⑧	⑨	⓪	ⓐ	ⓑ
17	①	②	③	④	⑤	⑥	⑦	⑧	⑨	⓪	ⓐ	ⓑ
18	①	②	③	④	⑤	⑥	⑦	⑧	⑨	⓪	ⓐ	ⓑ
19	①	②	③	④	⑤	⑥	⑦	⑧	⑨	⓪	ⓐ	ⓑ
20	①	②	③	④	⑤	⑥	⑦	⑧	⑨	⓪	ⓐ	ⓑ
21	①	②	③	④	⑤	⑥	⑦	⑧	⑨	⓪	ⓐ	ⓑ
22	①	②	③	④	⑤	⑥	⑦	⑧	⑨	⓪	ⓐ	ⓑ
23	①	②	③	④	⑤	⑥	⑦	⑧	⑨	⓪	ⓐ	ⓑ
24	①	②	③	④	⑤	⑥	⑦	⑧	⑨	⓪	ⓐ	ⓑ
25	①	②	③	④	⑤	⑥	⑦	⑧	⑨	⓪	ⓐ	ⓑ

解答番号	解答欄											
	1	2	3	4	5	6	7	8	9	0	a	b
26	①	②	③	④	⑤	⑥	⑦	⑧	⑨	⓪	ⓐ	ⓑ
27	①	②	③	④	⑤	⑥	⑦	⑧	⑨	⓪	ⓐ	ⓑ
28	①	②	③	④	⑤	⑥	⑦	⑧	⑨	⓪	ⓐ	ⓑ
29	①	②	③	④	⑤	⑥	⑦	⑧	⑨	⓪	ⓐ	ⓑ
30	①	②	③	④	⑤	⑥	⑦	⑧	⑨	⓪	ⓐ	ⓑ
31	①	②	③	④	⑤	⑥	⑦	⑧	⑨	⓪	ⓐ	ⓑ
32	①	②	③	④	⑤	⑥	⑦	⑧	⑨	⓪	ⓐ	ⓑ
33	①	②	③	④	⑤	⑥	⑦	⑧	⑨	⓪	ⓐ	ⓑ
34	①	②	③	④	⑤	⑥	⑦	⑧	⑨	⓪	ⓐ	ⓑ
35	①	②	③	④	⑤	⑥	⑦	⑧	⑨	⓪	ⓐ	ⓑ
36	①	②	③	④	⑤	⑥	⑦	⑧	⑨	⓪	ⓐ	ⓑ
37	①	②	③	④	⑤	⑥	⑦	⑧	⑨	⓪	ⓐ	ⓑ
38	①	②	③	④	⑤	⑥	⑦	⑧	⑨	⓪	ⓐ	ⓑ
39	①	②	③	④	⑤	⑥	⑦	⑧	⑨	⓪	ⓐ	ⓑ
40	①	②	③	④	⑤	⑥	⑦	⑧	⑨	⓪	ⓐ	ⓑ
41	①	②	③	④	⑤	⑥	⑦	⑧	⑨	⓪	ⓐ	ⓑ
42	①	②	③	④	⑤	⑥	⑦	⑧	⑨	⓪	ⓐ	ⓑ
43	①	②	③	④	⑤	⑥	⑦	⑧	⑨	⓪	ⓐ	ⓑ
44	①	②	③	④	⑤	⑥	⑦	⑧	⑨	⓪	ⓐ	ⓑ
45	①	②	③	④	⑤	⑥	⑦	⑧	⑨	⓪	ⓐ	ⓑ
46	①	②	③	④	⑤	⑥	⑦	⑧	⑨	⓪	ⓐ	ⓑ
47	①	②	③	④	⑤	⑥	⑦	⑧	⑨	⓪	ⓐ	ⓑ
48	①	②	③	④	⑤	⑥	⑦	⑧	⑨	⓪	ⓐ	ⓑ
49	①	②	③	④	⑤	⑥	⑦	⑧	⑨	⓪	ⓐ	ⓑ
50	①	②	③	④	⑤	⑥	⑦	⑧	⑨	⓪	ⓐ	ⓑ

第　回　理科②解答用紙

注意事項

1　解答科目欄が無マーク又は複数マークの場合は、０点となります。
2　訂正は、消しゴムできれいに消し，消しくずを残してはいけません。
3　所定欄以外にはマークしたり、記入したりしてはいけません。

１科目だけマークしなさい。

解答科目欄	
物　理	○
化　学	○
生　物	○
地　学	○

良い例	悪い例
●	

氏名(フリガナ)、クラス、出席番号を記入しなさい。

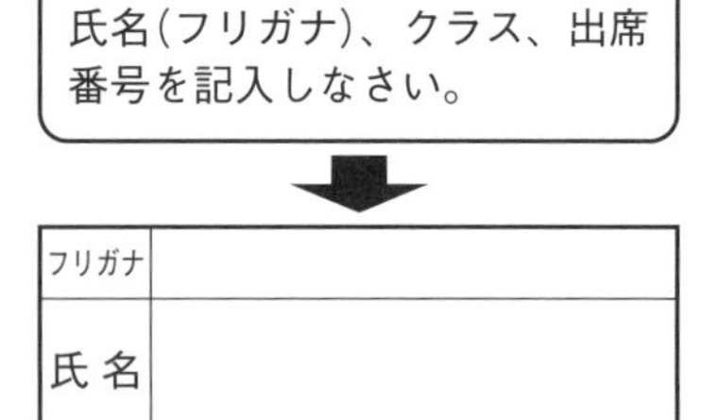

フリガナ	
氏名	

クラス	クラス	出席番号	番

解答番号	1	2	3	4	5	6	7	8	9	0	a	b
1	①	②	③	④	⑤	⑥	⑦	⑧	⑨	⓪	ⓐ	ⓑ
2	①	②	③	④	⑤	⑥	⑦	⑧	⑨	⓪	ⓐ	ⓑ
3	①	②	③	④	⑤	⑥	⑦	⑧	⑨	⓪	ⓐ	ⓑ
4	①	②	③	④	⑤	⑥	⑦	⑧	⑨	⓪	ⓐ	ⓑ
5	①	②	③	④	⑤	⑥	⑦	⑧	⑨	⓪	ⓐ	ⓑ
6	①	②	③	④	⑤	⑥	⑦	⑧	⑨	⓪	ⓐ	ⓑ
7	①	②	③	④	⑤	⑥	⑦	⑧	⑨	⓪	ⓐ	ⓑ
8	①	②	③	④	⑤	⑥	⑦	⑧	⑨	⓪	ⓐ	ⓑ
9	①	②	③	④	⑤	⑥	⑦	⑧	⑨	⓪	ⓐ	ⓑ
10	①	②	③	④	⑤	⑥	⑦	⑧	⑨	⓪	ⓐ	ⓑ
11	①	②	③	④	⑤	⑥	⑦	⑧	⑨	⓪	ⓐ	ⓑ
12	①	②	③	④	⑤	⑥	⑦	⑧	⑨	⓪	ⓐ	ⓑ
13	①	②	③	④	⑤	⑥	⑦	⑧	⑨	⓪	ⓐ	ⓑ
14	①	②	③	④	⑤	⑥	⑦	⑧	⑨	⓪	ⓐ	ⓑ
15	①	②	③	④	⑤	⑥	⑦	⑧	⑨	⓪	ⓐ	ⓑ
16	①	②	③	④	⑤	⑥	⑦	⑧	⑨	⓪	ⓐ	ⓑ
17	①	②	③	④	⑤	⑥	⑦	⑧	⑨	⓪	ⓐ	ⓑ
18	①	②	③	④	⑤	⑥	⑦	⑧	⑨	⓪	ⓐ	ⓑ
19	①	②	③	④	⑤	⑥	⑦	⑧	⑨	⓪	ⓐ	ⓑ
20	①	②	③	④	⑤	⑥	⑦	⑧	⑨	⓪	ⓐ	ⓑ
21	①	②	③	④	⑤	⑥	⑦	⑧	⑨	⓪	ⓐ	ⓑ
22	①	②	③	④	⑤	⑥	⑦	⑧	⑨	⓪	ⓐ	ⓑ
23	①	②	③	④	⑤	⑥	⑦	⑧	⑨	⓪	ⓐ	ⓑ
24	①	②	③	④	⑤	⑥	⑦	⑧	⑨	⓪	ⓐ	ⓑ
25	①	②	③	④	⑤	⑥	⑦	⑧	⑨	⓪	ⓐ	ⓑ

解答番号	1	2	3	4	5	6	7	8	9	0	a	b
26	①	②	③	④	⑤	⑥	⑦	⑧	⑨	⓪	ⓐ	ⓑ
27	①	②	③	④	⑤	⑥	⑦	⑧	⑨	⓪	ⓐ	ⓑ
28	①	②	③	④	⑤	⑥	⑦	⑧	⑨	⓪	ⓐ	ⓑ
29	①	②	③	④	⑤	⑥	⑦	⑧	⑨	⓪	ⓐ	ⓑ
30	①	②	③	④	⑤	⑥	⑦	⑧	⑨	⓪	ⓐ	ⓑ
31	①	②	③	④	⑤	⑥	⑦	⑧	⑨	⓪	ⓐ	ⓑ
32	①	②	③	④	⑤	⑥	⑦	⑧	⑨	⓪	ⓐ	ⓑ
33	①	②	③	④	⑤	⑥	⑦	⑧	⑨	⓪	ⓐ	ⓑ
34	①	②	③	④	⑤	⑥	⑦	⑧	⑨	⓪	ⓐ	ⓑ
35	①	②	③	④	⑤	⑥	⑦	⑧	⑨	⓪	ⓐ	ⓑ
36	①	②	③	④	⑤	⑥	⑦	⑧	⑨	⓪	ⓐ	ⓑ
37	①	②	③	④	⑤	⑥	⑦	⑧	⑨	⓪	ⓐ	ⓑ
38	①	②	③	④	⑤	⑥	⑦	⑧	⑨	⓪	ⓐ	ⓑ
39	①	②	③	④	⑤	⑥	⑦	⑧	⑨	⓪	ⓐ	ⓑ
40	①	②	③	④	⑤	⑥	⑦	⑧	⑨	⓪	ⓐ	ⓑ
41	①	②	③	④	⑤	⑥	⑦	⑧	⑨	⓪	ⓐ	ⓑ
42	①	②	③	④	⑤	⑥	⑦	⑧	⑨	⓪	ⓐ	ⓑ
43	①	②	③	④	⑤	⑥	⑦	⑧	⑨	⓪	ⓐ	ⓑ
44	①	②	③	④	⑤	⑥	⑦	⑧	⑨	⓪	ⓐ	ⓑ
45	①	②	③	④	⑤	⑥	⑦	⑧	⑨	⓪	ⓐ	ⓑ
46	①	②	③	④	⑤	⑥	⑦	⑧	⑨	⓪	ⓐ	ⓑ
47	①	②	③	④	⑤	⑥	⑦	⑧	⑨	⓪	ⓐ	ⓑ
48	①	②	③	④	⑤	⑥	⑦	⑧	⑨	⓪	ⓐ	ⓑ
49	①	②	③	④	⑤	⑥	⑦	⑧	⑨	⓪	ⓐ	ⓑ
50	①	②	③	④	⑤	⑥	⑦	⑧	⑨	⓪	ⓐ	ⓑ

河合塾
SERIES

2024 共通テスト総合問題集

化学

河合塾 編

解答・解説編

河合出版

第1回　解答・解説

設問別正答率

解答番号　第1問	1	2	3	4	5	6
配点	3	3	3	4	3	4
正答率(%)	44.7	59.5	58.6	57.1	58.7	34.1
解答番号　第2問	7	8	9	10	11	12
配点	4	3	4	3	3	4
正答率(%)	61.4	75.0	22.2	25.7	11.1	39.2
解答番号　第3問	13	14	15	16	17	18-19
配点	3	3	4	4	3	4
正答率(%)	51.1	54.7	73.2	18.1	52.4	10.9
解答番号　第4問	20	21	22	23	24	25
配点	3	4	3	4	3	4
正答率(%)	61.6	41.2	44.2	34.5	28.0	34.7
解答番号　第5問	26	27	28	29	30	
配点	3	4	3	3	4	
正答率(%)	46.0	25.4	27.7	30.2	29.7	

設問別成績一覧

設問	設　問　内　容	配　点	全　体	現　役	高　卒	標準偏差
合計		100	41.1	38.9	55.6	17.0
1	物質の構成，化学結合，結晶格子	20	10.3	9.7	14.2	5.3
2	気体，蒸気圧，希薄溶液の性質	21	8.3	8.0	10.0	4.3
3	化学量，酸と塩基	21	8.8	8.3	12.1	5.0
4	化学反応と熱，電池，電気分解	21	8.4	8.0	11.4	5.1
5	周期表，酸化還元反応	17	5.3	4.9	8.0	4.4

（100点満点）

問題番号	設問	解答番号	正解	配点	自己採点
第1問	問1	1	③	3	
	問2	2	①	3	
	問3	3	④	3	
		4	②	4	
	問4	5	③	3	
		6	①	4	
第1問　自己採点小計				（20）	
第2問	問1	7	④	4	
	問2	8	②	3	
		9	④	4	
	問3	10	④	3	
		11	①	3	
	問4	12	③	4	
第2問　自己採点小計				（21）	
第3問	問1	13	⑥	3	
	問2	14	⑤	3	
	問3	15	①	4	
	問4	16	①	4	
	問5	17	③	3	
		18	⑧	4※	
		19	⓪		
第3問　自己採点小計				（21）	

（注）

※は，両方正解の場合のみ点を与える。

問題番号	設問	解答番号	正解	配点	自己採点
第4問	問1	20	①	3	
	問2	21	③	4	
	問3	22	②	3	
	問4	23	④	4	
	問5	24	⑤	3	
		25	②	4	
第4問　自己採点小計				（21）	
第5問	問1	26	③	3	
	問2	27	②	4	
	問3	28	⑤	3	
		29	③	3	
		30	③	4	
第5問　自己採点小計				（17）	
自己採点合計				（100）	

第1問　物質の構成

問1　周期表，化学結合

ア　元素Xは周期表の第2周期に，元素Zは周期表の第3周期に属する。

周期＼族	1	2	13	14	15	16	17	18
2	Li	Be	B	C	N	O	F	Ne
3	Na	Mg	Al	Si	P	S	Cl	Ar

（■ 金属元素，□ 非金属元素）

よって，②二酸化炭素 CO_2，④アンモニア NH_3 は不適当である。

イ　XとZは共有結合により結びついている。

⑤酸化マグネシウム MgO は，マグネシウムイオン Mg^{2+} と酸化物イオン O^{2-} がイオン結合で結びついているので，不適当である。

①四塩化炭素 CCl_4，②二酸化炭素 CO_2，④アンモニア NH_3 は分子からなる物質であり，その構造式は，それぞれ次のとおりである。

```
     Cl
     |
Cl—C—Cl     O=C=O     H—N—H
     |                    |
     Cl                   H
```

③二酸化ケイ素 SiO_2 は共有結合結晶であり，多数のケイ素原子 Si と酸素原子 O が，次のように共有結合で結びついている。

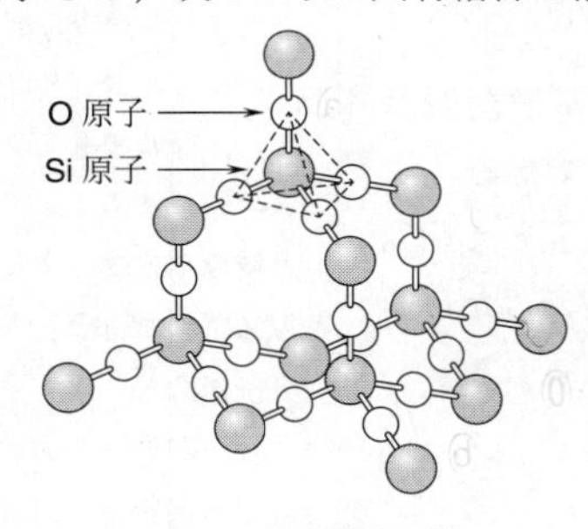

SiO_2 の結晶構造の例

1個のZ原子は4個のX原子と，1個のX原子は2個のZ原子と共有結合により結びついているので，化合物Aは③二酸化ケイ素 SiO_2 である。（Xは酸素O，Zはケイ素Si）

1 …③

問2　分子間力

分子間力が大きい分子の液体ほど，液体を蒸発させるのに必要な熱量（蒸発熱）が大きく，沸点が高い。

メタン CH_4，エタン C_2H_6，エタノール C_2H_5OH のうち，C_2H_5OH は分子間に水素結合を形成するのに対し，CH_4 と C_2H_6 は水素結合を形成せず，分子間にはファンデルワールス力のみが

共有結合

非金属元素の原子どうしが不対電子を出し合い，これを共有することによってできる結合。

共有結合結晶（共有結合の結晶）

原子が共有結合によって次々と結びついた結晶。（ダイヤモンドC，黒鉛C，ケイ素Si，二酸化ケイ素 SiO_2 など）

融点が高く，非常に硬い。また，電気を導かない。（黒鉛は軟らかく，電気を導く。また，ケイ素は半導体である。）

ファンデルワールス力

すべての分子間にはたらく引力。分子量が大きいほど，また，分子の極性が大きいほど強くなる。

はたらく。水素結合はファンデルワールス力より強いので，C_2H_5OH の沸点が最も高い。よって，点 **c** は C_2H_5OH である。

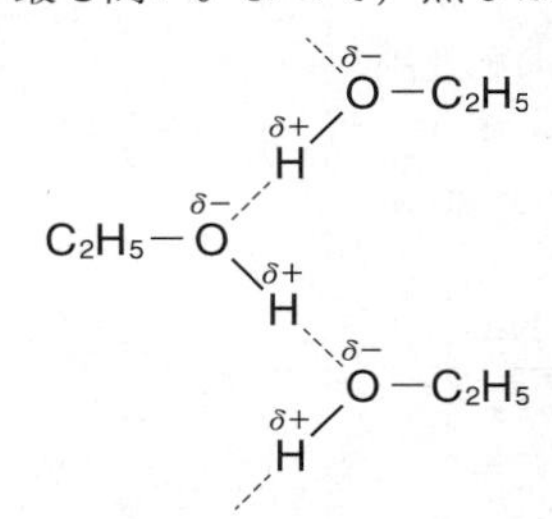

エタノール分子間の水素結合の様子
（── 共有結合，---- 水素結合）

CH_4 と C_2H_6 を比較すると，分子量が $CH_4(16) < C_2H_6(30)$ なので，ファンデルワールス力は $CH_4 < C_2H_6$ となる。よって，沸点は $CH_4 < C_2H_6$ であり，点 **a** が CH_4，点 **b** が C_2H_6 である。

（参考） 沸点および蒸発熱は，次のとおりである。

CH_4　　−161.5 ℃，8.2 kJ/mol

C_2H_6　　−88.2 ℃，15 kJ/mol

C_2H_5OH　78.3 ℃，39 kJ/mol

2 …①

問 3　ヨウ素の性質，半減期

a　①　正しい。ヨウ素 I は，17 族に属する元素（ハロゲン）である。貴ガスを除いた典型元素の原子では，価電子の数は族番号の一の位に等しい。よって，ヨウ素原子 I の価電子の数は，7 である。

（参考） ヨウ素 I の原子番号は 53 であり，原子の電子配置は K 殻：2，L 殻：8，M 殻：18，N 殻：18，O 殻：7 である。

②　正しい。ヨウ素の結晶は，ヨウ素分子 I_2 が規則正しく配列した分子結晶であり，分子間にファンデルワールス力がはたらいている。

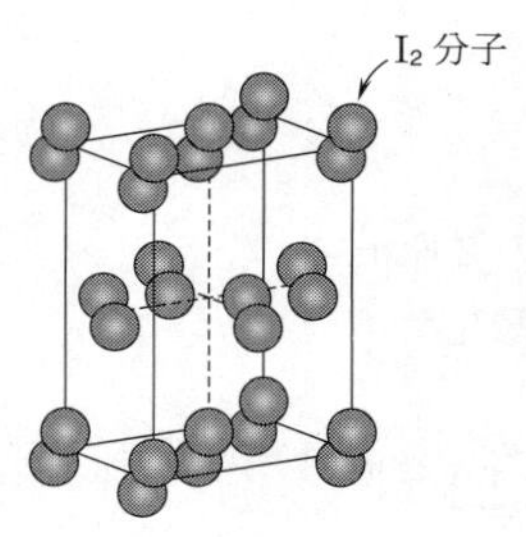

ヨウ素

③　正しい。ヨウ素 I_2 は分子間力が弱く，ヨウ素の結晶を加熱すると，直接気体に変化（昇華）する。

④　誤り。ヨウ素 I_2 は無極性分子である。無極性分子は，無極性溶媒であるヘキサンには溶けやすいが，極性溶媒である水には溶けにくい。すなわち，ヨウ素の結晶は，水よりヘキサンによく

水素結合

電気陰性度の大きい F，O，N 原子と共有結合している H 原子と，別の F，O，N 原子との間にはたらく静電気的な引力。ファンデルワールス力より強い。

例：水 H_2O

（── 共有結合，---- 水素結合）

価電子

原子がイオンになったり，化学結合するときに重要な役割を果たす電子を価電子という。貴ガス以外の典型元素の原子では，最外殻電子が価電子である。貴ガスの原子はイオンになったり，他の原子と結合することはほとんどないので，貴ガス原子の価電子の数は 0 とする。

分子結晶

分子が分子間力（ファンデルワールス力や水素結合）で結びついた結晶。融点が低く，軟らかくてもろい。また，電気を導かない。ドライアイス CO_2 やヨウ素 I_2 など昇華性を示すものもある。

物質の溶解性

	水（極性溶媒）	ヘキサン（無極性溶媒）
極性分子	溶けやすい	溶けにくい
無極性分子	溶けにくい	溶けやすい

溶ける。

3 …④

b　原子核が不安定なため，放射線を放出して他の種類の原子に変化する同位体を放射性同位体という。放射性同位体が他の種類の原子に変化することを，放射壊変または放射性崩壊という。

図２は，放射性同位体である ^{125}I が壊変していく様子を記している。^{125}I の原子数は，60 日で 50 % に，120 日で 25 % になっている。したがって，^{125}I は 60 日ごとに原子数が半分になると判断できる。なお，原子数が，元の数の半分になる時間を半減期といい，^{125}I の半減期は 60 日で一定である。

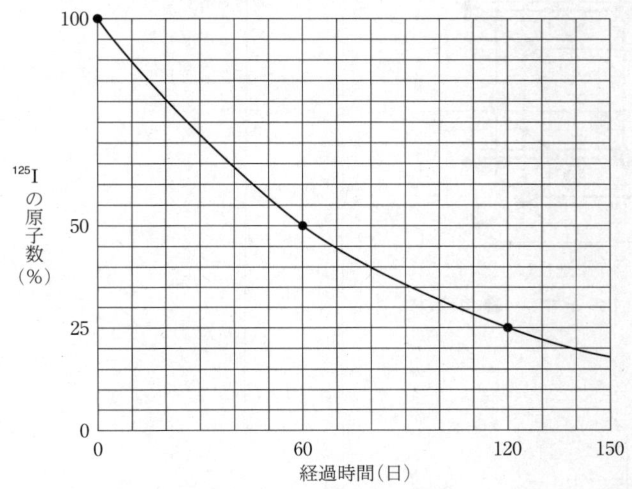

360 日（＝60 日×6）は，^{125}I の半減期（60 日）の 6 倍である。60 日ごとに ^{125}I の原子数は $\frac{1}{2}$ になるので，360 日後の ^{125}I の原子数は，はじめの原子数の，

$$\left(\frac{1}{2}\right)^6\times100=\frac{1}{64}\times100=1.56\fallingdotseq1.6\ (\%)$$

となる。

なお，時間 0 における ^{125}I の原子数を N_0 とすると，t 日後の ^{125}I の原子数は，$N_0\times\left(\frac{1}{2}\right)^{\frac{t}{60}}$ と表される。

4 …②

問４　イオン結晶の構造，化学量

a　①　正しい。硫化物イオン S^{2-}（○）は，面心立方格子の配列をとっている。

放射性同位体

同位体の中で，放射線を放出するものを放射性同位体（ラジオアイソトープ）という。原子核が不安定で，放射線を放出すると他の種類の原子に変化する。

半減期

放射性同位体が壊変して，元の半分の数になるのに要する時間。

放射性同位体の半減期は，元の数によらず一定である。

単位格子

結晶中の粒子の空間的な配列構造を結晶格子といい，結晶格子の最小の繰り返し単位を単位格子という。

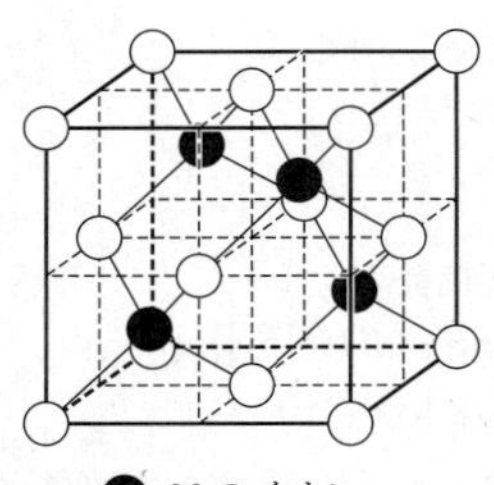

● Mのイオン
○ 硫化物イオン

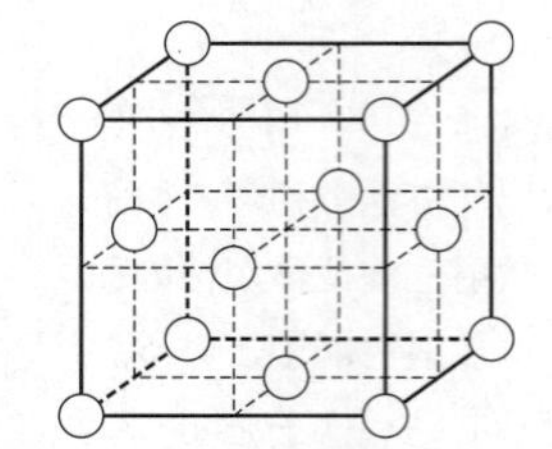

単位格子中の○のみを記した図
(面心立方格子)

なお，Mのイオン(●)も，面心立方格子の配列をとっている。

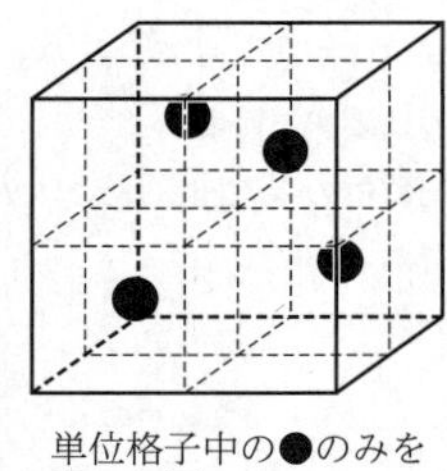

単位格子中の●のみを記した図

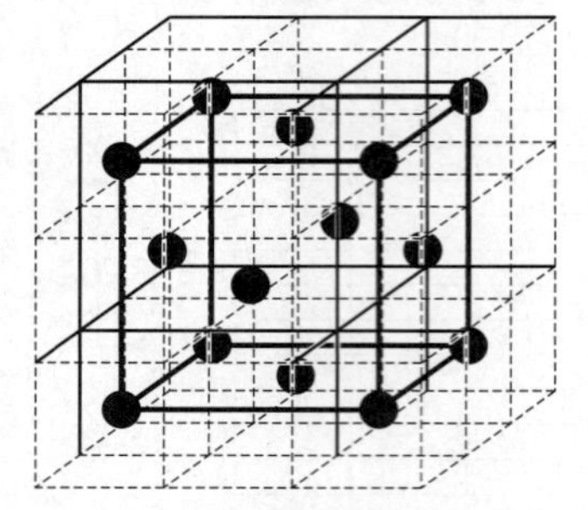

単位格子を延長した図

② 正しい。単位格子中に含まれるMのイオン(●)の数は，

$1\times4=4$

である。

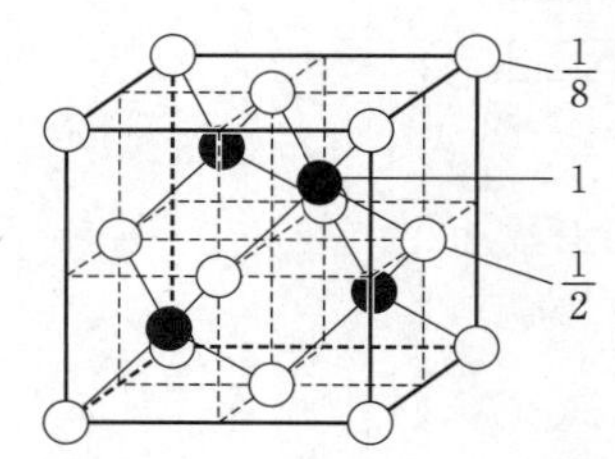

なお，単位格子中に含まれるS^{2-}(○)の数は，

$$\frac{1}{8}\times8+\frac{1}{2}\times6=4$$

である。

③ 誤り。次のように単位格子2個を並べ，図の中央のS^{2-}(線を太くした**○**)に着目すると，1個のS^{2-}(○)の最も近くにあるMのイオン(●)の数は4であり，●がつくる正四面体の中心に○が位置している。

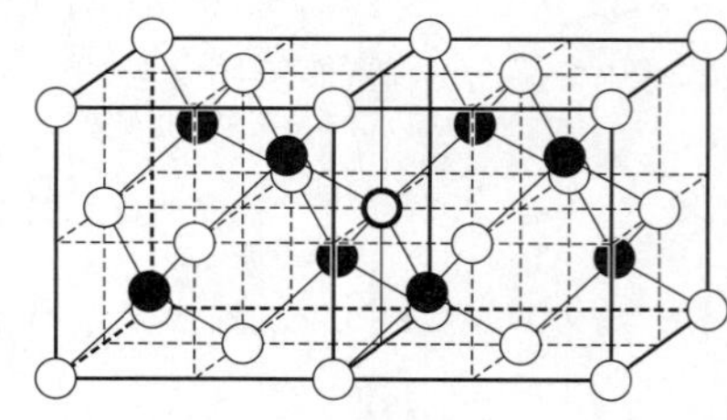

なお，1個のMのイオン(●)の最も近くにあるS^{2-}(○)の数も4であり，○がつくる正四面体の中心に●が位置している。

④　正しい。単位格子の一辺の長さを a，最も近くにある M のイオンと S^{2-} の中心間距離（CE の長さ）を d とする。単位格子を 8 分割した立方体（太線で囲んだ立方体）に着目すると，次の右図のとおりである。

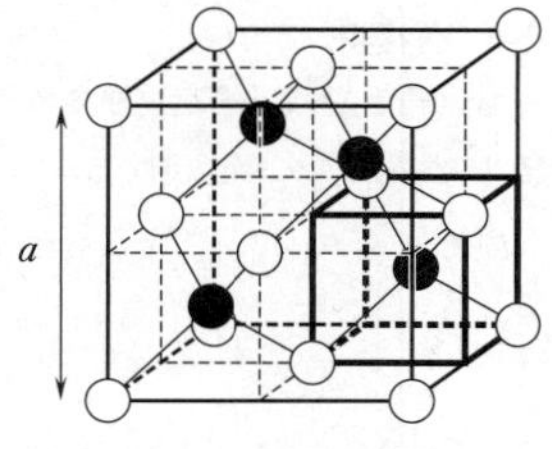

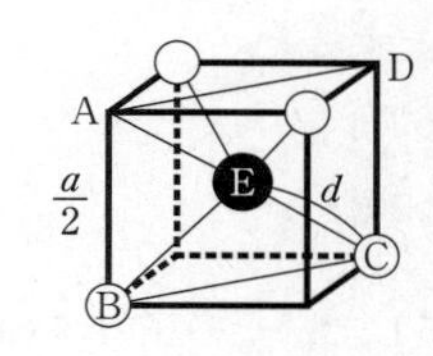

その ABCD の断面図は次のとおりである。

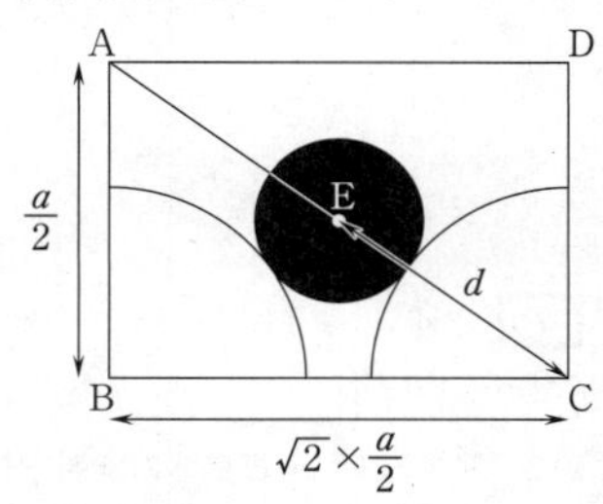

上の図について，

$$(\text{AB の長さ}) = \frac{a}{2} \qquad (\text{BC の長さ}) = \sqrt{2} \times \frac{a}{2}$$

$$(\text{AC の長さ}) = \sqrt{3} \times \frac{a}{2}$$

（AC の長さ）＝（CE の長さ）×2 より，

$$d = \frac{\sqrt{3} \times \frac{a}{2}}{2} = \frac{\sqrt{3}}{4} a$$

5 …③

b　M の硫化物の結晶の単位格子中に含まれる M のイオンは 4 個，S^{2-} は 4 個なので，その組成式は MS と表される。すなわち，結晶に含まれる M のイオンと S^{2-} の物質量比は 1：1 である。

また，M の硫化物の結晶に含まれる硫黄の割合（質量パーセント）は 78 % なので，結晶 100 g あたり，M のイオンが（100－78＝）22 g，S^{2-} が 78 g 含まれる。

M の原子量を M とすると，M のイオンと S^{2-} の物質量比について，

$$\frac{22\ \text{g}}{M\ (\text{g/mol})} : \frac{78\ \text{g}}{32\ \text{g/mol}} = 1 : 1$$

$$M = 9.02 \fallingdotseq 9.0$$

なお，M はベリリウム Be が該当する。

6 …①

イオンからなる物質の組成式

イオンからなる物質（イオン結晶）は，構成しているイオンの種類とその数の比を示す組成式で表される。

モル質量

物質 1 mol の質量。原子量・分子量・式量に g/mol の単位をつけた値になる。

$$\text{物質量 (mol)} = \frac{\text{質量 (g)}}{\text{モル質量 (g/mol)}}$$

第2問　気体，気液平衡と蒸気圧，希薄溶液の性質

問1　ボイルの法則

空気入れの操作を N 回繰り返すと，タイヤに送り込まれる空気の総量は，18 ℃，1.0×10^5 Pa で $0.75N$ (L)になる。一定温度で一定物質量の気体についてはボイルの法則が成り立つので，この気体が 2.5 L を占めるときの圧力を P (Pa)とすると，

$$1.0\times10^5\ \mathrm{Pa}\times0.75N\ (\mathrm{L})=P\ (\mathrm{Pa})\times2.5\ \mathrm{L}$$

$$P=\frac{1.0\times10^5\times0.75N}{2.5}\ (\mathrm{Pa})$$

したがって，タイヤ内の空気の体積が 2.5 L で，その圧力が 6.0×10^5 Pa 以上になるとき，次式が成り立つ。

$$\frac{1.0\times10^5\times0.75N}{2.5}\ (\mathrm{Pa})\geqq6.0\times10^5\ \mathrm{Pa}$$

$$N\geqq20$$

よって，空気入れの操作を 20 回以上繰り返せばよい。

7 …④

ボイルの法則

温度一定では，一定物質量の気体の体積 V は圧力 p に反比例する。

pV＝一定

問2　混合気体，気液平衡と蒸気圧

a　ヘキサン C_6H_{14} の蒸気圧曲線(問題文の図2)より，77 ℃(350 K)でのヘキサンの蒸気圧は 1.00×10^5 Pa より大きいので，**実験Ⅰ**ではヘキサンはすべて気体として存在している。容器に封入したヘキサンとアルゴン Ar の物質量の合計を n (mol)とすると，理想気体の状態方程式より，

$$1.00\times10^5\ \mathrm{Pa}\times58.1\ \mathrm{L}$$
$$=n\ (\mathrm{mol})\times8.3\times10^3\ \mathrm{Pa\cdot L/(K\cdot mol)}\times350\ \mathrm{K}$$
$$n=2.0\ \mathrm{mol}$$

8 …②

b　以下では，気体のヘキサンの分圧を $P_{C_6H_{14}}$ (Pa)，アルゴンの分圧を P_{Ar} (Pa)，混合気体の全圧を P (Pa)とする。

実験Ⅱでは，圧力一定($P=1.00\times10^5$ Pa)の条件で，混合気体を冷却していった。この実験において，53 ℃でヘキサンの凝縮が始まったことから，77 ℃から 53 ℃まではヘキサンはすべて気体として存在したことがわかる。この温度域では，気体のヘキサンとアルゴンの物質量の比が一定なので，気体のヘキサンとアルゴンの分圧も一定である。蒸気圧曲線より，53 ℃でのヘキサンの蒸気圧は 0.60×10^5 Pa なので，53～77 ℃において，

$$P_{C_6H_{14}}=0.60\times10^5\ \mathrm{Pa}$$
$$P_{Ar}=P-P_{C_6H_{14}}$$
$$=1.00\times10^5\ \mathrm{Pa}-0.60\times10^5\ \mathrm{Pa}=0.40\times10^5\ \mathrm{Pa}$$

成分気体の物質量の比＝分圧の比より，容器に封入したヘキサンの物質量を $n_{C_6H_{14}}$(mol)，アルゴンの物質量 n_{Ar} (mol)とすると，

$$n_{C_6H_{14}}:n_{Ar}=P_{C_6H_{14}}:P_{Ar}=0.60:0.40$$

であり，

理想気体の状態方程式

理想気体では次の式が成り立つ。

$pV=nRT$

p：圧力，V：体積，n：物質量，

T：絶対温度，R：気体定数

蒸気圧(飽和蒸気圧)

液体とその蒸気が共存して気液平衡の状態にあるとき，蒸気の示す圧力。

温度が一定のとき，蒸気圧(飽和蒸気圧)は一定であり，共存している液体の量や気体の体積に関係しない。また，蒸気の圧力(分圧)がその温度での蒸気圧を超えることはない。

混合気体の圧力

全圧　混合気体が示す圧力。

分圧　成分気体が単独で，混合気体と同じ体積を占めたときの圧力。

- 全圧＝分圧の総和(ドルトンの分圧の法則)
- 分圧の比＝物質量の比
- 分圧＝全圧×モル分率
  (モル分率　混合気体全体に対する成分気体の物質量の割合)

$$n_{C_6H_{14}} = 2.0\ \text{mol} \times \frac{0.60}{0.60+0.40} = 1.2\ \text{mol}$$

$$n_{Ar} = 2.0\ \text{mol} \times \frac{0.40}{0.60+0.40} = 0.80\ \text{mol}$$

53℃より低い温度では，ヘキサンは一部凝縮して気液平衡になるので，気体のヘキサンの分圧は蒸気圧と等しくなる。したがって，**実験Ⅱ**での全圧および分圧と温度の関係は，次の図のようになる。

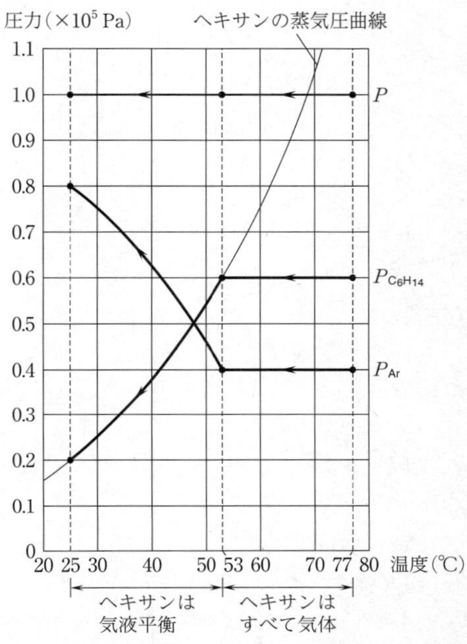

25～53℃では，温度の低下とともにヘキサンの凝縮が進行し，気体のヘキサンの物質量が減少する。それにともなって，混合気体中でのアルゴンのモル分率が徐々に増加し，($P_{C_6H_{14}}$ の減少量) ＝(P_{Ar} の増加量)になる。

25℃において，

$$P_{C_6H_{14}} = 0.20 \times 10^5\ \text{Pa}$$

$$P_{Ar} = P - P_{C_6H_{14}}$$

$$= 1.00 \times 10^5\ \text{Pa} - 0.20 \times 10^5\ \text{Pa} = 0.80 \times 10^5\ \text{Pa}$$

気体のヘキサンの物質量を $n_{C_6H_{14}(気)}$ (mol)，液体のヘキサンの物質量を $n_{C_6H_{14}(液)}$ (mol)とする。成分気体の物質量の比＝分圧の比より，気体のヘキサンの物質量は，アルゴンの物質量から次のように求められる。

$$n_{C_6H_{14}(気)} : n_{Ar} = P_{C_6H_{14}} : P_{Ar} = 0.20 : 0.80$$

$$n_{C_6H_{14}(気)} = 0.80\ \text{mol} \times \frac{0.20}{0.80} = 0.20\ \text{mol}$$

よって，液体のヘキサンの物質量および気体と液体のヘキサンの物質量の比は，

$$n_{C_6H_{14}(液)} = n_{C_6H_{14}} - n_{C_6H_{14}(気)} = 1.2\ \text{mol} - 0.20\ \text{mol} = 1.0\ \text{mol}$$

$n_{C_6H_{14}(気)}$：$n_{C_6H_{14}(液)}$ ＝0.20 mol：1.0 mol＝1：5

9 …④

問3　凝固点降下

純溶媒や希薄溶液を冷却すると，凝固点になってもすぐには凝固せず，液体のまま凝固点より低い温度になる。この状態を過冷却という。その後，凝固が開始すると，凝固熱の放出により温度が上昇する。

過冷却

液体を冷却したときに，液体のまま凝固点より低い温度になった状態。

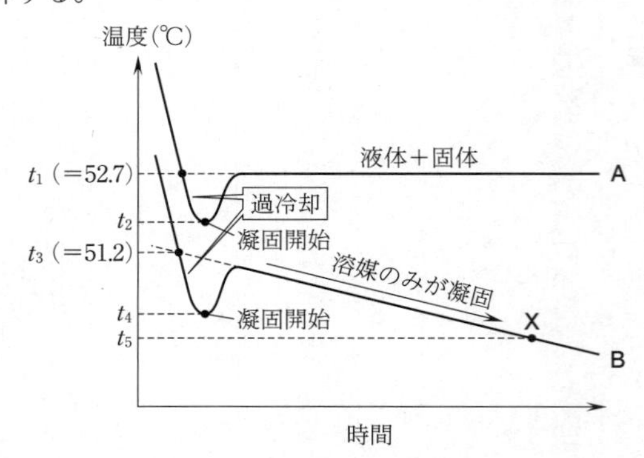

（A：パラジクロロベンゼン
B：パラジクロロベンゼンとナフタレン）

図　冷却曲線

温度が上昇した後，純溶媒の場合，液体がすべて凝固するまで，温度は凝固点(図中の t_1 (℃))で一定に保たれる。

一方，希薄溶液の場合，溶媒のみが先に凝固し，残った溶液の質量モル濃度が大きくなっていくので，凝固点降下度が徐々に大きくなり，凝固点は徐々に低くなる。実験に用いた溶液の凝固点は，この直線部分を左に延長し，凝固が開始する前の曲線との交点(図中の t_3 (℃))として求められる。

凝固点降下

溶液の凝固点は，純溶媒の凝固点より低い。凝固点降下度は，同じ溶媒の溶液では，溶質が非電解質の場合，質量モル濃度に比例する。

質量モル濃度を m (mol/kg)，凝固点降下度を Δt (K)とすると，

$\Delta t = K_f m$

(K_f：溶媒の種類で決まる比例定数で，モル凝固点降下という。)

質量モル濃度

溶媒 1 kg あたりに溶けている溶質の物質量(mol)で表した濃度。

$$\text{質量モル濃度(mol/kg)} = \frac{\text{溶質の物質量(mol)}}{\text{溶媒の質量(kg)}}$$

a　**実験Ⅰ・Ⅱ**の結果から，パラジクロロベンゼン 25.00 g にナフタレン $C_{10}H_8$ (分子量 128) 0.64 g を溶かした溶液の凝固点降下度 Δt は，

$$\Delta t = t_1 - t_3 = 52.7 - 51.2 = 1.5\ \text{(K)}$$

また，この溶液の質量モル濃度は，

$$\frac{\dfrac{0.64\ \text{g}}{128\ \text{g/mol}}}{\dfrac{25.00}{1000}\ \text{kg}} = 0.20\ \text{mol/kg}$$

よって，パラジクロロベンゼンのモル凝固点降下を K_f (K・kg/mol)とすると，

$$1.5\ \text{K} = K_f\ \text{(K・kg/mol)} \times 0.20\ \text{mol/kg}$$

$$K_f = 7.5\ \text{K・kg/mol}$$

10 …④

b　**実験Ⅱ**における図4中の点 **X** では，溶媒であるパラジクロロベンゼンのみが凝固し，試験管内にはパラジクロロベンゼンの固体とパラジクロロベンゼンにナフタレンが溶解した溶液が存在

する。この試験管から取り出した固体は純粋なパラジクロロベンゼンなので，その凝固点は t_1＝52.7℃である。

11 …①

問4　浸透圧

水分子が半透膜を通過して，純水側から水溶液側に浸透するので，液面の高さに差が生じ，水溶液側と純水側の液柱がおよぼす圧力の差が水溶液の浸透圧に相当する圧力になると，浸透が止まる。

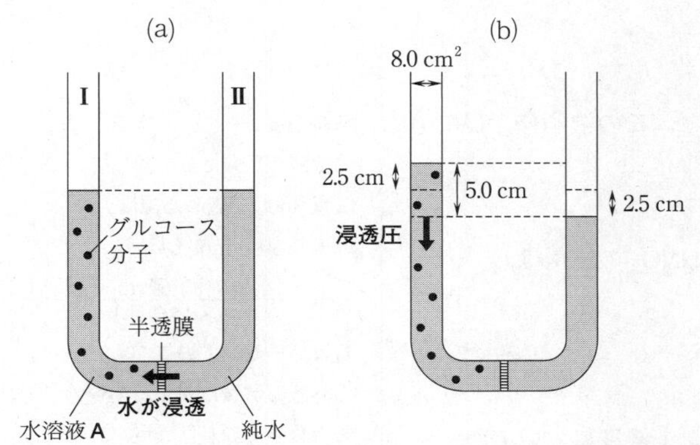

① 正しい。上記の図(a)から図(b)の間に，Iの水溶液側の液面は$\left(\frac{5.0}{2}\text{ cm}=\right)$2.5 cm 上昇し，IIの純水側の液面は 2.5 cm 下降した。したがって，図(b)における水溶液の体積は，

$$200\text{ mL}+8.0\text{ cm}^2\times2.5\text{ cm}=220\text{ mL}$$

② 正しい。図(b)の状態の水溶液の浸透圧は，

$$98\text{ Pa}\times\frac{5.0\text{ cm}}{1\text{ cm}}=490\text{ Pa}$$

水溶液Aの濃度は，図(b)の状態の水溶液の濃度より大きいので，水溶液Aの浸透圧は 490 Pa より大きい。

なお，図(a)から図(b)の間に水溶液は$\left(\frac{220\text{ mL}}{200\text{ mL}}=\right)$1.10 倍に希釈されているので，水溶液Aのモル濃度は，図(b)の状態の水溶液のモル濃度より 1.10 倍大きい。ファントホッフの法則より，一定温度の溶液の浸透圧は溶質粒子のモル濃度に比例するので，水溶液Aの浸透圧は次のように求められる。

$$490\text{ Pa}\times1.10=539\text{ Pa}$$

また，水溶液Aのモル濃度を c (mol/L)，気体定数を R＝8.3×10^3 Pa·L/(K·mol)とすると，

$$539\text{ Pa}=c\text{ (mol/L)}\times8.3\times10^3\text{ Pa·L/(K·mol)}\times(273+27)\text{K}$$

$$c=2.16\times10^{-4}\text{ mol/L}\fallingdotseq2.2\times10^{-4}\text{ mol/L}$$

③ 誤り。ファントホッフの法則より，温度を高くすると浸透圧は大きくなるので，27℃から37℃に温度を上げると，液面の高さの差は 5.0 cm より大きくなる。

④ 正しい。グルコース $C_6H_{12}O_6$ は非電解質であるのに対して，塩化ナトリウム NaCl は水溶液中で次のように電離する。

半透膜

溶液中のある物質は通すが，他の物質は通さない性質をもつ膜。

浸透

溶媒分子が半透膜を通過して，純溶媒側から溶液側に移動する現象。

浸透圧

溶媒分子の浸透を防ぐために溶液側に加える圧力。

ファントホッフの法則

希薄溶液の浸透圧 Π(Pa) は溶質粒子のモル濃度 c (mol/L) と絶対温度 T (K) に比例する。

$\Pi=cRT$

(R (Pa·L/(K·mol))：気体定数)

溶質粒子の物質量を n (mol)，溶液の体積を V (L) とすると，$c=\frac{n}{V}$ より，

$\Pi V=nRT$

$NaCl \longrightarrow Na^+ + Cl^-$

したがって，同じモル濃度の水溶液Aと塩化ナトリウム水溶液では，溶質粒子のモル濃度は後者の方が2倍大きい。ファントホッフの法則より，一定温度の溶液の浸透圧は溶質粒子のモル濃度に比例するので，塩化ナトリウム水溶液の方が浸透圧が大きい。よって，液面の高さの差は5.0 cmより大きくなる。

12 …③

第3問　化学量，酸と塩基

問1　溶液の濃度

濃硝酸のモル濃度を c (mol/L)とすると，この濃硝酸1Lに溶けている硝酸 HNO_3 の物質量は，

$$c\ (\mathrm{mol/L}) \times 1\ \mathrm{L} = c\ (\mathrm{mol})$$

よって，この濃硝酸1Lに溶けている HNO_3 の質量は，

$$M\ (\mathrm{g/mol}) \times c\ (\mathrm{mol}) = cM\ (\mathrm{g})$$

この濃硝酸1L(=1000 cm^3)の質量は，

$$d\ (\mathrm{g/cm^3}) \times 1000\ \mathrm{cm^3} = 1000d\ (\mathrm{g})$$

したがって，この濃硝酸の質量パーセント濃度について，

$$\frac{cM\ (\mathrm{g})}{1000d\ (\mathrm{g})} \times 100 = a\ (\%)$$

この式を c について解いて，

$$c = \frac{10ad}{M}$$

13 …⑥

モル濃度

溶液1Lあたりに溶けている溶質の物質量(mol)で表した濃度。

$$\text{モル濃度(mol/L)} = \frac{\text{溶質の物質量(mol)}}{\text{溶液の体積(L)}}$$

質量パーセント濃度

溶液の質量に対する溶質の質量の割合を百分率で表した濃度。

$$\text{質量パーセント濃度(\%)} = \frac{\text{溶質の質量(g)}}{\text{溶液の質量(g)}} \times 100$$

問2　ブレンステッド・ローリーの酸・塩基の定義

ブレンステッドおよびローリーは，水素イオンの授受に着目し，「相手に水素イオンを与える分子・イオンを酸，相手から水素イオンを受け取る分子・イオンを塩基」と定義した。

イオン反応式**ア**～**ウ**のそれぞれについて，水素イオンの授受を表すと，次のようになる。

ア　$HSO_3^- + \underline{H_2O} \rightleftarrows SO_3^{2-} + H_3O^+$　（H^+：$HSO_3^- \to H_2O$，H^+：$H_3O^+ \to SO_3^{2-}$）

イ　$HCO_3^- + \underline{H_2O} \rightleftarrows H_2CO_3 + OH^-$　（H^+：$H_2O \to HCO_3^-$，H^+：$H_2CO_3 \to OH^-$）

ウ　$H_2PO_4^- + \underline{H_2O} \rightleftarrows HPO_4^{2-} + H_3O^+$　（H^+：$H_2PO_4^- \to H_2O$，H^+：$H_3O^+ \to HPO_4^{2-}$）

したがって，イオン反応式**ア**～**ウ**における水分子のはたらきは，**ア**：塩基，**イ**：酸，**ウ**：塩基であり，水分子が塩基としてはたらいているものは，⑤(**ア**，**ウ**)である。

14 …⑤

ブレンステッド・ローリーの酸・塩基の定義

酸　水素イオン H^+ を相手に与える分子・イオン。

塩基　水素イオン H^+ を相手から受け取る分子・イオン。

問3　酸と塩基を混合した水溶液の性質

ア：アンモニア水(アンモニア NH_3 の水溶液)と塩酸(塩化水素 HCl の水溶液)を混合すると，式(a)で表される反応が起こり，塩化アンモニウム NH_4Cl が生じる。

$$NH_3 + HCl \longrightarrow NH_4Cl \qquad (a)$$

0.020 mol/L の NH_3 水と 0.020 mol/L の HCl 水溶液を 1 L ずつ混合した場合で考える。このとき，式(a)の反応により，NH_3 と HCl は過不足なく反応するので，混合後の水溶液は NH_4Cl 水溶液になる。NH_4Cl は強酸である HCl と弱塩基である NH_3 から生じた正塩であり，その水溶液は酸性を示すので，水溶液**ア**は酸性を示す。なお，NH_4Cl 水溶液が酸性を示すのは，NH_4Cl の電離で生じるアンモニウムイオン NH_4^+ が次式で示すように加水分解するからである。

$$NH_4^+ + H_2O \rightleftarrows NH_3 + H_3O^+$$

イ：水酸化ナトリウム $NaOH$ 水溶液と HCl 水溶液を混合すると，式(b)で表される反応が起こり，塩化ナトリウム $NaCl$ が生じる。

$$NaOH + HCl \longrightarrow NaCl + H_2O \qquad (b)$$

0.020 mol/L の $NaOH$ 水溶液と 0.020 mol/L の HCl 水溶液を 1 L ずつ混合した場合で考える。このとき，式(b)の反応により，$NaOH$ と HCl は過不足なく反応するので，混合後の水溶液は $NaCl$ 水溶液になる。$NaCl$ は強酸である HCl と強塩基である $NaOH$ から生じた正塩であり，その水溶液は中性を示すので，水溶液**イ**は中性を示す。

ウ：水酸化カルシウム $Ca(OH)_2$ 水溶液と HCl 水溶液を混合すると，式(c)で表される反応が起こり，塩化カルシウム $CaCl_2$ が生じる。

$$Ca(OH)_2 + 2\,HCl \longrightarrow CaCl_2 + 2\,H_2O \qquad (c)$$

0.020 mol/L の $Ca(OH)_2$ 水溶液と 0.020 mol/L の HCl 水溶液を 1 L ずつ混合した場合で考える。このとき，式(c)の反応により，HCl はすべて反応するが，$Ca(OH)_2$ は $\left(0.020\ \text{mol/L} \times 1\ \text{L} - 0.020\ \text{mol/L} \times 1\ \text{L} \times \frac{1}{2} =\right)$ 0.010 mol が未反応で残るので，混合後の水溶液は $Ca(OH)_2$ と $CaCl_2$ の混合水溶液になる。この水溶液は $Ca(OH)_2$ の電離によって OH^- が生じるため，塩基性を示す。

15 …①

問4　中和反応の量的関係

クエン酸の水和物 $C_6H_8O_7 \cdot n\,H_2O$ 1 mol あたりに含まれているクエン酸は 1 mol であるから，このクエン酸の水和物 $C_6H_8O_7 \cdot n\,H_2O$(式量 $192+18n$) 0.840 g を溶かした水溶液 100 mL 中に含まれるクエン酸の物質量は，

$$\frac{0.840\ \text{g}}{192+18n\ (\text{g/mol})} = \frac{0.840}{192+18n}\ (\text{mol})$$

酸・塩基の強弱

強酸・強塩基　水溶液中でほぼ完全に電離する酸・塩基(電離度≒1)

強酸の例：HCl，HNO_3，H_2SO_4

強塩基の例：$NaOH$，KOH，$Ca(OH)_2$，$Ba(OH)_2$

弱酸・弱塩基　水溶液中で一部のみが電離する酸・塩基(電離度<1)

弱酸の例：CH_3COOH，$(COOH)_2$，$H_2CO_3(CO_2+H_2O)$

弱塩基の例：NH_3

塩の分類

酸性塩　酸の H が残っている塩。

例：$NaHCO_3$，$NaHSO_4$

塩基性塩　塩基の OH が残っている塩。

例：$MgCl(OH)$，$CuCl(OH)$

正塩　酸の H も塩基の OH も残っていない塩。

例：$NaCl$，NH_4Cl，CH_3COONa，Na_2SO_4，$CaCl_2$

(この分類上の名称は，水溶液の性質とは無関係であることに注意する。)

塩の水溶液の性質

強酸と強塩基からなる正塩…中性

強酸と弱塩基からなる正塩…酸性

弱酸と強塩基からなる正塩…塩基性

酸性塩　$NaHSO_4$…酸性

$NaHCO_3$…塩基性

クエン酸 $C_6H_8O_7$ は3価の酸であり，水酸化ナトリウム NaOH は1価の塩基であるから，中和反応の量的関係より，

$$3\times\frac{0.840}{192+18n}\ (\mathrm{mol})=1\times1.00\ \mathrm{mol/L}\times\frac{12.0}{1000}\ \mathrm{L}$$

$$n=1$$

16 …①

問5　化学反応の量的関係

a　$2\,MO + C \longrightarrow 2\,M + CO_2$　(1)

式(1)で表される反応について，用いた MO の質量が 8.00 g で一定であるから，用いた C の質量によって，次の3通りに場合分けすることができる。

(a)　C がすべて反応し，未反応の MO が残る。

(b)　MO と C が過不足なく反応する。

(c)　MO がすべて反応し，未反応の C が残る。

(a)の場合，反応後の固体は MO と M の混合物になる。このとき，式(1)より，C 1 mol あたり，MO 2 mol が反応し，M 2 mol が生成するので，反応の前後で容器内の固体の質量は，O 原子 2 mol 分に相当する 32 g だけ減少する。したがって，(a)の場合，用いた C の質量に比例して，反応後の固体の質量は減少することがわかる。

(b)の場合，反応後の固体は M のみになる。

(c)の場合，反応後の固体は M と C の混合物になり，この混合物中の M の質量は，(b)の場合における M の質量(＝反応後の固体の質量)と等しい。したがって，(c)の場合，反応後の固体の質量は，(b)の場合における反応後の固体の質量よりも，未反応の C の分だけ増加することがわかる。

以上より，(b)の場合で用いた C の質量を X (g) とすると，反応後の固体の質量は，用いた C の質量が X (g) になるまでは減少し，用いた C の質量が X (g) のときに最小となり，用いた C の質量が X (g) を上回ると増加することがわかる。

このことを踏まえて，表1で与えられた実験結果をプロットしてグラフを作成すると，次の図のようになる。

中和反応の量的関係

酸から生じる H^+ の物質量
　＝塩基から生じる OH^- の物質量
　　(塩基が受け取る H^+ の物質量)

したがって，

酸の価数×酸の物質量
　＝塩基の価数×塩基の物質量

化学反応式が表す量的関係

化学反応式中の係数の比は，反応物と生成物の変化する物質量の比を表す。

(反応式中の係数の比)
　＝(反応により変化する物質の物質量の比)

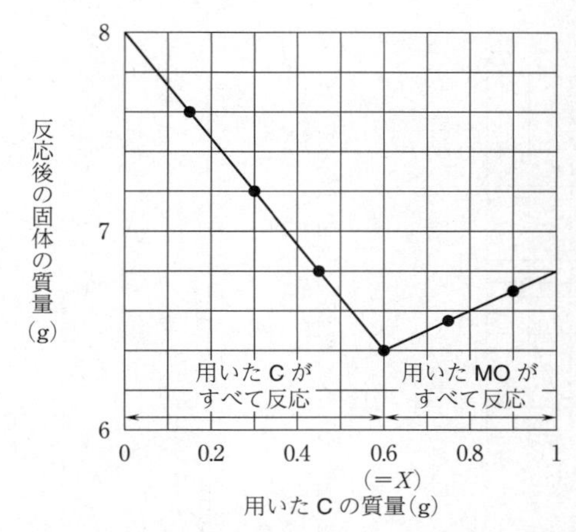

上述したように，MOとＣが過不足なく反応して，反応後の固体がＭのみになるとき((b)の場合)，反応後の固体の質量は最小になる。したがって，作成したグラフより，MOとＣが過不足なく反応して，反応後の固体がＭのみになるのは，用いたＣの質量が0.60 gのときとわかる。

17 …③

b　**a**より，用いたＣの質量が0.60 gのとき，MOとＣが過不足なく反応する。式(1)より，反応したMOの物質量はＣ(式量12)の物質量の２倍であるから，求めるMOの式量をMとすると，

$$\frac{8.00\ \mathrm{g}}{M\ (\mathrm{g/mol})}=\frac{0.60\ \mathrm{g}}{12\ \mathrm{g/mol}}\times 2$$

$$M=80$$

なお，MOは酸化銅(Ⅱ)CuOが該当する。

18 …⑧，19 …⓪

(別解)

質量保存の法則を利用して，用いたＣの質量と発生したCO_2の質量の関係に着目して解く方法も考えられる。

質量保存の法則より，次の関係式が成り立つ。

(反応前の固体の質量)

＝(反応後の固体の質量)＋(発生したCO_2の質量)

表１より，用いたＣの質量と発生したCO_2の質量は，次の表２のようにまとめることができる。

表２　用いたＣの質量と発生したCO_2の質量

用いたＣの質量(g)	0.15	0.30	0.45	0.60	0.75	0.90
反応前の固体の質量(g)	8.15	8.30	8.45	8.60	8.75	8.90
反応後の固体の質量(g)	7.60	7.20	6.80	6.40	6.55	6.70
発生したCO_2の質量(g)	0.55	1.10	1.65	2.20	2.20	2.20

したがって，用いたＣの質量と発生したCO_2の質量の関係を

表すグラフは，次の図のようになる。

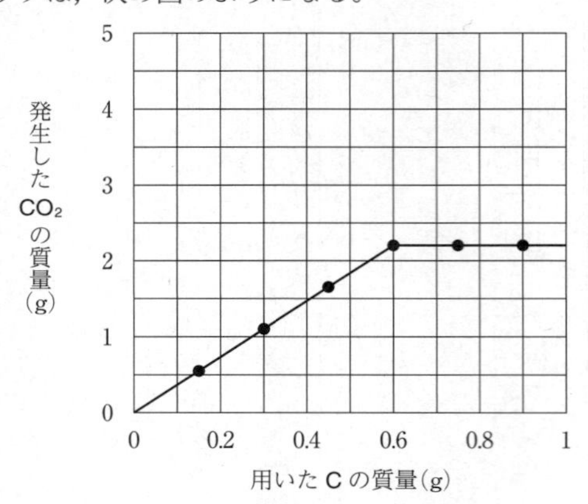

作成したグラフより，次のことがわかる。

(i) 用いたCの質量が0.60 g未満のとき，用いたCがすべて反応し，未反応のMOが残る。したがって，反応後の固体はMOとMの混合物である。

(ii) 用いたCの質量が0.60 gのとき，用いたMOとCが過不足なく反応する。したがって，反応後の固体はMのみである。

(iii) 用いたCの質量が0.60 gより大きいとき，用いたMOがすべて反応し，未反応のCが残る。したがって，反応後の固体はCとMの混合物である。

したがって，用いたMOとCが過不足なく反応し，反応後の固体がMのみになるのは，用いたCの質量が0.60 gのときである。

また，用いたCの質量が0.60 g以上のとき，発生したCO_2(分子量44)の物質量は用いたMOの物質量の$\frac{1}{2}$倍になるので，求めるMOの式量をMとすると，

$$\frac{8.00\ \mathrm{g}}{M\ (\mathrm{g/mol})}\times\frac{1}{2}=\frac{2.20\ \mathrm{g}}{44\ \mathrm{g/mol}}$$

$$M=80$$

(補足)

用いたCの質量(g)と反応後の固体の質量(g)の関係を表すグラフが上記のようになることは，次のようにして確かめられる。

用いたMOの質量は8.00 gより，MOの式量をMとすると，用いたMOの物質量は$\left(\frac{8.00\ \mathrm{g}}{M\ (\mathrm{g/mol})}=\right)\frac{8.00}{M}$ (mol)である。また，用いたCの質量をw (g)とすると，用いたCの物質量は$\left(\frac{w\ (\mathrm{g})}{12\ \mathrm{g/mol}}=\right)\frac{w}{12}$ (mol)と表される。

$$2\,\mathrm{MO} + \mathrm{C} \longrightarrow 2\,\mathrm{M} + \mathrm{CO_2} \qquad (1)$$

式(1)の反応について，用いたMOとCの量関係から，次の3通りに場合分けすることができる。

(a) Cがすべて反応し，未反応のMOが残る。

(b) MO，Cが過不足なく反応する。

(c) MOがすべて反応し，未反応のCが残る。

それぞれの場合について，反応後の固体の質量 W (g)を考える。

(a) $\dfrac{8.00}{M} > 2\times\dfrac{w}{12}$ のとき$\left(w < \dfrac{48}{M}\right.$ のとき$\left.\right)$

	$2\,MO$	$+$ C	$\longrightarrow$ $2\,M$	$+$ CO_2
反応前	$\dfrac{8.00}{M}$	$\dfrac{w}{12}$	0	0
変化量	$-2\times\dfrac{w}{12}$	$-\dfrac{w}{12}$	$+2\times\dfrac{w}{12}$	$+\dfrac{w}{12}$
反応後	$\dfrac{8.00}{M}-\dfrac{w}{6}$	0	$\dfrac{w}{6}$	$\dfrac{w}{12}$

(単位：mol)

反応後の容器内に存在する固体は，MO と M である。MO の式量が M であるから，M の原子量は$(M-16)$である。したがって，反応後の容器内に存在する MO と M の質量はそれぞれ，

$$\text{MO}：M\,(\text{g/mol})\times\left(\frac{8.00}{M}-\frac{w}{6}\right)(\text{mol})=8.00-\frac{M}{6}w\ (\text{g})$$

$$\text{M}：(M-16)\,(\text{g/mol})\times\frac{w}{6}\ (\text{mol})=\frac{M-16}{6}w\ (\text{g})$$

よって，反応後の固体の質量 W (g)は，

$$W=\left(8.00-\frac{M}{6}w\right)(\text{g})+\frac{M-16}{6}w\ (\text{g})=8.00-\frac{8}{3}w\ (\text{g})$$

(b) $\dfrac{8.00}{M} = 2\times\dfrac{w}{12}$ のとき$\left(w = \dfrac{48}{M}\right.$ のとき$\left.\right)$

	$2\,MO$	$+$ C	$\longrightarrow$ $2\,M$	$+$ CO_2
反応前	$\dfrac{8.00}{M}$	$\dfrac{w}{12}$	0	0
変化量	$-2\times\dfrac{w}{12}$	$-\dfrac{w}{12}$	$+2\times\dfrac{w}{12}$	$+\dfrac{w}{12}$
反応後	0	0	$\dfrac{w}{6}\left(=\dfrac{8.00}{M}\right)$	$\dfrac{w}{12}$

(単位：mol)

反応後の容器内に存在する固体は M のみであり，その質量は，

$$\text{M}：(M-16)\,(\text{g/mol})\times\frac{w}{6}\ (\text{mol})=\frac{M-16}{6}w\ (\text{g})$$

$$=8.00-\frac{128}{M}\ (\text{g})$$

よって，反応後の固体の質量 W (g)は，

$$W=8.00-\frac{128}{M}\ (\text{g})$$

(c) $\dfrac{8.00}{M} < 2\times\dfrac{w}{12}$ のとき$\left(w > \dfrac{48}{M}\right.$ のとき$\left.\right)$

$$2\,MO \quad + \quad C \quad \longrightarrow \quad 2\,M \quad + \quad CO_2$$

	2 MO	C	2 M	CO₂
反応前	$\frac{8.00}{M}$	$\frac{w}{12}$	0	0
変化量	$-\frac{8.00}{M}$	$-\frac{8.00}{M}\times\frac{1}{2}$	$+\frac{8.00}{M}$	$+\frac{8.00}{M}\times\frac{1}{2}$
反応後	0	$\frac{w}{12}-\frac{4.00}{M}$	$\frac{8.00}{M}$	$\frac{4.00}{M}$

（単位：mol）

反応後の容器内に存在する固体は，C と M であり，それぞれの質量は，

$$C：12\ \mathrm{g/mol}\times\left(\frac{w}{12}-\frac{4.00}{M}\right)(\mathrm{mol})=w-\frac{48}{M}\ (\mathrm{g})$$

$$M：(M-16)\,(\mathrm{g/mol})\times\frac{8.00}{M}\ (\mathrm{mol})=8.00-\frac{128}{M}\ (\mathrm{g})$$

よって，反応後の固体の質量 W (g)は，

$$W=\left(w-\frac{48}{M}\right)(\mathrm{g})+\left(8.00-\frac{128}{M}\right)(\mathrm{g})=8.00-\frac{176}{M}+w\ (\mathrm{g})$$

以上より，用いた C の質量 w (g)と反応後の容器内に存在する各固体の質量(g)および反応後の固体の質量 W (g)の関係をまとめると，次の図のようになる。

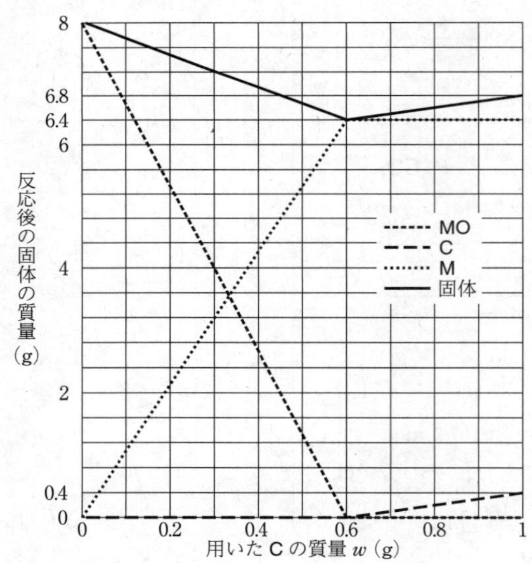

第 4 問　化学反応とエネルギー，電池・電気分解

問 1　物質の変化とエネルギー

① 誤り。反応物のもつエネルギーの総和よりも，生成物のもつエネルギーの総和の方が大きい場合，反応にともない熱が吸収されるため，吸熱反応となる。

発熱反応と吸熱反応

熱を発生しながら進む反応を発熱反応，周囲から熱を吸収しながら進む反応を吸熱反応という。

反応物，生成物のもつエネルギーの総和が，

反応物＞生成物…発熱反応

反応物＜生成物…吸熱反応

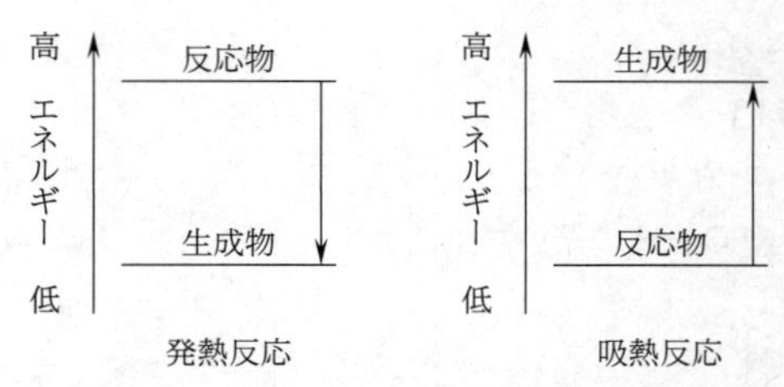

② 正しい。物質1 molが完全燃焼するときに発生する熱量を燃焼熱という。

③ 正しい。物質1 molが融解するときに吸収する熱量を融解熱という。なお，物質の状態とエネルギーの関係は次のようになる。

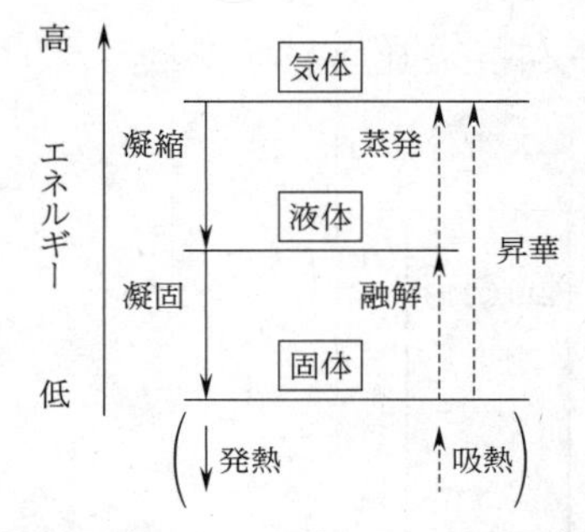

④ 正しい。化学反応によって生じたエネルギーの一部が光エネルギーに変換され，光として放出される現象を化学発光という。化学発光の例としては，ルミノールが塩基性溶液中で酸化されると，青い光を発するルミノール反応などがある。

20 …①

問2　反応熱と結合エネルギー

図1のエネルギー図は，次のように整理することができる。

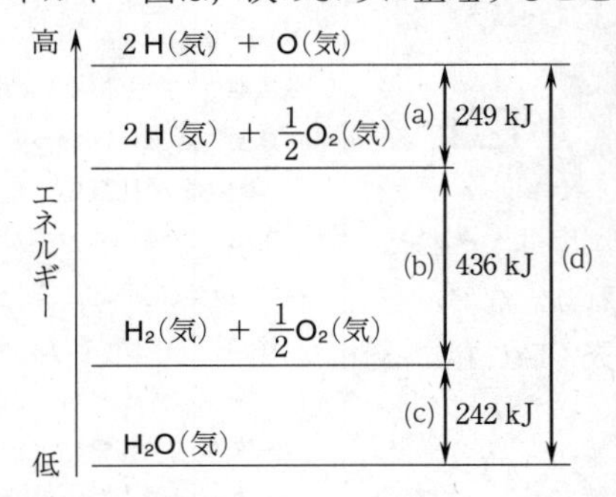

(a)はO_2(気)の結合エネルギーの$\frac{1}{2}$mol分（よって，O_2の結合エネルギーは498 kJ/mol），(b)はH_2(気)の結合エネルギー，(c)はH_2O(気)の生成熱，(d)はO−Hの結合エネルギー2 mol分に相当するので，O−Hの結合エネルギーをx (kJ/mol)とすると，ヘスの法則から，

$$249\ \text{kJ}+436\ \text{kJ}+242\ \text{kJ}=x\ (\text{kJ/mol})\times 2\ \text{mol}$$

$$x=463.5\ \text{kJ/mol}$$

結合エネルギー

共有結合を切断してばらばらの原子にするのに必要なエネルギー。通常，結合1 molあたりの熱量で示される。

生成熱

化合物1 molが成分元素の単体（25 ℃，1.013×10^5 Paで最も安定な同素体）から生成するときに発生または吸収する熱量。

ヘスの法則

物質が変化するときの反応熱は，変化の前後の物質の種類と状態だけで決まり，変化の経路や方法には関係しない。

この法則を用いると，実験では測定することが困難な反応熱を，計算によって求めることができる。

過酸化水素H_2O_2(気)の生成熱は，式(1)で示される。

$$H_2(気) + O_2(気) = H_2O_2(気) + 136\,kJ \qquad (1)$$

求める過酸化水素分子のO−Oの結合エネルギーをy (kJ/mol)とすると，過酸化水素分子と水分子中のO−Hの結合エネルギーが等しいので，式(1)に次の関係を適用して，

(反応熱)＝(生成物の結合エネルギーの総和)

−(反応物の結合エネルギーの総和)

$$136\,kJ = 463.5\,kJ/mol \times 2\,mol + y\,(kJ/mol) \times 1\,mol - (436\,kJ/mol \times 1\,mol + 498\,kJ/mol \times 1\,mol)$$

$$y = 143\,kJ/mol$$

(別解)

図1と，過酸化水素の生成熱および結合エネルギーの関係を比較すると次のようになる。

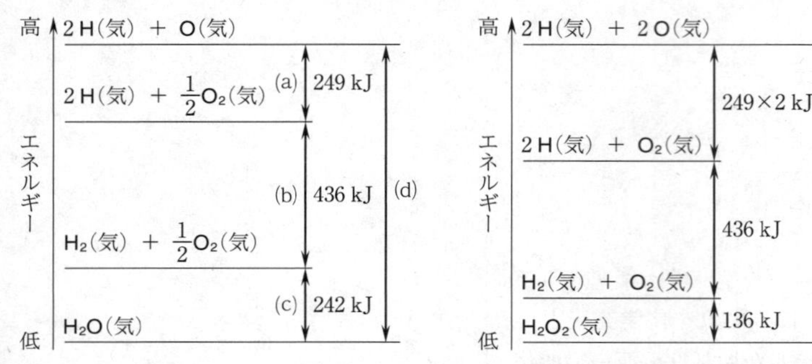

(d)はO−Hの結合エネルギー2 mol分に，(e)はO−Hの結合エネルギー2 mol分とO−Oの結合エネルギーの和に相当する。したがって，O−Oの結合エネルギーは，(d)と(e)のエネルギーの差に相当するので，O−Oの結合エネルギーをy (kJ/mol)とすると，

$$y\,(kJ/mol) \times 1\,mol = 249\,kJ + 136\,kJ - 242\,kJ$$

$$y = 143\,kJ/mol$$

21 …③

問3　鉛蓄電池

鉛蓄電池の放電および充電時に各電極で起こる反応は，それぞれ電子e^-を含むイオン反応式で次のように表される。なお，右向き(→)が放電時に起こる反応を，左向き(←)が充電時に起こる反応を表している。

負極　$Pb + SO_4^{2-} \underset{充電}{\overset{放電}{\rightleftarrows}} PbSO_4 + 2e^-$

正極　$PbO_2 + 4H^+ + SO_4^{2-} + 2e^- \underset{充電}{\overset{放電}{\rightleftarrows}} PbSO_4 + 2H_2O$

よって，電池全体で起こる反応は，次のように表される。

全体　$Pb + PbO_2 + 2H_2SO_4 \underset{充電}{\overset{放電}{\rightleftarrows}} 2PbSO_4 + 2H_2O$

① 正しい。正極は，放電時に電子を受け取る電極であり，この

電池

酸化還元反応により発生する化学エネルギーを電気エネルギーに変換する装置を電池(化学電池)という。

負極　導線に向かって電子が流れ出る電極。酸化反応が起こる。

正極　導線から電子が流れ込む電極。還元反応が起こる。

外部回路を電子は負極から正極に流れ，電流は正極から負極に流れる。

一次電池　充電により元の状態に戻すことができない電池。

二次電池　充電により元の状態に戻すことができる電池。

二次電池の充電

二次電池の負極，正極を，それぞれ直流電源の負極，正極に接続すると，放電時と逆向きに電流が流れ，電池を元の状態に戻すことができる。この操作を充電という。

とき還元反応が起こる。なお，鉛蓄電池の正極では，酸化鉛(Ⅳ)PbO_2が硫酸鉛(Ⅱ)$PbSO_4$に還元される。

② 誤り。放電時，流れる電子2 molあたり，負極では鉛Pb 1 molが$PbSO_4$ 1 molに変化するため，質量増加はS 1 mol(32 g)とO 4 mol(64 g)の質量の和の96 gである。一方，正極ではPbO_2 1 molが$PbSO_4$ 1 molに変化するため，質量増加はS 1 mol(32 g)とO 2 mol(32 g)の質量の和の64 gである。よって，質量増加は負極の方が大きい。

③ 正しい。充電するとき，鉛蓄電池の負極は外部電源の負極に，鉛蓄電池の正極は外部電源の正極に接続し，放電時と逆向きに電流を流して放電時と逆向きの反応を起こさせることで，放電前の状態に戻す。

④ 正しい。電池全体の反応式より，充電により溶媒であるH_2Oが減少し，溶質であるH_2SO_4が増加するので，電解液である希硫酸の濃度は大きくなる。

[22]…②

問4　アンモニアを用いた燃料電池

アンモニア燃料電池は，電解質に酸化物イオンO^{2-}が移動できる固体材料が用いられており，アンモニアNH_3がN_2とH_2Oに変化する際に生じるエネルギーを電気エネルギーに変換する装置である。

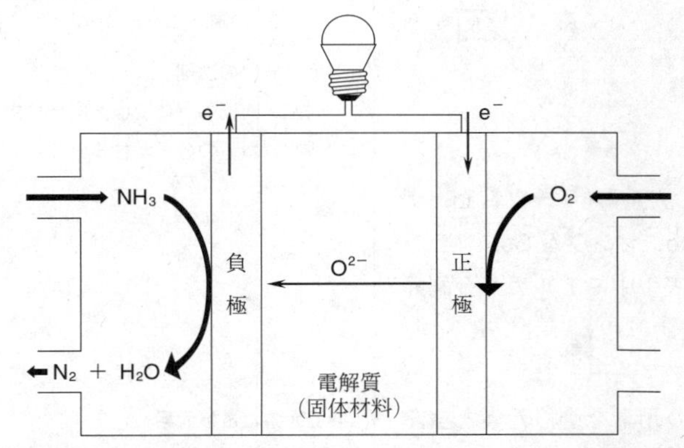

放電時に起こる負極，正極の反応は，次のように表すことができる。

負極　$2NH_3 + 3O^{2-} \longrightarrow N_2 + 3H_2O + 6e^-$

正極　$O_2 + 4e^- \longrightarrow 2O^{2-}$

NH_3 1 molが反応するときに流れるe^-は3 molより，0℃，1.013×10^5 Pa(標準状態)で112 LのNH_3が反応したときに流れるe^-の物質量は，

$$\frac{112\ \text{L}}{22.4\ \text{L/mol}}\times3=15.0\ \text{mol}$$

よって，得られる電気量は，

$$9.65\times10^4\ \text{C/mol}\times15.0\ \text{mol}=1.447\times10^6\ \text{C}\fallingdotseq1.45\times10^6\ \text{C}$$

23 …④

問5　水溶液の電気分解

a　電解槽Ⅰの各電極で起こる反応は，それぞれ電子 e^- を含むイオン反応式で次のように表される。

A(陽極)　$Cu \longrightarrow Cu^{2+} + 2e^-$

B(陰極)　$Cu^{2+} + 2e^- \longrightarrow Cu$

よって，電気分解において，電極Aの質量は銅の溶解によって減少し，電極Bの質量は銅の析出によって増加する。

また，流れる e^- 2 mol あたり，Aでは Cu^{2+} が 1 mol 生じ，Bでは Cu^{2+} が 1 mol 消費されるため，電解液中の Cu^{2+} の物質量は変化しない。

24 …⑤

b　電解槽Ⅱの各電極で起こる反応は，それぞれ電子 e^- を含むイオン反応式で次のように表される。

C(陽極)　$2H_2O \longrightarrow O_2 + 4H^+ + 4e^-$

D(陰極)　$2H^+ + 2e^- \longrightarrow H_2$

流れる e^- 4 mol あたり，Cでは O_2 が 1 mol 発生し，Dでは H_2 が 2 mol 発生する。

ここで，発生する気体の体積(mL)を同温・同圧で比較しているので，物質量の比と体積の比が等しく，(C：D＝)1：2となる。よって，適するグラフは②となる。

25 …②

電気分解

電解質の水溶液や融解液に電極を入れ，直流電流を流して酸化還元反応を起こさせること。電解質の水溶液では次の反応が起こる。

陽極…外部電極の正極とつないだ電極。酸化反応が起こる。

・電極が Cu や Ag のとき

1．Cu や Ag がイオンになり溶解する。

・電極が C や Pt のとき

2．ハロゲン化物イオンが酸化され，ハロゲン単体が生成する。

3．H_2O(電解液が酸性，中性のとき)や OH^-(電解液が塩基性のとき)が酸化され，O_2 が発生する。

陰極…外部電極の負極とつないだ電極。還元反応が起こる。

1．電解液中の Ag^+ や Cu^{2+} が還元され Ag や Cu が析出する。

2．H_2O(電解液が中性，塩基性のとき)や H^+(電解液が酸性のとき)が還元され，H_2 が発生する。

アボガドロの法則

同温・同圧の気体では，同体積中に同数(同物質量)の分子が含まれる。

第5問　周期表，酸化還元反応

問1　周期表

①　正しい。周期表の水素Hを除く1族元素(リチウム Li，ナトリウム Na，カリウム K，ルビジウム Rb，セシウム Cs，フランシウム Fr)をアルカリ金属元素とよぶ。表1中でアルカリ金属元素のイオンは，ナトリウムイオン Na^+ とカリウムイオン K^+ の2種類である。

②　正しい。周期表で3族から11族の元素を遷移元素とよぶ(12族を含める場合もある)。表1中の成分で遷移元素のイオンは鉄(Ⅱ)イオン Fe^{2+}，マンガン(Ⅱ)イオン Mn^{2+} の2種類である。

③　誤り。15族元素は窒素 N，リン P，ヒ素 As，アンチモン Sb などである。表1中に15族元素を含むイオンは存在しない。

④　正しい。17族元素(フッ素 F，塩素 Cl，臭素 Br，ヨウ素 I など)をハロゲン元素とよぶ。表1中でハロゲン元素のイオンは，フッ化物イオン F^-，塩化物イオン Cl^-，臭化物イオン Br^-，ヨウ化物イオン I^- の4種類である。

典型元素と遷移元素

典型元素…1，2，12～18族元素

同族元素の性質が似ている。

遷移元素…3～11族元素

隣り合う元素の性質が似ていることが多い。

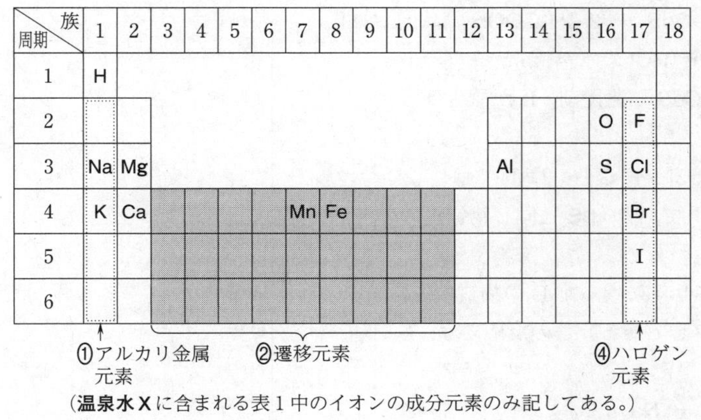

（**温泉水X**に含まれる表1中のイオンの成分元素のみ記してある。）

26 …③

問2　酸化数，酸化還元反応

ア　二酸化硫黄 SO_2 中の S の酸化数を x，硫酸 H_2SO_4 中の S の酸化数を y とすると，

SO_2：$x+(-2)\times2=0$　　　$x=+4$

H_2SO_4：$(+1)\times2+y+(-2)\times4=0$　　　$y=+6$

反応の前後で S の酸化数は増加している。なお，**ア**の反応の化学反応式は次のようになる。

$$2\underline{S}O_2 + 2H_2O + \underline{O}_2 \longrightarrow 2H_2\underline{S}\underline{O}_4$$

（酸化数）+4　　0　　+6 −2

イ　SO_2 中の S の酸化数は**ア**より +4 である。硫化水素 H_2S 中の S の酸化数を z とすると，

H_2S：$(+1)\times2+z=0$　　　$z=-2$

単体の硫黄 S の酸化数は 0 であるから，反応の前後で H_2S の S の酸化数が増加し，SO_2 の S の酸化数は減少している。なお，**イ**の反応の化学反応式は次のようになる。

$$\underline{S}O_2 + 2H_2\underline{S} \longrightarrow 3\underline{S} + 2H_2O$$

（酸化数）+4　　−2　　0

ウ　H_2S 中の S の酸化数は**イ**より −2 である。硫化銀 Ag_2S は，銀イオン Ag^+ と硫化物イオン S^{2-} からなる化合物であり，S の酸化数は −2 である。

したがって，反応の前後で S の酸化数は変化していないことがわかる。なお，この反応の化学反応式は次のようになる。

$$4\underline{Ag} + 2H_2\underline{S} + \underline{O}_2 \longrightarrow 2\underline{Ag}_2\underline{S} + 2H_2\underline{O}$$

（酸化数）0　　−2　　0　　+1 −2　　−2

したがって，反応の前後で酸化数が減少する S 原子を含む反応は，**イ**のみである。

27 …②

酸化数の決め方

1．単体中の原子の酸化数は 0
2．単原子イオンの酸化数は，イオンの電荷に等しい。
3．化合物中の H 原子は +1，O 原子は −2（ただし，H_2O_2 の O 原子は −1）
4．化合物を構成する原子の酸化数の総和は 0。
5．多原子イオンを構成する原子の酸化数の総和は，イオンの電荷に等しい。

問3　酸化還元滴定

操作Ⅰでは，**温泉水X**中の硫化水素 H_2S をすべて硫化カドミウム(Ⅱ)CdS として沈殿させ，他の成分と分離している。

$$H_2S + (CH_3COO)_2Cd \longrightarrow CdS + 2\,CH_3COOH \quad (1)$$

操作Ⅱでは，分離した CdS を塩酸（HCl の水溶液）とヨウ素 I_2 と反応させている。この反応では，CdS が還元剤，I_2 が酸化剤としてはたらく。

$$CdS + 2\,HCl + I_2 \longrightarrow CdCl_2 + S + 2\,HI \quad (2)$$

式(1)，(2)より，**温泉水 X** 中に含まれていた H_2S と同じ物質量の I_2 が CdS と反応する。

操作Ⅲでは，**操作Ⅱ**で CdS と反応せずに残った I_2 の物質量を，チオ硫酸ナトリウム $Na_2S_2O_3$ で滴定している。この反応では，I_2 が酸化剤，$Na_2S_2O_3$ が還元剤としてはたらく。

$$I_2 + 2\,Na_2S_2O_3 \longrightarrow 2\,NaI + Na_2S_4O_6 \quad (3)$$

これにより，**操作Ⅱ**で反応した I_2 の物質量がわかり，**温泉水 X** 中の H_2S の質量を求めることができる。実験の概要を図にまとめると次のようになる。

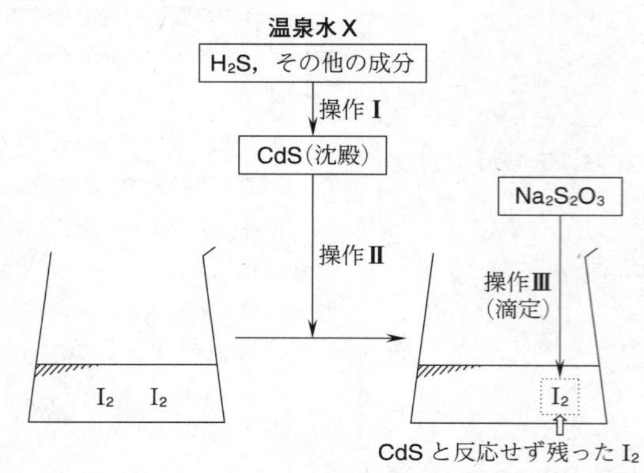

a　溶液中の I_2 がなくなるまで滴定を行うので，指示薬 **A** はデンプンである。コニカルビーカー内の溶液に少量のデンプン水溶液を加えると，滴定の終点までは I_2 が存在するので，青紫色となり（ヨウ素デンプン反応），終点では I_2 がなくなるので無色になる。

28 …⑤

b　式(3)より，I_2 と $Na_2S_2O_3$ は物質量の比 1：2 で反応する。滴定に要した $Na_2S_2O_3$ の物質量は，

$$0.100\ \text{mol/L} \times \frac{19.0}{1000}\ \text{L} = 1.90 \times 10^{-3}\ \text{mol}$$

よって，**操作Ⅱ**で得られた溶液中に残っている I_2 の物質量は，

$$1.90 \times 10^{-3}\ \text{mol} \times \frac{1}{2} = 9.50 \times 10^{-4}\ \text{mol}$$

29 …③

c　**操作Ⅱ**で用いたヨウ素溶液（ヨウ素ヨウ化カリウム水溶液）中に含まれる I_2 の物質量は，

$$0.0500\ \text{mol/L} \times \frac{25.0}{1000}\ \text{L} = 1.25 \times 10^{-3}\ \text{mol}$$

したがって，**操作Ⅱ**で CdS と式(2)によって反応した I_2 の物質

量は，

$$1.25\times10^{-3}\ \text{mol}-9.50\times10^{-4}\ \text{mol}=3.0\times10^{-4}\ \text{mol}$$

式(2)より，これは**操作 I** で生成した CdS の物質量に等しい。式(1)より，H_2S 1 mol から CdS 1 mol ができるので，**温泉水 X** 1.0 L 中の H_2S（分子量 34）の物質量も 3.0×10^{-4} mol であり，その質量は，

$$34\ \text{g/mol}\times3.0\times10^{-4}\ \text{mol}=10.2\times10^{-3}\ \text{g}\fallingdotseq10\ \text{mg}$$

30 …③

MEMO

第２回　解答・解説

設問別正答率

解答番号　第１問	1	2	3	4	5	6	7
配点	3	2	2	3	4	3	3
正答率(%)	66.4	72.6	46.9	42.8	24.0	67.2	30.9

解答番号　第２問	8	9	10	11	12	13
配点	3	3	3	4	3	4
正答率(%)	77.6	71.0	40.2	29.9	48.6	10.5

解答番号　第３問	14	15	16	17	18	19
配点	3	4	3	3	4	3
正答率(%)	74.7	50.4	27.5	33.4	41.3	49.3

解答番号　第４問	20	21	22	23	24	25
配点	3	4	3	3	3	4
正答率(%)	63.6	30.3	17.8	65.0	51.4	20.1

解答番号　第５問	26	27	28	29	30
配点	4	4	4	4	4
正答率(%)	31.4	56.9	31.6	22.9	22.5

設問別成績一覧

設問	設　問　内　容	配 点	全 体	現 役	高 卒	標準偏差
合計		100	42.1	40.8	53.9	15.4
1	物質の構成，結晶	20	9.6	9.3	12.4	4.6
2	物質の状態，気体，溶液	20	8.7	8.5	10.9	4.2
3	反応速度，化学平衡，コロイド	20	9.2	9.0	11.3	4.6
4	無機物質，化学反応と熱	20	8.0	7.7	10.1	4.4
5	硫酸に関する総合問題	20	6.6	6.3	9.1	4.8

（100点満点）

問題番号	設問	解答番号	正解	配点	自己採点
第1問	問1	1	②	3	
	問2	2	④	2	
		3	③	2	
	問3	4	④	3	
	問4	5	④	4	
	問5	6	⑤	3	
		7	⑥	3	
第1問　自己採点小計				(20)	
第2問	問1	8	④	3	
	問2	9	③	3	
		10	③	3	
	問3	11	④	4	
	問4	12	①	3	
	問5	13	④	4	
第2問　自己採点小計				(20)	
第3問	問1	14	②	3	
		15	③	4	
	問2	16	⑤	3	
		17	⑦	3	
	問3	18	③	4	
	問4	19	①	3	
第3問　自己採点小計				(20)	

問題番号	設問	解答番号	正解	配点	自己採点
第4問	問1	20	②	3	
	問2	21	④	4	
	問3	22	③	3	
	問4	23	③	3	
		24	⑥	3	
		25	①	4	
第4問　自己採点小計				(20)	
第5問	問1	26	③	4	
	問2	27	①	4	
		28	②	4	
	問3	29	②	4	
		30	④	4	
第5問　自己採点小計				(20)	
自己採点合計				(100)	

第1問　物質の構成，結晶

問1　電子式と構造式

各分子の電子式および構造式は次のようになる。

① 硫化水素 H_2S

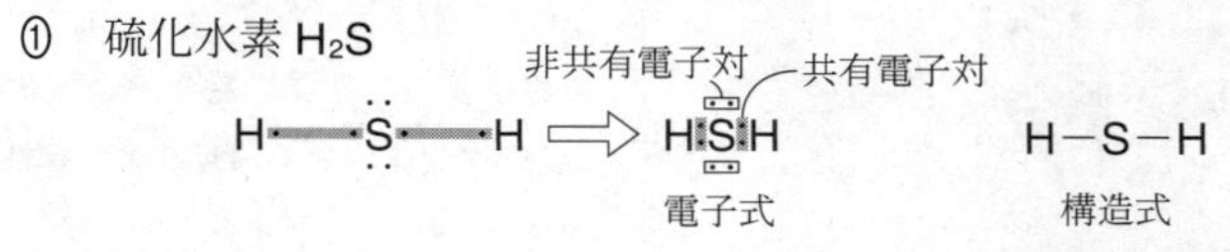

② 窒素 N_2

:N═N: ⟹ :N⋮⋮N:　　N≡N

③ シアン化水素 HCN

H—C═N: ⟹ H:C⋮⋮N:　　H−C≡N

④ エチレン C_2H_4

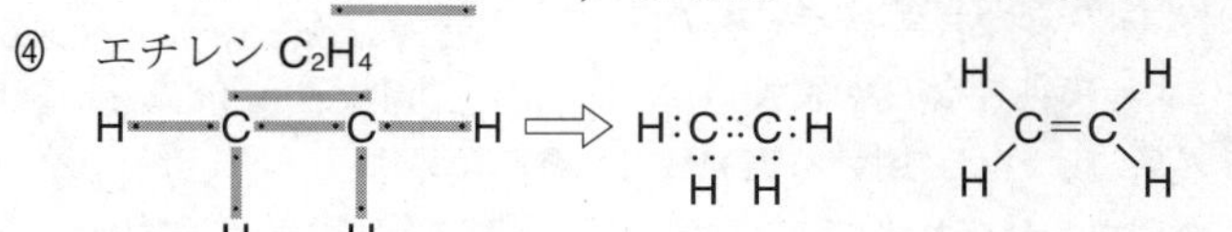

⑤ 二酸化炭素 CO_2

:O═C═O: ⟹ :Ö::C::Ö:　　O=C=O

したがって，三重結合をもち，非共有電子対を2組もつ分子は②の N_2 である。

1 …②

問2　混合物の分離

ア　食塩水を加熱すると，水が蒸発して水蒸気が生じる。その水蒸気を冷却することによって純粋な水(純水)を得ることができる。このような分離操作を蒸留という。蒸留に用いる実験装置は④である。枝付きフラスコ内で沸騰して気体となった水が，リービッヒ冷却器で冷却されて凝縮し，三角フラスコ内にたまる。なお，蒸留で得られた水を蒸留水という。

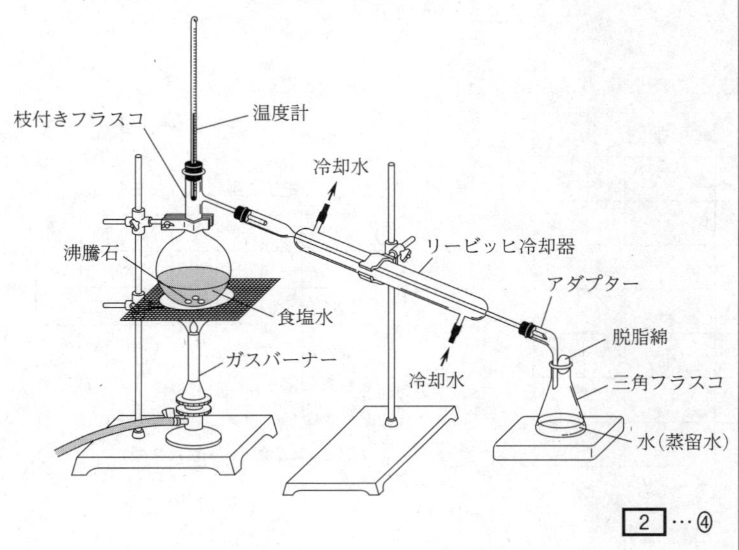

2 …④

共有結合

2個の原子の間で不対電子を出しあって電子対を形成し，これを両方の原子で共有しあう結合。2原子間で共有されている電子対を**共有電子対**といい，1組の共有電子対による結合を**単結合**，2組の共有電子対による結合を**二重結合**，3組の共有電子対による結合を**三重結合**という。また，共有結合に使われていない電子対を**非共有電子対**という。

不対電子

共有結合を形成する前の対になっていない価電子。Hには1個，Cには4個，Nには3個，OとSには2個，FとClには1個の不対電子がある。

電子式

元素記号の周囲に最外殻電子を点(·)で表した化学式。

構造式

原子間の共有電子対を線(価標)で表した化学式。

混合物の分離

混合物から目的の物質を取り出す操作を分離という。分離の方法としては，ろ過，蒸留，分留，再結晶，昇華法，抽出，クロマトグラフィーなどがある。

蒸留

溶液を加熱して沸騰させ，発生した蒸気を冷却して液体にすることで，目的の物質を得る操作。

イ　ヨウ素I_2は昇華しやすい分子結晶である。一方，塩化銀AgClはイオン結晶であり，昇華しにくい。

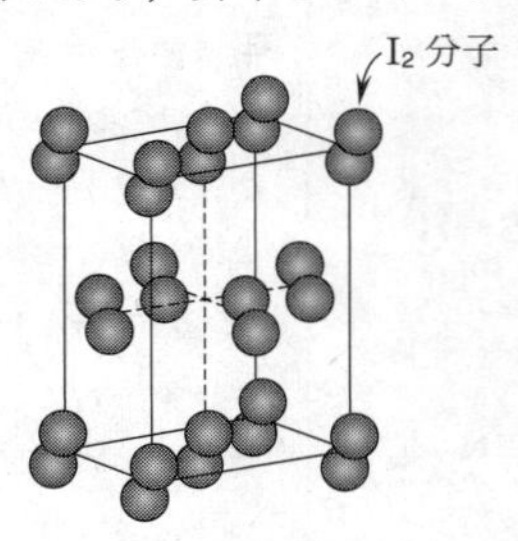

ヨウ素の結晶構造

I_2とAgClの混合物を加熱すると，I_2のみが昇華する。したがって，生じた気体を冷却することによって純粋なI_2を得ることができる。このような分離の方法を昇華法という。用いる実験装置は③であり，気体になったI_2は，冷水を入れた丸底フラスコの底で冷却され，結晶として析出する。

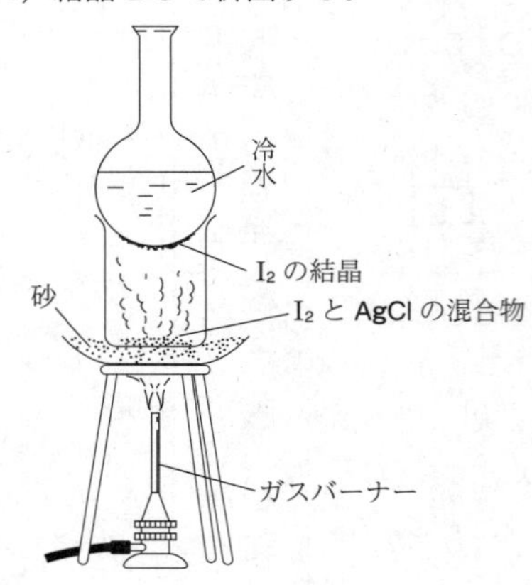

[3]…③

問3　電子配置と元素の性質

原子**a**～**f**の元素と電子配置をまとめると次のようになる。

	元素名と元素記号	電子配置		
		K殻	L殻	M殻
a	水素H	1		
b	ヘリウムHe	2		
c	リチウムLi	2	1	
d	炭素C	2	4	
e	酸素O	2	6	
f	アルミニウムAl	2	8	3

分子結晶

分子が分子間力(ファンデルワールス力や水素結合)で結びついた結晶。融点が低く，軟らかくてもろい。また，電気を導かない。ヨウ素I_2やドライアイスCO_2，ナフタレン$C_{10}H_8$など昇華性を示すものもある。

イオン結晶

陽イオンと陰イオンがイオン結合で結びついた結晶。

例　塩化ナトリウムNaCl，炭酸カルシウム$CaCO_3$，塩化アンモニウムNH_4Cl，塩化銀AgCl

昇華法(昇華)

固体が直接気体になる変化を昇華といい，昇華しやすい物質の固体を，加熱や減圧などの方法で昇華させて分離する操作。

電子殻と電子配置

原子核に近いものから順にK，L，M，N殻，……といい，n番目の電子殻に収容可能な電子の数は$2n^2$個である。

電子殻	K	L	M	N	…
n	1	2	3	4	…
最大電子数	2	8	18	32	…

最外電子殻(最外殻)に入っている電子を**最外殻電子**という。典型元素の原子の最外殻電子の数は，族番号の一の位の数に等しい(ただし，Heは2個)。

a ～ **f** の元素の周期表上での位置は次のようになる。

族／周期	1	2	3～12	13	14	15	16	17	18
1	**a** H								**b** He
2	**c** Li	Be		B	**d** C	N	**e** O	F	Ne
3	Na	Mg		**f** Al	Si	P	S	Cl	Ar
4	K	Ca							

■ 金属元素　□ 非金属元素

① 正しい。原子から電子1個を取り去って，1価の陽イオンにするときに必要なエネルギーをイオン化エネルギー(第一イオン化エネルギー)という。イオン化エネルギーは，周期表で右上の元素ほど大きい傾向がある。**a** ～ **f** の元素のうち，周期表で最も右上にあり，イオン化エネルギーが最も大きいものは，**b** のヘリウム He である。なお，He は，全元素中で最もイオン化エネルギーが大きい。

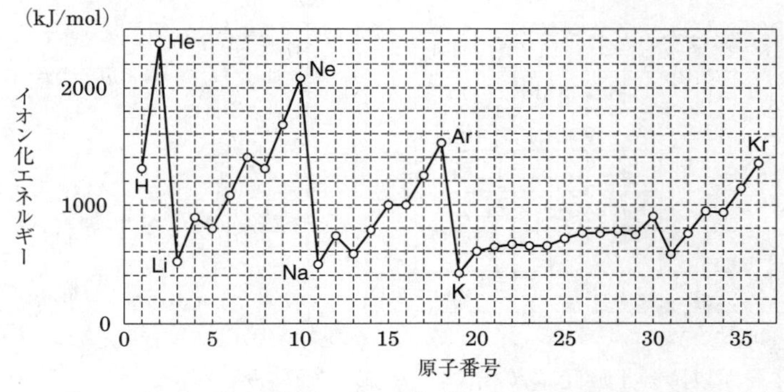

② 正しい。**a** の水素 H の1価の陰イオンである H^- は He と同じ電子配置(K：2)であり，**c** のリチウム Li の1価の陽イオンであるリチウムイオン Li^+ も同じ電子配置である。

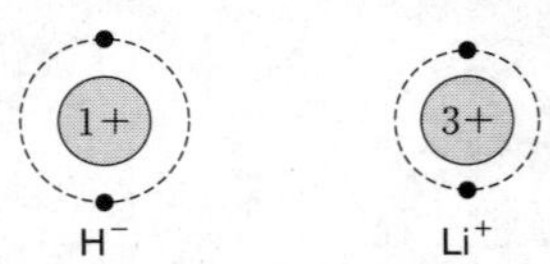

電子配置が同じイオンの場合，原子番号が大きい元素のイオンの方が原子核の正電荷が大きく，原子核が電子を引きつけるクーロン力(静電気力)が強くなるので，イオン半径が小さくなる。よって，イオン半径は $H^- > Li^+$ である。

〔補足〕

H^- は水素化物イオンとよばれ，アルカリ金属の水素化物などに含まれる。たとえば，NaH は水素化ナトリウムとよばれ，ナトリウムイオン Na^+ と H^- からなる化合物である。

③ 正しい。**d** の炭素 C の同素体であるダイヤモンドと黒鉛は，炭素原子どうしが共有結合で次々と結びついた共有結合の結晶である。

イオン化エネルギー(第一イオン化エネルギー)

原子から電子1個を取り去って，1価の陽イオンにするときに必要なエネルギー。イオン化エネルギーが小さい原子ほど陽イオンになりやすい。同一周期では，1族の原子の値が最も小さく，18族の原子の値が最も大きい。

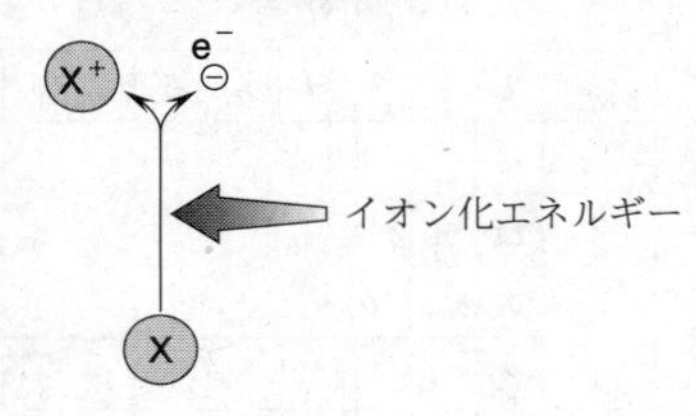

イオンの電子配置

単原子イオンの電子配置は，原子番号が最も近い貴ガスの電子配置と同じ場合が多い。

イオン半径(イオンの大きさ)

同じ電子配置のイオン…原子番号が大きくなるほど小さい。

例：Ne と同じ電子配置のイオン

$O^{2-} > F^- > Na^+ > Mg^{2+} > Al^{3+}$

同じ族のイオン…一般に，原子番号が大きくなるほど大きい。

例：17族元素のイオン

$F^- < Cl^- < Br^- < I^-$

共有結合の結晶(共有結合結晶)

原子が共有結合によって次々と結びついた結晶。(ダイヤモンド C，黒鉛 C，ケイ素 Si，二酸化ケイ素 SiO_2 など)

融点が高く非常に硬い。また，電気を導かない。(黒鉛は軟らかく，電気を導く。また，ケイ素は半導体である。)

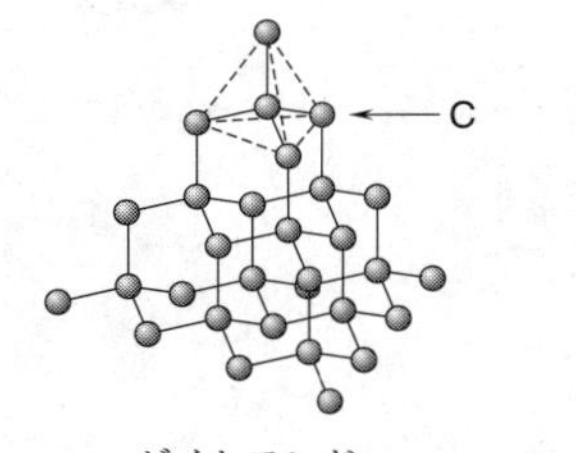

ダイヤモンド

C

黒鉛

④　誤り。**e** の酸素 O は，2 個の電子を受け取って，ネオン原子 Ne と同じ電子配置(K：2，L：8)の酸化物イオン O^{2-} になりやすい。また，**f** のアルミニウム Al は，電子 3 個を失い，Ne 原子と同じ電子配置のアルミニウムイオン Al^{3+} になりやすい。イオンからなる物質では正・負の電荷がつり合い電気的に中性になっている。したがって，**e** と **f** は，O^{2-} と Al^{3+} が 3：2 の数の比でイオン結合した化合物である酸化アルミニウム Al_2O_3 をつくる。

[4]…④

化学結合と物質の種類

非金属元素のみからなる物質

共有結合……分子からなる物質
(ただし，ダイヤモンド，黒鉛，ケイ素，二酸化ケイ素 SiO_2 は共有結合の結晶。また，NH_4Cl，$(NH_4)_2SO_4$ などのアンモニウム塩は，NH_4^+ と陰イオンがイオン結合で結びついたイオン結晶。)

金属元素と非金属元素からなる物質

イオン結合…イオン結晶

金属元素のみからなる物質

金属結合……金属結晶

問 4　単体の融点

第 1～第 5 周期の 1，2，17，18 族元素は次のとおりである。

周期＼族	1	2	3	4	5	6	7	8	9	10	11	12	13	14	15	16	17	18
1	H																	He
2	Li	Be															F	Ne
3	Na	Mg															Cl	Ar
4	K	Ca															Br	Kr
5	Rb	Sr															I	Xe

■ 金属元素　□ 非金属元素

①　正しい。アルカリ金属(第 2 周期以降の 1 族元素)の単体は，金属結合によってできた金属結晶である。金属結合では自由電子が原子どうしを結びつける役割をしている。問題文の図 2 のグラフより，アルカリ金属の単体は，原子番号が大きいほど融点が低くなることがわかる(Li＞Na＞K＞Rb)。これは，原子番号が大きくなると，原子の最外電子殻(最外殻)がより外側の電子殻(Li：L 殻，Na：M 殻，K：N 殻，Rb：O 殻)になるため原子半径が大きくなり，原子核から自由電子までの距離が大きくなることで金属結合が弱くなるからと考えられる。

②　正しい。ハロゲン(17 族元素)の単体は二原子分子であり，その結晶は，分子どうしがファンデルワールス力で結びついた分子結晶である。グラフより，ハロゲンの単体は，原子番号が大きいほど融点が高くなることがわかる($F_2 < Cl_2 < Br_2 < I_2$)。一般に，構造が似た分子の場合，分子量が大きいほどファンデルワールス力が強くはたらく。ハロゲンの単体では，原子番号が大きいほど分子量が大きくなり，ファンデルワールス力が強くなるため融点が高くなる。

③　正しい。図 2 中のアルカリ金属と 2 族の金属元素を同一周

単体の融点・沸点

・アルカリ金属の単体…金属結晶であり，原子番号が大きいほど原子半径が大きく，融点が低い。
・ハロゲン・貴ガスの単体…分子からなり，同族元素では，原子番号が大きいほど分子量が大きく，融点・沸点が高い。
・14 族の炭素とケイ素の単体…共有結合の結晶であり，同周期の元素の単体の中で最も融点が高い。

期で比較すると，2 族の金属元素の方が単体の融点が高い。これは，原子の価電子の数がアルカリ金属が 1 個であるのに対し，2 族の金属元素は 2 個であり，後者の方が原子どうしを結びつける自由電子の数が多くなることが一因である。

④　誤り。図 2 中のハロゲン(17 族元素)と貴ガス(18 族元素)を同一周期で比較すると，貴ガスの方が単体の融点が低い。これは，ハロゲンの単体は二原子分子であるのに対し，貴ガスの単体は単原子分子であり，貴ガスの単体の方が同一周期のハロゲンの単体より分子量が小さく，ファンデルワールス力が弱いためと考えられる。

周期	ハロゲン 分子式(分子量)	貴ガス 分子式(分子量)
2	F_2　(38)	Ne　(20)
3	Cl_2　(71)	Ar　(40)
4	Br_2 (160)	Kr　(84)
5	I_2 (254)	Xe (131)

5 …④

問 5　結晶

a　ナトリウム Na の結晶は体心立方格子であり，下図左のように，その単位格子(立方体)の対角線を通る平面で切断すると，下図右のような断面が得られる。

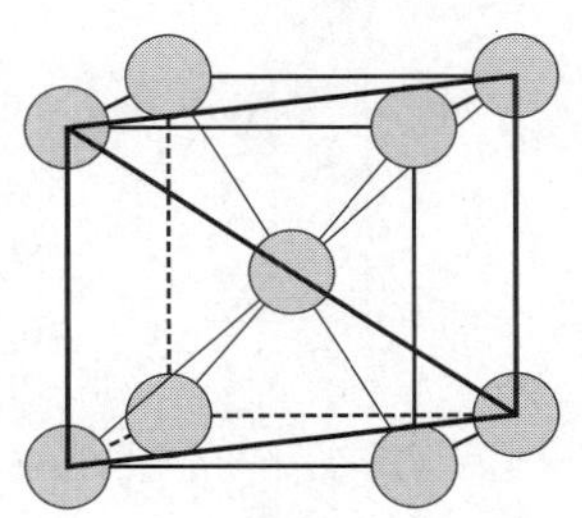

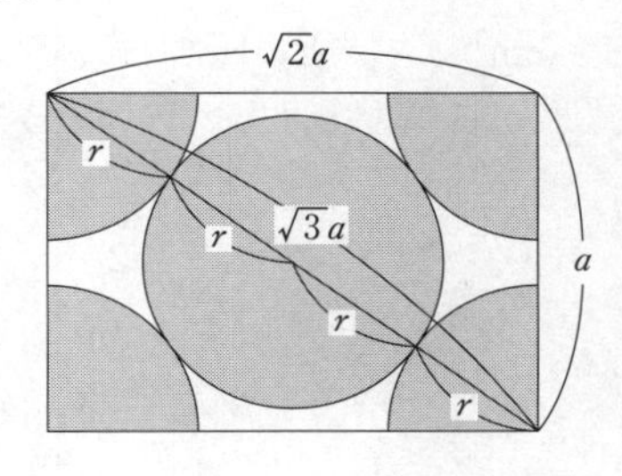

ナトリウム原子 Na の半径を r (nm)とすると，断面の長方形の対角線の長さについて，

$$4r=\sqrt{3}a$$

$$r=\frac{\sqrt{3}}{4}a$$

6 …⑤

b　Na の結晶と塩化ナトリウム NaCl の結晶の単位格子に配置している原子またはイオンを確認すると，単位格子の頂点にある原子およびイオンは $\frac{1}{8}$ 個分，中心にある原子およびイオンは 1 個，面の中心にあるイオンは $\frac{1}{2}$ 個分，辺上にあるイオンは $\frac{1}{4}$ 個分が単位格子に含まれる。

体心立方格子と面心立方格子

体心立方格子では，単位格子の各頂点と立方体の中心に粒子が配列されている。一方，面心立方格子では，単位格子の各頂点と面の中心に粒子が配列されている。

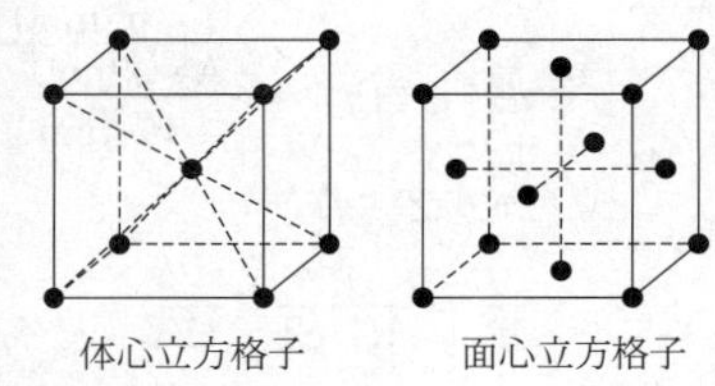

単位格子

結晶中の粒子の空間的な配列構造を結晶格子といい，結晶格子の最小の繰り返し単位を単位格子という。

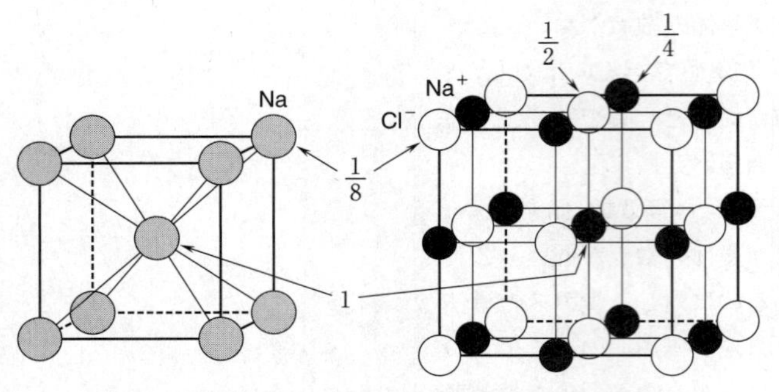

Na の結晶の単位格子に含まれる原子は 2 個である。

$$\frac{1}{8}\times 8+1=2$$

アボガドロ定数を N_{A} (/mol) とし，ナトリウム Na の結晶の単位格子の体積を V (cm^3) とすると，Na(式量 M) の密度 d (g/cm^3) について次の式が成り立つ。

$$d\ (\mathrm{g/cm^3})=\frac{\dfrac{M\ (\mathrm{g/mol})}{N_{\mathrm{A}}\ (\mathrm{/mol})}\times 2}{V\ (\mathrm{cm^3})} \tag{1}$$

結晶の密度

密度(g/cm^3)

$$=\frac{\text{単位格子中の原子の質量の和(g)}}{\text{単位格子の体積(cm}^3)}$$

NaCl の結晶の単位格子に含まれる Na^+ と Cl^- はそれぞれ 4 個である。

Na^+ $\quad \frac{1}{4}\times 12+1=4$

Cl^- $\quad \frac{1}{8}\times 8+\frac{1}{2}\times 6=4$

NaCl の結晶の単位格子の体積を V' (cm^3) とすると，NaCl(式量 M') の密度 d' (g/cm^3) について次の式が成り立つ。

$$d'\ (\mathrm{g/cm^3})=\frac{\dfrac{M'\ (\mathrm{g/mol})}{N_{\mathrm{A}}\ (\mathrm{/mol})}\times 4}{V'\ (\mathrm{cm^3})} \tag{2}$$

式(1)÷式(2)より，

$$\frac{d}{d'}=\frac{M}{M'\times 2}\times\frac{V'}{V}$$

$$\frac{V'}{V}=\frac{2dM'}{d'M}$$

なお，Na(式量 $M=23$) の密度は $d=0.97$ g/cm^3，NaCl(式量 $M'=58.5$) の密度は $d'=2.2$ g/cm^3 であり，これらを代入して計算すると，

$$\frac{V'}{V}=\frac{2\times 0.97\ \mathrm{g/cm^3}\times 58.5\ \mathrm{g/mol}}{2.2\ \mathrm{g/cm^3}\times 23\ \mathrm{g/mol}}=2.24$$

となり，NaCl の結晶の単位格子の一辺の長さを b (nm) とすると，

$$\frac{b\ (\mathrm{nm})}{a\ (\mathrm{nm})}=\left(\frac{V'}{V}\right)^{\frac{1}{3}}=\sqrt[3]{2.24}\fallingdotseq 1.3$$

であることが計算できる。

7 …⑥

第2問　物質の状態，気体，溶液

問1　状態図

純物質の状態は，温度と圧力によって決まる。ある温度・圧力において，その物質がどのような状態にあるかを示した図を状態図という。状態図は，蒸気圧曲線，昇華圧曲線，融解曲線の3本の曲線によって三つの状態(物質の三態)に分けられ，状態**ア**は固体，状態**イ**は液体，状態**ウ**は気体である。

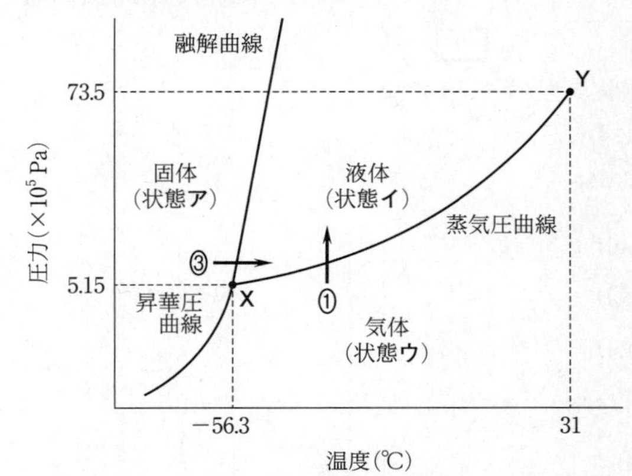

図1　二酸化炭素の状態図

① 正しい。状態**ウ**から状態**イ**への変化は，図中の①の矢印で示されるように，気体から液体への変化であり，凝縮とよばれる。

② 正しい。蒸気圧曲線，融解曲線，昇華圧曲線の3本の曲線が交わる点**X**を三重点といい，固体，液体，気体の三つの状態が共存することができる。なお，三重点より低い圧力では，液体は存在しない。

③ 正しい。図中の③の矢印で示されるように，三重点の圧力より高い圧力のもとで，固体を加熱して温度を高くすると，固体が融解して液体になる。

④ 誤り。融解曲線が右に傾いているので，温度一定のもとで，固体の二酸化炭素を加圧しても，融解曲線と交わることはなく，液体にはならない。なお，三重点(−56.3℃)より高い温度で，液体の二酸化炭素を加圧すると，固体に変化する。

〔参考〕

図中の蒸気圧曲線が途切れた点**Y**は臨界点とよばれ，これを超える温度と圧力のもとでは，物質は液体とも気体とも区別のつかない状態になる。この状態を超臨界状態といい，超臨界状態にある物質を超臨界流体という。

8 …④

問2　気体の法則，混合気体の反応

a　一酸化炭素 CO(分子量 28)，酸素 O_2(分子量 32)の物質量は，

CO　$\dfrac{1.4\ \mathrm{g}}{28\ \mathrm{g/mol}}=0.050\ \mathrm{mol}$

状態図

ある温度・圧力において，その物質がどのような状態であるかを表した図。

物質の三態と状態変化

物質の三態(固体・液体・気体)間の変化を状態変化という。

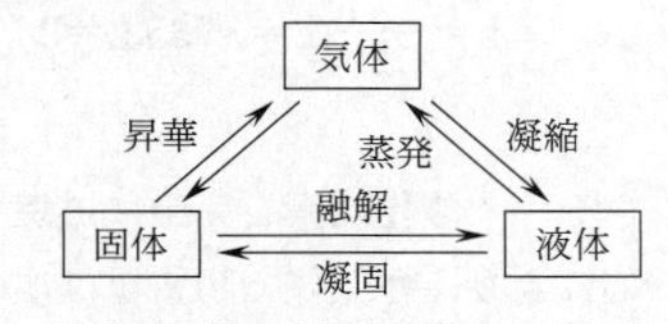

気体→固体の変化を昇華ということもあり，凝華ともいう。

O_2　$\dfrac{3.2\ \text{g}}{32\ \text{g/mol}}=0.10\ \text{mol}$

気体全体の物質量は(0.050 mol＋0.10 mol＝)0.15 mol であり，容積を V(L)とすると，理想気体の状態方程式より，

$$1.0\times10^5\ \text{Pa}\times V\ (\text{L})$$
$$=0.15\ \text{mol}\times8.3\times10^3\ \text{Pa·L/(K·mol)}\times(273+27)\ \text{K}$$
$$V=\frac{7.47}{2}\ \text{L}=3.735\ \text{L}\fallingdotseq3.7\ \text{L}$$

9 …③

b　一酸化炭素を完全に燃焼させると二酸化炭素が生じる。反応により，各気体の物質量は次のように変化する。

	$2CO$ ＋	O_2 ⟶	$2CO_2$	
反応前	0.050	0.10	0	(mol)
変化量	−0.050	−0.025	＋0.050	(mol)
反応後	0	0.075	0.050	(mol)

反応後の気体全体の物質量は，

$$0.075\ \text{mol}+0.050\ \text{mol}=0.125\ \text{mol}$$

反応の前後で，温度と体積が一定であることから，気体の圧力は物質量に比例する。したがって，反応後の容器内の圧力は，

$$1.0\times10^5\ \text{Pa}\times\frac{0.125\ \text{mol}}{0.15\ \text{mol}}=8.33\times10^4\ \text{Pa}\fallingdotseq8.3\times10^4\ \text{Pa}$$

あるいは，反応後の容器内の圧力を p (Pa)として，理想気体の状態方程式より，

$$p\ (\text{Pa})\times\frac{7.47}{2}\ \text{L}$$
$$=0.125\ \text{mol}\times8.3\times10^3\ \text{Pa·L/(K·mol)}\times(273+27)\ \text{K}$$
$$p=8.33\times10^4\ \text{Pa}\fallingdotseq8.3\times10^4\ \text{Pa}$$

〔別解〕

反応の前後で，温度と体積が一定であることから，気体の圧力は物質量に比例する。したがって，各気体の分圧を用いて量的関係を考えることができる。

反応前の CO，O_2 の分圧は，「分圧＝全圧×モル分率」より，

CO　$1.0\times10^5\ \text{Pa}\times\dfrac{0.050\ \text{mol}}{0.15\ \text{mol}}=\dfrac{1.0}{3}\times10^5\ \text{Pa}$

O_2　$1.0\times10^5\ \text{Pa}\times\dfrac{0.10\ \text{mol}}{0.15\ \text{mol}}=\dfrac{2.0}{3}\times10^5\ \text{Pa}$

反応により，各気体の分圧は次のように変化する。

理想気体の状態方程式

理想気体では次の式が成り立つ。

$pV=nRT$

p：圧力，V：体積，n：物質量，T：絶対温度，R：気体定数

混合気体の圧力

全圧　混合気体が示す圧力。

分圧　成分気体が単独で，混合気体と同じ体積を占めたときの圧力。

- 全圧＝分圧の総和(ドルトンの分圧の法則)
- 分圧の比＝物質量の比
- 分圧＝全圧×モル分率
  (モル分率　混合気体全体に対する成分気体の物質量の割合)

$$\begin{array}{lcccl} & 2\,CO & + \quad O_2 & \longrightarrow\ 2\,CO_2 & \\ 反応前 & \frac{1.0}{3} & \frac{2.0}{3} & 0 & (\times 10^5\ Pa) \\ 変化量 & -\frac{1.0}{3} & -\frac{0.50}{3} & +\frac{1.0}{3} & (\times 10^5\ Pa) \\ 反応後 & 0 & \frac{1.5}{3} & \frac{1.0}{3} & (\times 10^5\ Pa) \end{array}$$

反応後の容器内の圧力は，

$$\left(\frac{1.5}{3}+\frac{1.0}{3}\right)\times 10^5\ Pa=\frac{2.5}{3}\times 10^5\ Pa$$
$$=8.33\times 10^4\ Pa \fallingdotseq 8.3\times 10^4\ Pa$$

10 …③

問3　混合気体，気液平衡

容器にエタノール C_2H_5OH と窒素 N_2 の混合物を封入して，温度一定(t(℃))のもとで，容器の容積を16.0 L から徐々に減少させていくと，容積が V(L)になったところでエタノールが凝縮し始めたとする。なお，この条件では窒素は常に気体として存在する。

i　容積が16.0 L～V(L)の間　エタノールはすべて気体であり，気体全体の物質量が一定なので，混合気体の全圧(容器内の圧力)と気体の体積(容器の容積)の間にボイルの法則が成立する。

ii　容積が V(L)になったとき　気体のエタノールの分圧が，t(℃)のエタノールの飽和蒸気圧に等しくなる。

iii　V(L)～2.0 L の間　気体のエタノールの分圧は飽和蒸気圧に等しく，体積によらず一定である。そのため，気体の体積の減少とともに凝縮が進み，気体のエタノールの物質量は減少する。したがって，全圧と気体の体積についてボイルの法則が成立しない。なお，窒素の分圧についてはボイルの法則が成立する。

問題文の表1のデータから，16.0 L ～8.0 L の間は，容器内の圧力と容器の容積の積，すなわち混合気体の全圧と体積の積が等しいので，エタノールはすべて気体であり，上記の i の状態と判断できる。また，図2から，V=8.0 L(ii の状態)であることがわかる。8.0 L ～2.0 L については，全圧と体積についてボイルの法則が成立せず，上記の iii の状態と判断できる。

表　容器の容積，圧力とその積

容器の容積(L)	2.0	4.0	8.0	12.0	16.0
圧力($\times 10^4$ Pa)	12.0	8.0	6.0	4.0	3.0
圧力×容積($\times 10^4$ Pa·L)	24.0	32.0	48.0	48.0	48.0
ボイルの法則	成立しない		成立する		

ボイルの法則

温度一定では，一定物質量の気体の体積 V は圧力 p に反比例する。

pV=一定

気液平衡と蒸気圧

密閉容器内で，単位時間あたりに蒸発する分子の数と凝縮する分子の数が等しくなり，見かけ上，蒸発も凝縮も起こっていない状態を**気液平衡**(蒸発平衡)といい，そのときの蒸気が示す圧力を**蒸気圧**(**飽和蒸気圧**)という。

温度が一定のとき，飽和蒸気圧は一定であり，共存している液体の量や気体の体積に関係しない。また，蒸気の圧力(分圧)がその温度での飽和蒸気圧を超えることはない。

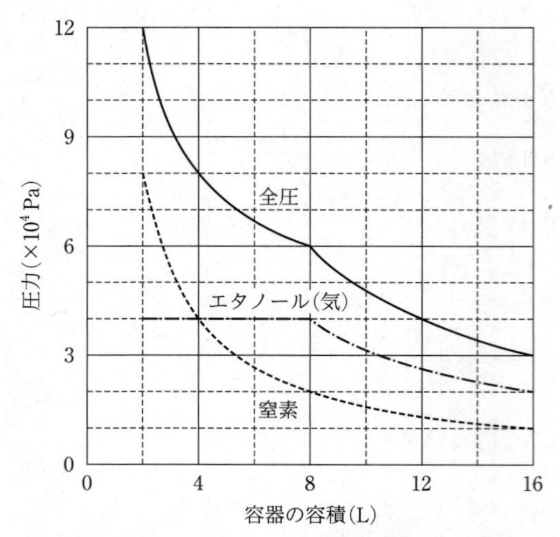

容器の容積と容器内の圧力(全圧)および分圧の関係

① 正しい。ボイルの法則が成り立つので，体積が $\frac{1}{2}$ になると圧力は2倍になる。

② 正しい。容積が16.0Lから8.0Lの間は，エタノールはすべて気体として存在する。

③ 正しい。容積が8.0Lになったとき，エタノールの分圧は t(℃)の飽和蒸気圧に等しくなる。エタノールの飽和蒸気圧を p_{sat}(Pa)とすると，「分圧＝全圧×モル分率」より，

$$p_{sat}=6.0\times10^4\ \mathrm{Pa}\times\frac{2}{2+1}=4.0\times10^4\ \mathrm{Pa}$$

なお，ⅰのデータとⅲのデータから，エタノールの飽和蒸気圧を求めることもできる。

例えば，16.0Lのときの窒素の分圧を p_1(Pa)とすると，「分圧＝全圧×モル分率」より，

$$p_1=3.0\times10^4\ \mathrm{Pa}\times\frac{1}{2+1}=1.0\times10^4\ \mathrm{Pa}$$

また，4.0Lのときの窒素の分圧を p_2(Pa)とすると，ボイルの法則より，

$$1.0\times10^4\ \mathrm{Pa}\times16.0\ \mathrm{L}=p_2\ (\mathrm{Pa})\times4.0\ \mathrm{L}$$

$$p_2=4.0\times10^4\ \mathrm{Pa}$$

4.0Lのときエタノールは気液平衡の状態になっており，気体のエタノールの分圧は飽和蒸気圧 p_{sat}(Pa)に等しい。「全圧＝分圧の和」より，

$$8.0\times10^4\ \mathrm{Pa}=4.0\times10^4\ \mathrm{Pa}+p_{sat}\ (\mathrm{Pa})$$

$$p_{sat}=4.0\times10^4\ \mathrm{Pa}$$

④ 誤り。1.0Lのときの窒素の分圧を p_3(Pa)とすると，③で計算した16.0Lのときの窒素の分圧 1.0×10^4 Paを用いて，ボイルの法則より，

$$1.0\times10^4\ \mathrm{Pa}\times16.0\ \mathrm{L}=p_3\ (\mathrm{Pa})\times1.0\ \mathrm{L}$$

$$p_3=1.6\times10^5\ \mathrm{Pa}$$

気体のエタノールの分圧は飽和蒸気圧 p_{sat} (Pa)に等しいので，容器内の圧力(全圧)は，

$$1.6\times10^5\,\mathrm{Pa}+4.0\times10^4\,\mathrm{Pa}=2.0\times10^5\,\mathrm{Pa}$$

11 …④

問4　溶液

① 誤り。水に溶けたとき電離する物質を電解質，電離しない物質を非電解質という。分子からなる物質のうち，グルコースやエタノール，尿素などは，水に溶けても電離しないので非電解質であるが，塩基であるアンモニア NH_3 は，水に溶けて一部が次のように電離するので，電解質である。

$$NH_3 + H_2O \rightleftarrows NH_4^+ + OH^-$$

なお，分子からなる物質のうち，酸である塩化水素 HCl や酢酸 CH_3COOH なども電解質である。

② 正しい。同じ温度では，不揮発性の溶質を含む溶液の蒸気圧は純溶媒の蒸気圧より低くなる(蒸気圧降下)。したがって，海水は純水より蒸気圧が低く水が蒸発しにくいので，海水でぬれた服は，純水でぬれた服より乾きにくい。

③ 正しい。グルコース水溶液など不揮発性の物質を溶かした水溶液では，沸騰し始めた後も水のみが蒸発するので，徐々に溶液の質量モル濃度が増加し，それに伴って沸点上昇度が増加する。そのため，水溶液の温度は徐々に上昇する。なお，水などの純溶媒では，沸点に達した後は，すべて気体になるまで温度は一定に保たれる。

④ 正しい。溶液の凝固点は純溶媒の凝固点より低い(凝固点降下)。したがって，水にエチレングリコールを溶かした水溶液は，水の凝固点である0℃では凝固しない。なお，水にエチレングリコールを溶かした溶液は不凍液として用いられ，冬季にエンジンの冷却水が凍結するのを防いでいる。

12 …①

問5　浸透圧(逆浸透法)

U字管を半透膜で仕切って，一方に純水，他方に水溶液を同じ高さまで入れると，半透膜を通って水分子が純水側から水溶液側に移動する。この現象を浸透といい，その結果，純水側の液面が下がり，水溶液側の液面が上がる。水の浸透を防ぎ，水と水溶液の液面の高さを等しく保つためには，水溶液側の液面に余分に圧力を加える必要がある。この圧力を溶液の浸透圧という。

電解質と非電解質

物質が水溶液中などで陽イオンと陰イオンに分かれる現象を**電離**といい，水に溶けたとき電離する物質を**電解質**，電離しない物質を**非電解質**という。

蒸気圧降下

不揮発性の溶質を含む溶液の蒸気圧が純溶媒の蒸気圧より低くなる現象。

沸点上昇

不揮発性の溶質を含む溶液の沸点が純溶媒の沸点より高くなる現象。希薄溶液の沸点上昇度 Δt (K)は，溶質粒子の質量モル濃度 m (mol/kg)に比例する。

$$\Delta t=K_bm$$

(K_b (K・kg/mol)：モル沸点上昇　溶媒の種類で決まる比例定数)

凝固点降下

溶液の凝固点が純溶媒の凝固点より低くなる現象。

半透膜

溶液中のある物質は通すが，他の物質は通さない性質をもつ膜。セロハン膜は代表的な半透膜で，水分子は通すが，デンプンなど大きい粒子は通さない。

浸透

溶媒分子が半透膜を通過して，純溶媒側から溶液側に移動する現象。

浸透圧

溶媒分子の浸透を防ぐために溶液側に余分に加える圧力。

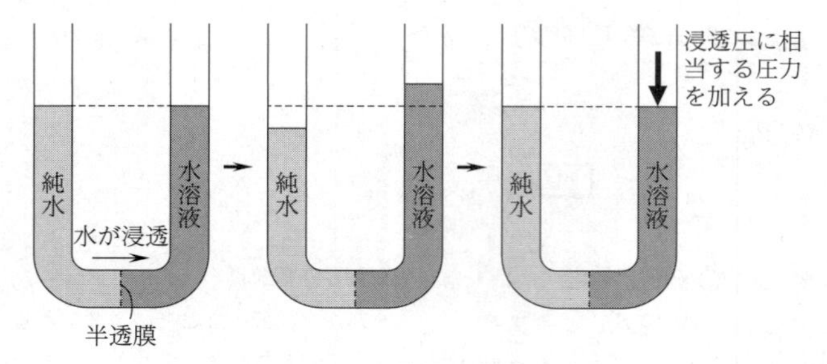

図 **a**

図 **a** の状態から，水溶液側の液面に浸透圧を上回る圧力を加えると，水分子を水溶液側から純水側に移動させることができる。これを逆浸透といい，海水の淡水化などに利用されている。

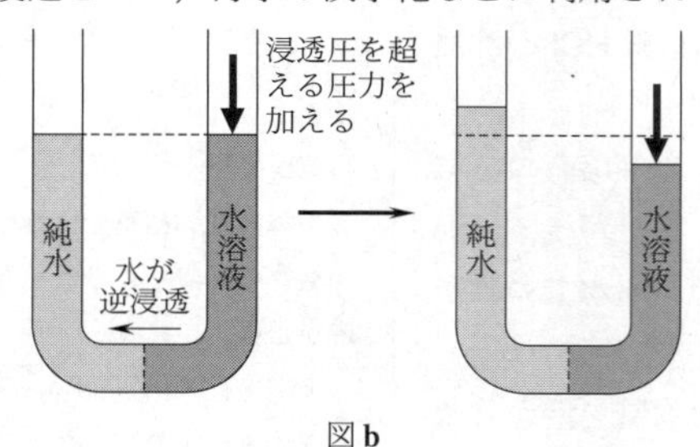

図 **b**

逆浸透により，徐々に溶液の濃度が増加するので，浸透圧が大きくなり，浸透圧が溶液側に余分に加えている圧力と等しくなると，逆浸透が停止する。この**実験**では，0.10 mol/L の塩化ナトリウム水溶液 100 mL から純水 10 mL が取り出された。このときの塩化ナトリウム水溶液の体積は(100 mL－10 mL＝)90 mL *1であり，そのモル濃度を C (mol/L)とすると，水溶液に含まれる塩化ナトリウム NaCl の物質量は変化しないことから，

$$0.10\ \mathrm{mol/L}\times\frac{100}{1000}\ \mathrm{L}=C\ (\mathrm{mol/L})\times\frac{90}{1000}\ \mathrm{L}$$

$$C=\frac{1.0}{9}\ \mathrm{mol/L}$$

NaCl は水溶液中で次のように電離するので，溶質粒子全体のモル濃度は $2C$ (mol/L)になることに留意する。

$$\mathrm{NaCl} \longrightarrow \mathrm{Na^+} + \mathrm{Cl^-}$$

このときの溶液の浸透圧を Π (Pa)とすると，ファントホッフの法則より，

$$\Pi=2\times\frac{1.0}{9}\ \mathrm{mol/L}\times8.3\times10^3\ \mathrm{Pa\cdot L/(K\cdot mol)}\times(273+27)\ \mathrm{K}$$
$$=5.53\times10^5\ \mathrm{Pa}\fallingdotseq5.5\times10^5\ \mathrm{Pa}$$

したがって，この**実験**で水溶液側の液面に加えた圧力は 5.5×10^5 Pa である*2。

なお，水溶液に含まれる NaCl の物質量は変化しないことに着目して，次のように考えることもできる。

0.10 mol/L の塩化ナトリウム水溶液 100 mL に含まれる NaCl

モル濃度

溶液 1 L あたりに溶けている溶質の物質量(mol)で表した濃度。

$$\text{モル濃度(mol/L)}=\frac{\text{溶質の物質量(mol)}}{\text{溶液の体積(L)}}$$

ファントホッフの法則

希薄溶液の浸透圧 Π (Pa)は溶質粒子のモル濃度 c (mol/L)と絶対温度 T (K)に比例する。

$$\Pi=cRT$$

(R (Pa・L/(K・mol))：気体定数)

溶質粒子の物質量を n (mol)，溶液の体積を V (L)とすると，$c=\frac{n}{V}$ より，

$$\Pi V=nRT$$

電解質水溶液の場合は，電解質が電離した後の溶質粒子全体のモル濃度や物質量を用いる。

の物質量は，

$$0.10\ \text{mol/L} \times \frac{100}{1000}\ \text{L} = 0.010\ \text{mol}$$

純水 10 mL が取り出されたときの水溶液の体積は 90 mL であり，ファントホッフの法則より，

$$\Pi\ (\text{Pa}) \times \frac{90}{1000}\ \text{L}$$
$$= 2 \times 0.010\ \text{mol} \times 8.3 \times 10^3\ \text{Pa·L/(K·mol)} \times (273+27)\ \text{K}$$
$$\Pi = 5.53 \times 10^5\ \text{Pa} \fallingdotseq 5.5 \times 10^5\ \text{Pa}$$

*1 厳密には，逆浸透後の塩化ナトリウム水溶液の体積は次のように求められる。

純水，塩化ナトリウム水溶液の密度を 1.0 g/cm^3 としたので，はじめの塩化ナトリウム水溶液 100 mL の質量は (1.0 g/cm^3×100 cm^3=) 100 g であり，逆浸透によって移動した純水の質量は (1.0 g/cm^3×10 cm^3=) 10 g なので，残った塩化ナトリウム水溶液の質量は (100 g−10 g=) 90 g であり，その体積は $\left(\frac{90\ \text{g}}{1.0\ \text{g/cm}^3}=\right)$ 90 cm^3 である。

*2 逆浸透の結果，純水側の液面が上がり，水溶液側の液面が下がるので，液面の高さの差の部分の水柱の圧力が純水側に加わる。したがって，厳密には，この圧力を p (Pa)，水溶液側の液面に加えた圧力を P (Pa) とすると，次の関係が成り立つ。

$$P - p = \Pi$$
$$P = \Pi + p$$

しかし，P，$\Pi \gg p$ が成り立つ場合は，$P = \Pi$ とみなすことができる。

たとえば，U 字管の断面積を 10 cm^2 とすると，純水側が $\left(\frac{10\ \text{cm}^3}{10\ \text{cm}^2}=\right)$ 1.0 cm 上がり，水溶液側が 1.0 cm 下がるので，液面の高さの差は 2.0 cm になる。1 cm の水柱がおよぼす圧力は 98 Pa であることが知られており，この場合，

$$p = 98\ \text{Pa} \times \frac{2.0\ \text{cm}}{1\ \text{cm}} = 1.96 \times 10^2\ \text{Pa}$$

よって，$\Pi \gg p$ であり，$P = \Pi$ とみなすことができる。

13 …④

第3問 反応速度，化学平衡，コロイド

問1 活性化エネルギーと触媒，反応速度

a 触媒を用いると，反応経路が変わり，活性化エネルギーが小さくなる。一方，反応熱は反応物と生成物の種類と状態によって決まり，反応経路によらず一定である(ヘスの法則)。そのため，触媒を用いても反応熱は変化しない。よって，触媒を用いた場合の反応経路とエネルギーの関係は次のようになる。

活性化状態と活性化エネルギー

反応途中のエネルギーの高い不安定な状態を活性化状態といい，反応物を活性化状態にするために必要な最小のエネルギーを活性化エネルギーという。

触媒

反応の前後でそれ自身は変化せず，反応速度を大きくする物質。触媒を用いると反応経路が変わり，活性化エネルギーが小さくなる。

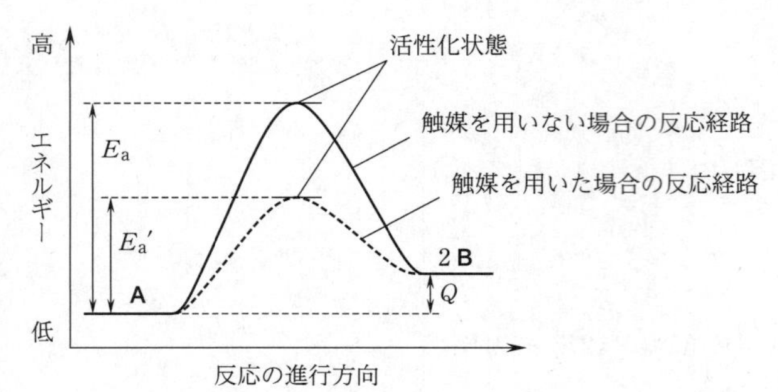

E_a ：触媒を用いない場合の活性化エネルギー
E_a'：触媒を用いた場合の活性化エネルギー
Q ：反応熱

14 …②

b ① 正しい。問題文の図2より，T_1 と T_2 でいずれも A のモル濃度が2倍になると，A の減少速度は(4倍＝)2^2 倍になっている。つまり，A の減少速度は A のモル濃度の2乗に比例するので，$a=2$ である。よって，式(1)の反応の反応速度式は，次のように表される。

$$v=k[\mathrm{A}]^2 \qquad (2)'$$

② 正しい。式(2)′より，反応速度定数 k は，

$$k=\frac{v}{[\mathrm{A}]^2}$$

図2より，T_1 で[A]＝0.010 mol/L のとき，A の減少速度が 1.0×10^{-5} mol/(L･s)なので，T_1 での反応速度定数を k_1 とすると，

$$k_1=\frac{1.0\times10^{-5}\ \mathrm{mol/(L\cdot s)}}{(0.010\ \mathrm{mol/L})^2}=1.0\times10^{-1}\ \mathrm{L/(mol\cdot s)}$$

また，T_2 で[A]＝0.010 mol/L のとき，A の減少速度が 2.5×10^{-5} mol/(L･s)なので，T_2 での反応速度定数を k_2 とすると，

$$k_2=\frac{2.5\times10^{-5}\ \mathrm{mol/(L\cdot s)}}{(0.010\ \mathrm{mol/L})^2}=2.5\times10^{-1}\ \mathrm{L/(mol\cdot s)}$$

よって，

$$\frac{k_2}{k_1}=\frac{2.5\times10^{-1}\ \mathrm{L/(mol\cdot s)}}{1.0\times10^{-1}\ \mathrm{L/(mol\cdot s)}}=2.5$$

なお，$v=k[\mathrm{A}]^a$ (a は定数)と表されるので，A のモル濃度[A]が等しいとき，反応速度定数 k の比は，a の値によらず反応速度 v の比と等しい。たとえば上記のとおり，[A]＝0.010 mol/L のとき，反応開始直後の A の減少速度は T_1 で 1.0×10^{-5} mol/(L･s)，T_2 で 2.5×10^{-5} mol/(L･s)なので，反応速度定数 k_1 に対する k_2 の比の値は，

$$\frac{k_2}{k_1}=\frac{2.5\times10^{-5}\ \mathrm{mol/(L\cdot s)}}{1.0\times10^{-5}\ \mathrm{mol/(L\cdot s)}}=2.5$$

③ 誤り。$k_2=2.5\times10^{-1}$ L/(mol･s)なので，式(2)′より，T_2 で[A]＝0.40 mol/L のときの A の減少速度は，

$$v=2.5\times10^{-1}\ \mathrm{L/(mol\cdot s)}\times(0.40\ \mathrm{mol/L})^2$$

反応速度

単位時間あたりの物質の変化量(多くの場合，モル濃度の変化量)の絶対値。

$$\text{反応速度}=\left|\frac{\text{モル濃度の変化量}}{\text{反応時間}}\right|$$

反応速度式

反応速度と濃度の関係を表す式を反応速度式という。A と B から C が生成する反応 $a\mathrm{A} + b\mathrm{B} \longrightarrow c\mathrm{C}$ では，一般に反応速度式は次のように表される。

$$v = k[\mathrm{A}]^x[\mathrm{B}]^y$$

比例定数 k を反応速度定数といい，温度と触媒の条件が一定であれば，一定の値を示す。また，x, y の値は実験的に決定され，化学反応式の係数とは必ずしも一致しない。

$=4.0\times10^{-2}$ mol/(L·s)

次のように考えることもできる。

図2より，T_2で[A]=0.040 mol/L のとき，A の減少速度は $v=4.0\times10^{-4}$ mol/(L·s)であり，これと比較して，[A]が10倍なので v は 10^2 倍になり，

$$v=4.0\times10^{-4}\ \text{mol/(L·s)}\times10^2=4.0\times10^{-2}\ \text{mol/(L·s)}$$

④ 正しい。反応時間 Δt での A，B のモル濃度の変化量をそれぞれ Δ[A]，Δ[B]とすると，A の減少速度 v_A と B の生成速度 v_B は，それぞれ次の式で表される。

$$v_A=-\frac{\Delta[A]}{\Delta t} \qquad v_B=\frac{\Delta[B]}{\Delta t}$$

式(1)の係数比が A：B=1：2 より，反応によって増加する B の物質量は減少する A の物質量の2倍なので，B の生成速度は A の減少速度の2倍である。つまり，反応物の減少速度および生成物の生成速度の比は，反応式の係数比と等しく，

$$v_A : v_B=1:2$$

図2より，T_1で[A]=0.020 mol/L のとき，A の減少速度は $v_A=4.0\times10^{-5}$ mol/(L·s)である。よって，このときの B の生成速度 v_B は，

$$v_B=4.0\times10^{-5}\ \text{mol/(L·s)}\times2=8.0\times10^{-5}\ \text{mol/(L·s)}$$

〔補足〕

問題文の図2の横軸と縦軸には対数目盛りが用いられている。このようなグラフを両対数グラフという。なお，グラフの一方の軸だけに対数目盛りを用いたものを片(かた)対数グラフという。対数目盛りは，数値 x がその常用対数 $\log_{10} x$ の位置に記された目盛りである。

式(2)の常用対数をとると，次の式が得られる。

$$\log_{10} v=a\log_{10}[A]+\log_{10} k$$

両対数グラフの横軸と縦軸に[A]と v の数値を用いると，グラフはこの式で表される傾き a の直線になる(本問では $a=2$)。

15 …③

問2 化学平衡

a 平衡状態での二酸化硫黄 SO_2 の物質量を a (mol)とすると，三酸化硫黄 SO_3 の物質量は SO_2 の物質量の3倍なので，$3a$ (mol)である。このときの酸素 O_2 の物質量を x (mol)とする。容器の容積は 10 L であり，1000 K では K=290 L/mol であることから，

$$K=\frac{[SO_3]^2}{[SO_2]^2[O_2]}=\frac{\left(\frac{3a\ (\text{mol})}{10\ \text{L}}\right)^2}{\left(\frac{a\ (\text{mol})}{10\ \text{L}}\right)^2\times\frac{x\ (\text{mol})}{10\ \text{L}}}=290\ \text{L/mol}$$

$$x=\frac{9}{29}\ \text{mol}=3.10\times10^{-1}\ \text{mol}\fallingdotseq3.1\times10^{-1}\ \text{mol}$$

16 …⑤

化学平衡の法則

aA + bB + ⋯ ⇄ xX + yY + ⋯

の可逆反応において，平衡定数 K は次の式で表される。

$$K=\frac{[X]^x[Y]^y\cdots}{[A]^a[B]^b\cdots}$$

([ ]：平衡状態における各物質のモル濃度)

平衡定数は，温度が一定ならば一定の値となる。

b

状態Ⅰ→状態Ⅱの変化

容器内の圧力を一定に保って**状態Ⅰ**から温度を高くすると，ルシャトリエの原理より，吸熱反応の方向に平衡が移動する。式(3)の右向きの反応は発熱反応なので，式(3)の平衡は$_{ア}$左向きに移動して**状態Ⅱ**になる。また，**状態Ⅱ**は同じ圧力の**状態Ⅰ**よりも温度が高く，平衡の移動によって気体分子の総数(気体の総物質量)も増加するので，容器の容積は V_1 (L)よりも$_{イ}$大きくなる。なお，理想気体の状態方程式より，圧力一定の条件では，$V=\frac{nRT}{P}=knT\left(k=\frac{R}{P}\text{ は一定}\right)$ と表され，V は nT に比例する。

状態Ⅱ→状態Ⅲの変化

容器内の温度を一定に保って**状態Ⅱ**から容器の容積を小さくして V_1 (L)に戻すと，容器内の圧力が大きくなるので，ルシャトリエの原理より，式(3)の平衡は，気体分子の総数(気体の総物質量)が減少する$_{ウ}$右向きに移動する。

〔補足〕

全体(**状態Ⅰ→状態Ⅲ**の変化)で見ると，体積一定で温度を上げたことになるので，圧力の変化も伴う。**状態Ⅰ→状態Ⅱ**では平衡が左向きに移動し，**状態Ⅱ→状態Ⅲ**では平衡が右向きに移動しているが，通常，体積一定で温度を上げた場合，圧力変化の影響より温度変化の影響の方が大きいことが知られており，**状態Ⅰ→状態Ⅲ**では平衡は吸熱反応の方向である左向きに移動すると考えられる。

ルシャトリエの原理(平衡移動の原理)

一般に，平衡が成立しているときの条件を変えると，その条件変化による影響を緩和する方向に平衡は移動する。

・温度を上げると，吸熱反応の方向に平衡は移動する。

・圧力を高くすると，気体分子の総数(総物質量)が減少する方向に平衡は移動する。

・ある物質の濃度を増加させると，その物質が反応して減少する方向に平衡は移動する。

逆の条件変化に対しては，それぞれ逆の方向に平衡は移動する。

なお，触媒の有無によって平衡は移動しない。

17 …⑦

問3　弱酸の電離平衡

pH 指示薬となる色素 HX(黄色)は，水溶液中で一部が電離してX^-(青色)を生じて平衡状態になる。

$$\underset{(\text{黄色})}{HX} \rightleftarrows H^+ + \underset{(\text{青色})}{X^-} \quad (5)$$

式(5)の可逆反応の電離定数を K_a とすると，K_a は次の式(6)で表される。

$$K_a=\frac{[H^+][X^-]}{[HX]} \quad (6)$$

ルシャトリエの原理より，温度一定で HX を含む水溶液の pH を小さく(水素イオン濃度$[H^+]$を大きく)すると，式(5)の平衡が左に移動し，HX のモル濃度に対するX^-のモル濃度の比が $\frac{[X^-]}{[HX]}\leqq\frac{1}{10}$ になると水溶液の色は黄色を呈する。一方，pH を大きく($[H^+]$を小さく)すると，式(5)の平衡が右に移動し，$\frac{[X^-]}{[HX]}\geqq 10$ になると水溶液の色は青色を呈する。

式(6)より，$\frac{[X^-]}{[HX]}=\frac{K_a}{[H^+]}$ と表されるので，HX の変色域では，

$$\frac{1}{10}<\frac{[X^-]}{[HX]}<10$$

弱酸の電離定数

水溶液中での弱酸 HA の電離定数は次式で表される。

$$K_a=\frac{[H^+][A^-]}{[HA]}$$

($[H^+]$，$[HA]$，$[A^-]$は平衡状態におけるモル濃度(mol/L))

$$\frac{1}{10}<\frac{K_a}{[H^+]}<10$$

である。常用対数をとると，

$$\log_{10}\frac{1}{10}<\log_{10}K_a-\log_{10}[H^+]<\log_{10}10$$

$$-1<\log_{10}K_a+pH<1$$

$$-\log_{10}K_a-1<pH<-\log_{10}K_a+1$$

となる。$K_a=1\times10^{-8}$ mol/L より，$-\log_{10}K_a=8$ であり，変色域は，

$$7<pH<9$$

よって，水溶液の色は pH≦7 では黄色，pH≧9 では青色になる。

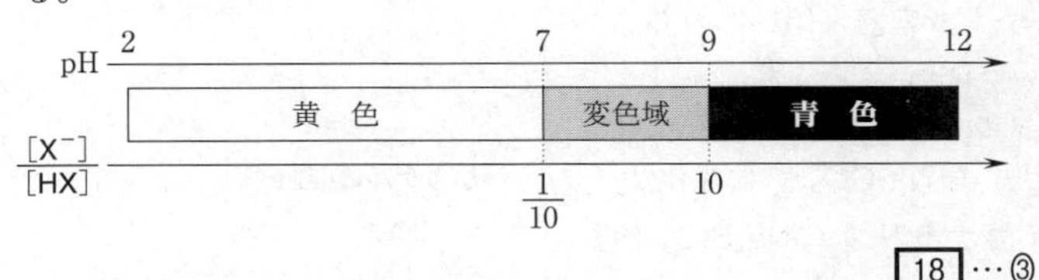

18 …③

水素イオン濃度と pH

$pH=-\log_{10}[H^+]$

$[H^+]=10^{-pH}$ mol/L

問4 コロイド

Ⅰ コロイド溶液に横から強い光を当てると，コロイド粒子が光を散乱させるため，光の通路が明るく輝いて見える。この現象をチンダル現象という。

Ⅱ 親水コロイド(卵白の水溶液など)は，コロイド粒子に多数の水分子が水和しているため，少量の電解質(硫酸アンモニウムなど)を加えても沈殿を生じない。しかし，多量の電解質を加えると，電解質のイオンの水和に水分子が用いられるため，コロイド粒子に水和している水分子が引き離され，コロイド粒子どうしが凝集して沈殿する。この現象を塩析という。

Ⅲ コロイド粒子は水中で正または負に帯電しており，コロイド溶液に直流電圧をかけると，正に帯電しているコロイド粒子は陰極側に，負に帯電しているコロイド粒子は陽極側に移動する。この現象を電気泳動という。なお，水酸化鉄(Ⅲ)$Fe(OH)_3$ のコロイド溶液は赤褐色であり，$Fe(OH)_3$ のコロイド粒子は正に帯電していることが知られている。そのため，電気泳動によって $Fe(OH)_3$ のコロイド粒子は陰極側に移動し，陰極付近の溶液の色が濃くなる。

19 …①

コロイド

直径が 10^{-9} m (1 nm) から 10^{-7} m (100 nm) 程度の粒子をコロイド粒子といい，コロイド粒子が物質中に均一に分散したものをコロイドという。

チンダル現象

コロイド溶液に光線を当てると，光の通路が輝いて見える現象。

凝析

疎水コロイドに少量の電解質を加えると，コロイド粒子が沈殿する現象。

塩析

親水コロイドに多量の電解質を加えると，コロイド粒子が沈殿する現象。

電気泳動

コロイド溶液に直流電圧をかけると，正に帯電したコロイド粒子は陰極に，負に帯電したコロイド粒子は陽極に移動する現象。

第4問　無機物質，化学反応と熱

問1　ケイ素の単体と化合物

① 正しい。ケイ素 Si の単体は天然には存在しない。単体は電気炉中でケイ砂(主成分は二酸化ケイ素 SiO_2)を炭素で還元して得ている。

$$SiO_2 + 2C \longrightarrow Si + 2CO$$

一方，SiO_2 は石英，水晶，ケイ砂などとして天然に多量に存在している。

② 誤り。SiO_2 は塩酸(塩化水素 HCl の水溶液)には溶解しない。なお，フッ化水素酸(フッ化水素 HF の水溶液)には次式のように反応して溶解する。フッ化水素酸は，ガラスの主成分である SiO_2 を溶かすので，保存にはポリエチレン容器が用いられる。

$$SiO_2 + 6HF \longrightarrow \underset{\text{ヘキサフルオロケイ酸}}{H_2SiF_6} + 2H_2O$$

③ 正しい。SiO_2 は，炭酸ナトリウム Na_2CO_3 や水酸化ナトリウム NaOH と高温で反応し，ケイ酸ナトリウム Na_2SiO_3 を生じる。

$$SiO_2 + Na_2CO_3 \longrightarrow Na_2SiO_3 + CO_2$$

$$SiO_2 + 2NaOH \longrightarrow Na_2SiO_3 + H_2O$$

水ガラスは，Na_2SiO_3 に水を加えて加熱すると得られる粘性の大きな液体である。

④ 正しい。水ガラスに塩酸を加えると，ケイ酸 $SiO_2 \cdot nH_2O$ の白色ゲル状沈殿が得られる。

$$Na_2SiO_3 + 2HCl \longrightarrow 2NaCl + H_2SiO_3{}^{*}$$

* ケイ酸は，組成が一定しないので $SiO_2 \cdot nH_2O$ と表され，$n=1$ の場合が H_2SiO_3 である。

ケイ酸を加熱して乾燥させたものがシリカゲルである。シリカゲルは，多孔質の固体で微細な空間が多数あるため，表面に気体分子や色素分子が吸着しやすい。また，表面に親水性のヒドロキシ基(－OH)が多数あるため，特に水蒸気を吸着する力が強く，乾燥剤として用いられる。

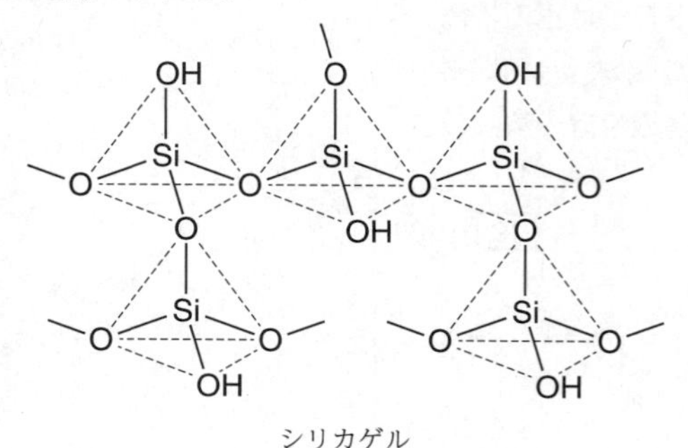

シリカゲル

20 …②

ケイ素の単体

- 共有結合の結晶。天然に存在しない。
- 半導体

二酸化ケイ素

- 共有結合の結晶。石英，水晶，ケイ砂として天然に存在する。
- 酸性酸化物で，高温で炭酸ナトリウムや水酸化ナトリウムと反応させると，ケイ酸ナトリウム Na_2SiO_3 になる。
- フッ化水素酸に溶ける。

シリカゲルの製造

SiO_2
融解 ↓ Na_2CO_3(または NaOH)
Na_2SiO_3
加熱 ↓ 水
水ガラス
↓ 塩酸
$SiO_2 \cdot nH_2O$(ケイ酸)
乾燥 ↓
シリカゲル

問2　気体の発生，乾燥剤

酸性の乾燥剤(十酸化四リン P_4O_{10}，濃硫酸)は，酸性，中性の気体の乾燥に用いることができるが，塩基性の気体の乾燥に用いることはできない。また，濃硫酸は硫化水素 H_2S を酸化するので，H_2S の乾燥にも用いることはできない。

中性の乾燥剤(塩化カルシウム $CaCl_2$)は，ほとんどの気体の乾燥に用いることができる。ただし，$CaCl_2$ はアンモニア NH_3 とは反応するので，NH_3 の乾燥に用いることはできない。

塩基性の乾燥剤(ソーダ石灰，酸化カルシウム CaO)は，塩基性，中性の気体の乾燥に用いることができるが，酸性の気体の乾燥に用いることはできない。

① 適当である。塩化ナトリウム NaCl に濃硫酸を加えて加熱すると，揮発性の塩化水素 HCl が発生する。

$$\underset{\text{揮発性の酸の塩}}{NaCl} + \underset{\text{不揮発性の酸}}{H_2SO_4} \longrightarrow \underset{\text{不揮発性の酸の塩}}{NaHSO_4} + \underset{\text{揮発性の酸}}{HCl}$$

HCl は酸性の気体であり，乾燥剤として $CaCl_2$ を用いることができる。

② 適当である。酸化マンガン(Ⅳ) MnO_2 に濃塩酸を加えて加熱すると，MnO_2 が酸化剤としてはたらき，塩素 Cl_2 が発生する(反応式の下線部の数字は酸化数)。

$$\underset{+4}{\underline{Mn}O_2} + 4\,H\underset{-1}{\underline{Cl}} \longrightarrow \underset{+2}{\underline{Mn}Cl_2} + 2\,H_2O + \underset{0}{\underline{Cl_2}}$$

Cl_2 は酸性の気体であり，乾燥剤として濃硫酸を用いることができる。

③ 適当である。塩化アンモニウム NH_4Cl と水酸化カルシウム $Ca(OH)_2$ の混合物を加熱すると，アンモニア NH_3 が発生する(弱塩基の遊離)。

$$\underset{\text{弱塩基の塩}}{2\,NH_4Cl} + \underset{\text{強塩基}}{Ca(OH)_2} \longrightarrow \underset{\text{強塩基の塩}}{CaCl_2} + 2\,H_2O + \underset{\text{弱塩基}}{2\,NH_3}$$

NH_3 は塩基性の気体であり，乾燥剤としてソーダ石灰を用いることができる。

④ 適当でない。亜硫酸ナトリウム Na_2SO_3 水溶液に希硫酸を加えると，二酸化硫黄 SO_2 が発生する(弱酸の遊離)。

$$\underset{\text{弱酸の塩}}{Na_2SO_3} + \underset{\text{強酸}}{H_2SO_4} \longrightarrow \underset{\text{強酸の塩}}{Na_2SO_4} + H_2O + \underset{\text{弱酸}}{SO_2}$$

SO_2 は，水に溶かすと次のように電離して弱酸性を示す気体である。

$$SO_2 + H_2O \rightleftarrows H^+ + HSO_3^-$$

よって，SO_2 の乾燥剤として CaO を用いることはできない。なお，CaO と SO_2 が反応すると，亜硫酸カルシウム $CaSO_3$ が生じる。

$$CaO + SO_2 \longrightarrow CaSO_3$$

21 …④

酸性の気体

Cl_2，HF，HCl，H_2S，CO_2，NO_2，SO_2 など

中性の気体

H_2，N_2，O_2，CO，NO など

塩基性の気体

NH_3

気体の乾燥剤(×は使用不可の気体)

酸性の乾燥剤：
- P_4O_{10}　× NH_3
- 濃硫酸　× NH_3，H_2S

中性の乾燥剤：$CaCl_2$
- × NH_3

塩基性の乾燥剤：ソーダ石灰*，CaO
- × 酸性の気体

* 酸化カルシウムに濃い水酸化ナトリウム水溶液を染み込ませて焼いた白色粒状の固体(CaO + NaOH)。

問3　鉄，亜鉛，アルミニウム

亜鉛 Zn，アルミニウム Al は両性金属であり，酸の水溶液にも強塩基の水溶液にも反応して溶ける。Zn および Al と塩酸および水酸化ナトリウム NaOH 水溶液との反応は，それぞれ次の化学反応式で表される。

$$Zn + 2HCl \longrightarrow ZnCl_2 + H_2$$

$$2Al + 6HCl \longrightarrow 2AlCl_3 + 3H_2$$

$$Zn + 2NaOH + 2H_2O \longrightarrow Na_2[Zn(OH)_4] + H_2$$

$$2Al + 2NaOH + 6H_2O \longrightarrow 2Na[Al(OH)_4] + 3H_2$$

鉄 Fe は，塩酸には次のように反応して溶けるが，NaOH 水溶液とは反応せず溶けない。

$$Fe + 2HCl \longrightarrow FeCl_2 + H_2$$

一般に，イオン化傾向が非常に小さい白金 Pt，金 Au 以外の金属は，酸化力の強い酸である硝酸 HNO_3 と反応する。しかし，Al と Fe は，希硝酸には反応して溶けるが，濃硝酸には，表面に酸化物の緻密（ちみつ）な被膜をつくり，内部が保護された不動態になるので，溶けない。

よって，Fe，Zn，Al のうち，NaOH 水溶液には溶けるが，濃硝酸には溶けないものは Al である。

22 …③

問4　ナトリウムに関する総合問題

a　①　正しい。アルカリ金属はそれぞれの元素に特有な炎色反応を示し，このうちナトリウム Na は黄色の炎色反応を示す。

②　正しい。Na は空気中の酸素 O_2 や水 H_2O と反応するので，石油(灯油)中に保存する。

$$4Na + O_2 \longrightarrow 2Na_2O$$

$$2Na + 2H_2O \longrightarrow 2NaOH + H_2$$

③　誤り。炭酸ナトリウムNa_2CO_3 や炭酸カリウム K_2CO_3 などのアルカリ金属の炭酸塩は水によく溶ける。なお，炭酸カルシウム $CaCO_3$ や炭酸バリウム $BaCO_3$ などのアルカリ土類金属の炭酸塩は水に溶けにくい。

④　正しい。炭酸水素ナトリウム $NaHCO_3$ は，ベーキングパウダーに用いられ，加熱すると二酸化炭素 CO_2 を発生し，炭酸塩になる。

$$2NaHCO_3 \longrightarrow Na_2CO_3 + H_2O + CO_2$$

23 …③

b　イオン交換膜法では，電解槽の陽極側に塩化ナトリウム NaCl の飽和水溶液を送り込み，陰極側に水を送り込んで電気分解を行う。それぞれの電極では次の反応が起こり，陽極では$_ア$<u>塩素</u> Cl_2，陰極では$_イ$<u>水素</u> H_2 が発生する。

陽極(C)：$2Cl^- \longrightarrow Cl_2 + 2e^-$　(i)

陰極(Fe)：$2H_2O + 2e^- \longrightarrow H_2 + 2OH^-$　(ii)

金属のイオン化傾向

金属の単体が水(水溶液)中で電子を放出し，陽イオンになろうとする性質。

Li＞K＞Ca＞Na＞Mg＞Al ＞Zn＞Fe＞Ni＞Sn＞Pb＞(H_2) ＞Cu＞Hg＞Ag＞Pt＞Au

金属と酸の反応

・イオン化傾向が H_2 より大きい金属…塩酸や希硫酸と反応し，H_2 を発生する。ただし，Pb は表面に水に難溶な $PbCl_2$ や $PbSO_4$ の被膜を生じるため，塩酸や希硫酸にほとんど溶けない。

・Cu，Hg，Ag…塩酸や希硫酸と反応しないが，硝酸や熱濃硫酸とは反応し，希硝酸では NO，濃硝酸では NO_2，熱濃硫酸では SO_2 が発生する。

・Pt，Au…王水(濃硝酸と濃塩酸の体積比 1：3 の混合物)と反応する。

不動態

Al，Fe，Ni は濃硝酸に溶けない。これは，金属表面に緻密な酸化被膜が形成され，内部が保護されるからである。このような状態を不動態という。

炎色反応

ある種の元素を含む物質を炎の中に入れると，その元素に特有の色が現れる。これを炎色反応という。おもな元素の炎色反応は次のとおり。

Li：赤　Na：黄　K：赤紫
Ba：黄緑　Ca：橙赤　Cu：青緑
Sr：紅(深赤)

ナトリウム

・水と激しく反応して H_2 を発生し，水酸化物を生成
・空気中で酸化物を生成
・塩素や酸素と直接反応
・石油(灯油)中に保存

炭酸ナトリウム

・水に溶けて塩基性
・炭酸ナトリウム十水和物：風解性
・工業的製法：アンモニアソーダ法(ソルベー法)

炭酸水素ナトリウム

・水に少し溶けて弱塩基性
・加熱すると分解し CO_2 を発生

全体の化学反応式は，式(i)＋式(ii)の両辺に $2\,Na^+$ を加えて整理すると得られる。

$$\text{全体}: 2\,NaCl + 2\,H_2O \longrightarrow 2\,NaOH + Cl_2 + H_2 \qquad (1)$$

電気分解を行うと，水溶液中ではイオンが移動して電気を運ぶ。このとき，各室の水溶液が電気的に中性(陽イオンの電荷の総和の絶対値＝陰イオンの電荷の総和の絶対値)に保たれるように，陽イオンは陰極側に，陰イオンは陽極側に移動する傾向がある。

式(ii)より，陰極側で水酸化物イオン OH^- が生じるので，これが陽極側に移動せず，ウナトリウムイオン Na^+ が陽極側から陰極側に移動することができるようにエ陽イオン交換膜(陰イオンを通さず，陽イオンだけを通す膜)を用いる。これにより，式(i)の反応で消費された塩化物イオン Cl^- と同物質量の Na^+ が陽極側から陰極側に移動し，陰極側の水溶液を濃縮することによって，純度の高い NaOH を効率よく得ることができる。

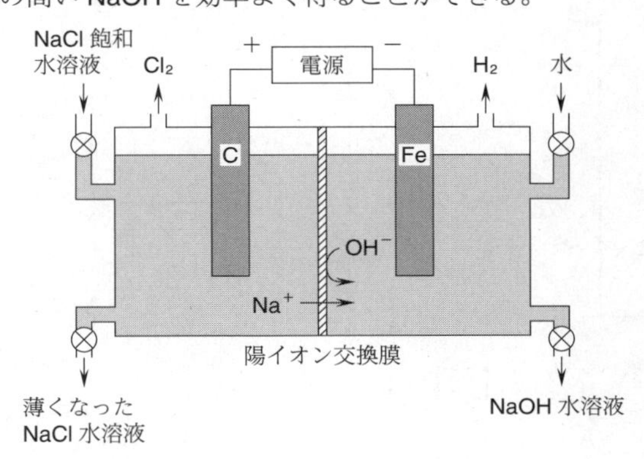

〔参考〕

イオン交換膜法が開発される前に，隔膜法(陽極側と陰極側をアスベスト(石綿)の膜で仕切る方法)とよばれる方法が用いられていた。隔膜法では通過するイオンの種類を制御できないため，次の2点の課題があった。

一つは，式(ii)の反応で生じた OH^- の一部が陰極側から陽極側に移動するため，陽極で生じた Cl_2 と NaOH が次のように反応して消費され，生産効率が悪くなる。

$$2\,NaOH + Cl_2 \longrightarrow NaCl + NaClO + H_2O$$

もう一つは，Cl^- の一部が陽極側から陰極側に拡散するため，陰極側の水溶液を濃縮して得た NaOH には NaCl が混入し，純度が低い。

イオン交換膜法は，これら2点の課題を解決した方法である。

24 …⑥

c　塩化水素 HCl が単体から生成する反応および HCl の水への溶解の熱化学方程式は，それぞれ次の式(4)，(5)のように表される。

$$\frac{1}{2}H_2(\text{気}) + \frac{1}{2}Cl_2(\text{気}) = HCl(\text{気}) + 92\,\text{kJ} \qquad (4)$$

電気分解

電解質の水溶液や融解液に電極を入れ，直流電流を流して酸化還元反応を起こさせること。電解質の水溶液では次の反応が起こる。

陽極…外部電極の正極とつないだ電極。酸化反応が起こる。

・電極が Cu や Ag のとき

1．Cu や Ag がイオンになり溶解する。

・電極が C や Pt のとき

2．ハロゲン化物イオンが酸化され，ハロゲン単体が生成する。

3．H_2O(電解液が酸性，中性のとき)や OH^-(電解液が塩基性のとき)が酸化され，O_2 が発生する。

陰極…外部電極の負極とつないだ電極。還元反応が起こる。

1．電解液中の Ag^+ や Cu^{2+} が還元され Ag や Cu が析出する。

2．H_2O(電解液が中性，塩基性のとき)や H^+(電解液が酸性のとき)が還元され，H_2 が発生する。

イオン交換膜法

NaOH の製法。陽イオン交換膜で電解槽を仕切り，NaCl 水溶液を電気分解すると，陰極側で NaOH が生成する。

生成熱

化合物 1 mol が成分元素の単体(25 ℃，1.013×10^5 Pa で最も安定な同素体)から生成するときに発生または吸収する熱量。

溶解熱

物質 1 mol が多量の溶媒に溶解するときに発生または吸収する熱量。

$HCl(気) + aq = HCl\,aq + 75\,kJ$ (5)

塩酸（HCl の水溶液）と水酸化ナトリウム水溶液の中和反応は，次の熱化学方程式(2)のように表される。

$HCl\,aq + NaOH\,aq = NaCl\,aq + H_2O(液) + 56\,kJ$ (2)

イオン交換膜法における電気分解全体の熱化学方程式(3)は，

$2\,NaCl\,aq + 2\,H_2O(液)$

$= 2\,NaOH\,aq + Cl_2(気) + H_2(気) + Q\,(kJ)$ (3)

式(3)＝－（式(4)＋式(5)＋式(2)）×2 より，

$Q = -(92\,kJ + 75\,kJ + 56\,kJ) \times 2 = -446\,kJ$

なお，式(2)～(5)中の反応物および生成物のもつエネルギーの関係を表したエネルギー図は，次のようになる。

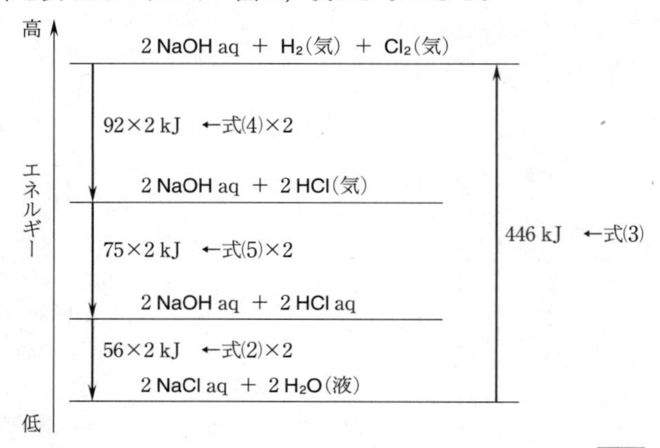

25 …①

第5問　硫酸に関する総合問題

問1　硫酸の工業的製法（接触法）

接触法を利用して，硫黄 S をすべて硫酸 H_2SO_4 に変えるとき，硫黄原子を含む物質に着目すると，変化は次のようにまとめられるので，S 1 mol あたり得られる H_2SO_4 は 1 mol とわかる。

S → 二酸化硫黄 SO_2 → 三酸化硫黄 SO_3 → H_2SO_4

したがって，得られる濃硫酸（質量パーセント濃度が 98 %）の質量を w (kg) とすると，S と H_2SO_4（分子量 98）の物質量について，

$$\frac{16 \times 10^3\,g}{32\,g/mol} = \frac{w \times 10^3\,(g) \times \frac{98}{100}}{98\,g/mol}$$

$w = 50\,kg$

なお，各段階で起こる反応の化学反応式は，次のように表される。

$S + O_2 \longrightarrow SO_2$ (i)

$2\,SO_2 + O_2 \longrightarrow 2\,SO_3$ (ii)

$SO_3 + H_2O \longrightarrow H_2SO_4$ (iii)

接触法

S または FeS_2
↓ O_2
SO_2
↓ O_2（触媒 V_2O_5）
SO_3
↓ H_2O
H_2SO_4

質量パーセント濃度

溶液の質量に対する溶質の質量の割合をパーセントで表した濃度。

質量パーセント濃度（%）

$$= \frac{溶質の質量(g)}{溶液の質量(g)} \times 100$$

また，これらの反応を一つにまとめた化学反応式は，(式(i)×2＋式(ii)＋式(iii)×2)より，

$$2\,S + 3\,O_2 + 2\,H_2O \longrightarrow 2\,H_2SO_4$$

26 …③

問2　濃硫酸の希釈，中和反応の量的関係

a　硫酸 H_2SO_4 の水への溶解熱は非常に大きく，濃硫酸と水を混合すると多量の熱が$_ア$発生するので，濃硫酸に水を加えると，水が沸騰して硫酸が飛散するおそれがあり，危険である。したがって，濃硫酸を希釈する場合，$_イ$冷却しながら$_ウ$水に$_エ$濃硫酸を少しずつ加える。

27 …①

b　H_2SO_4 は2価の酸，水酸化ナトリウム NaOH は1価の塩基であるから，中和反応の量的関係より，

$$2\times c\ (\text{mol/L})\times\frac{10}{1000}\,\text{L}=1\times0.20\ \text{mol/L}\times\frac{20}{1000}\,\text{L}$$

$$c=0.20\ \text{mol/L}$$

密度が $1.8\ \text{g/cm}^3$ の濃硫酸 v (mL)の質量は，$1\ \text{mL}=1\ \text{cm}^3$ より，

$$1.8\ \text{g/cm}^3\times v\ (\text{cm}^3)=1.8v\ (\text{g})$$

この濃硫酸の質量パーセント濃度は98％であるから，この濃硫酸に含まれる H_2SO_4 の質量は，

$$1.8v\ (\text{g})\times\frac{98}{100}=1.8v\times0.98\ (\text{g})$$

であり，その物質量は，

$$\frac{1.8v\times0.98\ (\text{g})}{98\ \text{g/mol}}=0.018v\ (\text{mol})$$

希釈(溶媒を加えて溶液を薄める操作)の前後では，溶液中の溶質の物質量は変化しないので，H_2SO_4 の物質量について次式が成り立つ。

$$0.018v\ (\text{mol})=0.20\ \text{mol/L}\times1.0\ \text{L}$$

$$v=11.1\ \text{mL}\fallingdotseq11\ \text{mL}$$

28 …②

中和反応の量的関係

酸から生じる H^+ の物質量
　＝塩基から生じる OH^- の物質量
　　(塩基が受け取る H^+ の物質量)

したがって，

酸の価数×酸の物質量
　＝塩基の価数×塩基の物質量

問3　硫酸の電離，水溶液の pH

a　硫酸 H_2SO_4 は，水溶液中で次のように二段階で電離する。

$$H_2SO_4 \longrightarrow H^+ + HSO_4^- \qquad (1)$$

$$HSO_4^- \rightleftarrows H^+ + SO_4^{2-} \qquad (2)$$

第一段階の電離は，式(1)で示すように完全に進行する。また，第二段階の電離は，式(2)で示すように完全には進行せず，電離平衡の状態になる。以下では，便宜的に式(1)の電離→式(2)の電離の順に濃度の変化を追うこととする。

C (mol/L)の希硫酸について，式(1)の電離における反応の量的関係は次のように表される。

$$H_2SO_4 \longrightarrow H^+ + HSO_4^-$$

	H_2SO_4	H^+	HSO_4^-	
電離前	C	0	0	(mol/L)
変化量	$-C$	$+C$	$+C$	(mol/L)
電離後	0	C	C	(mol/L)

また，C (mol/L)の希硫酸中の硫酸イオン SO_4^{2-} のモル濃度を x (mol/L)とすると，式(2)の電離における反応の量的関係は次のように表される。

$$HSO_4^- \rightleftarrows H^+ + SO_4^{2-}$$

	HSO_4^-	H^+	SO_4^{2-}	
電離前	C	C	0	(mol/L)
変化量	$-x$	$+x$	$+x$	(mol/L)
平衡時	$C-x$	$C+x$	x	(mol/L)

$C=1.50\times10^{-2}$ mol/L の希硫酸中の水素イオン濃度について，

$$[H^+]=C+x$$
$$=1.50\times10^{-2}\ \text{mol/L}+x\ (\text{mol/L})=2.00\times10^{-2}\ \text{mol/L}$$
$$x=5.0\times10^{-3}\ \text{mol/L}$$

したがって，硫酸水素イオン HSO_4^- のモル濃度は，

$$[HSO_4^-]=C-x$$
$$=1.50\times10^{-2}\ \text{mol/L}-5.0\times10^{-3}\ \text{mol/L}$$
$$=1.00\times10^{-2}\ \text{mol/L}$$

よって，式(3)に各イオンのモル濃度の値を代入して K_a の値を求めると，

$$K_a=\frac{[H^+][SO_4^{2-}]}{[HSO_4^-]}$$
$$=\frac{2.00\times10^{-2}\ \text{mol/L}\times5.0\times10^{-3}\ \text{mol/L}}{1.00\times10^{-2}\ \text{mol/L}}$$
$$=1.0\times10^{-2}\ \text{mol/L}$$

29 …②

b 硫酸水素ナトリウム $NaHSO_4$ は，水溶液中で次のように完全に電離する。

$$NaHSO_4 \longrightarrow Na^+ + HSO_4^- \qquad (4)$$

生じた HSO_4^- の一部は式(2)で示すように電離し，平衡状態になる。

$$HSO_4^- \rightleftarrows H^+ + SO_4^{2-} \qquad (2)$$

ア $NaHSO_4$ 水溶液に気体の塩化水素 HCl を加えると，強酸である HCl の電離によって水素イオン濃度 $[H^+]$ が大きくなる。

$$HCl \longrightarrow \underline{H^+} + Cl^-$$

$$HSO_4^- \rightleftarrows \underline{H^+} + SO_4^{2-}$$

左に平衡移動

したがって，ルシャトリエの原理より，式(2)の平衡は H^+ を減

少させる方向である左に移動するので，硫酸水素イオン濃度 $[HSO_4^-]$ は大きくなる。

イ　$NaHSO_4$ 水溶液に固体の硫酸ナトリウム Na_2SO_4 を加えると，Na_2SO_4 の電離によって硫酸イオン濃度 $[SO_4^{2-}]$ が大きくなる。

$$Na_2SO_4 \longrightarrow 2\,Na^+ + \underline{SO_4^{2-}}$$

$$HSO_4^- \rightleftarrows H^+ + \underline{SO_4^{2-}}$$

左に平衡移動

したがって，ルシャトリエの原理より，式(2)の平衡は SO_4^{2-} を減少させる方向である左に移動するので，$[HSO_4^-]$ は大きくなる。

ウ　$NaHSO_4$ 水溶液に固体の水酸化ナトリウム $NaOH$ を加えると，強塩基である $NaOH$ の電離によって生じた OH^- が H^+ と反応するため，水素イオン濃度 $[H^+]$ が小さくなる。

$$NaOH \longrightarrow Na^+ + \underline{OH^-}$$

$$\underline{H^+} + \underline{OH^-} \longrightarrow H_2O$$

$$HSO_4^- \rightleftarrows \underline{H^+} + SO_4^{2-}$$

右に平衡移動

したがって，ルシャトリエの原理より，式(2)の平衡は H^+ を増加させる方向である右に移動するので，$[HSO_4^-]$ は小さくなる。また，見方を変えて，次の中和反応が進行することで $[HSO_4^-]$ は小さくなり，$[SO_4^{2-}]$ が大きくなると考えることもできる。

$$NaHSO_4 + NaOH \longrightarrow Na_2SO_4 + H_2O$$

$$(HSO_4^- + OH^- \longrightarrow SO_4^{2-} + H_2O)$$

以上より，$NaHSO_4$ 水溶液に加えたときに $[HSO_4^-]$ が大きくなるものは，④（**ア**，**イ**）である。

30 …④

MEMO

第３回　解答・解説

設問別正答率

解答番号　第１問	1	2	3	4	5	6	
配点	3	3	4	4	3	3	
正答率(%)	49.8	53.4	51.8	46.9	37.7	46.2	
解答番号　第２問	7	8	9	10	11	12	
配点	4	2	2	4	4	4	
正答率(%)	22.7	25.3	22.9	25.4	45.8	35.1	
解答番号　第３問	13	14	15	16	17	18	19-21
配点	2	2	3	3	3	3	4
正答率(%)	82.4	56.0	40.9	54.3	44.5	54.0	10.3
解答番号　第４問	22	23	24	25	26	27	28
配点	3	3	3	4	2	2	3
正答率(%)	63.9	48.3	41.8	70.1	64.9	55.9	41.6
解答番号　第５問	29	30	31	32	33		
配点	4	4	4	4	4		
正答率(%)	44.8	47.0	25.5	30.0	38.2		

設問別成績一覧

設問	設　問　内　容	配　点	全　体	現　役	高　卒	標準偏差
合計		100	43.2	41.6	54.3	17.4
1	原子，結晶，気体，希薄溶液	20	9.6	9.2	11.7	5.4
2	熱，溶解度積，電気分解，化学平衡	20	6.1	5.8	8.5	4.8
3	無機物質の性質と反応，沈殿滴定	20	9.0	8.6	11.4	4.5
4	有機化合物の構造，性質と反応	20	11.1	10.7	13.5	5.1
5	カルシウムに関する総合問題	20	7.4	7.2	9.1	4.7

（100点満点）

問題番号	設　問	解答番号	正解	配点	自己採点
第1問	問1	1	⑤	3	
	問2	2	⑥	3	
	問3	3	①	4	
	問4	4	④	4	
	問5	5	②	3	
		6	②	3	
第1問　自己採点小計				(20)	
第2問	問1	7	④	4	
	問2	8	④	2	
		9	②	2	
	問3	10	⑤	4	
	問4	11	②	4	
		12	②	4	
第2問　自己採点小計				(20)	
第3問	問1	13	③	2	
		14	④	2	
	問2	15	③	3	
	問3	16	②	3	
	問4	17	③	3	
	問5	18	⑤	3	
		19	②	4※	
		20	③		
		21	②		
第3問　自己採点小計				(20)	

問題番号	設　問	解答番号	正解	配点	自己採点
第4問	問1	22	②	3	
	問2	23	③	3	
	問3	24	④	3	
		25	③	4	
	問4	26	①	2	
		27	④	2	
		28	②	3	
第4問　自己採点小計				(20)	
第5問	問1	29	③	4	
	問2	30	②	4	
	問3	31	①	4	
		32	②	4	
		33	③	4	
第5問　自己採点小計				(20)	
自己採点合計				(100)	

（注）

※は，全部正解の場合のみ点を与える。

第1問　物質の構成，物質の状態

問1　原子の構造とイオン

原子番号が24，質量数が52であることから，クロム原子 Cr に含まれる陽子の数は24，電子の数も24であり，中性子の数は(52−24＝)28である。

Cr 原子が3価の陽イオン Cr^{3+} になるとき，3個の電子が放出されるので，Cr^{3+} に含まれる電子の数は(24−3＝)21である。また，イオンになっても中性子の数は変化しない。

	原子番号	質量数	陽子の数	電子の数	中性子の数
Cr	24	52	24	24	28
Cr^{3+}	24	52	24	21	28

したがって，Cr^{3+} に含まれる中性子の数と電子の数の差は(28−21＝)7である。

1 …⑤

原子番号と質量数

$^{56}_{26}Fe$ （上：質量数，下：原子番号）

(原子番号)＝(陽子の数)＝(電子の数)

(質量数)＝(陽子の数)＋(中性子の数)

イオン

原子が電子を放出したり，受け取ったりしてできる，陽子の数と電子の数が異なり，電気を帯びた粒子。

原子が電子を放出すると，正の電荷を帯びた陽イオン，電子を受け取ると，負の電荷を帯びた陰イオンになる。

原子が放出したり受け取ったりした電子の数を，イオンの価数という。

問2　結晶の構造，酸化数

図1で示した単位格子中には，頂点に $\frac{1}{8}$ 個，辺の中点に $\frac{1}{4}$ 個ずつのイオンが含まれるので，単位格子に含まれるイオンの数は，次のようになる。

Aの陽イオン(●)　$\frac{1}{8}\times8=1$ (個)

酸化物イオン O^{2-}(○)　$\frac{1}{4}\times12=3$ (個)

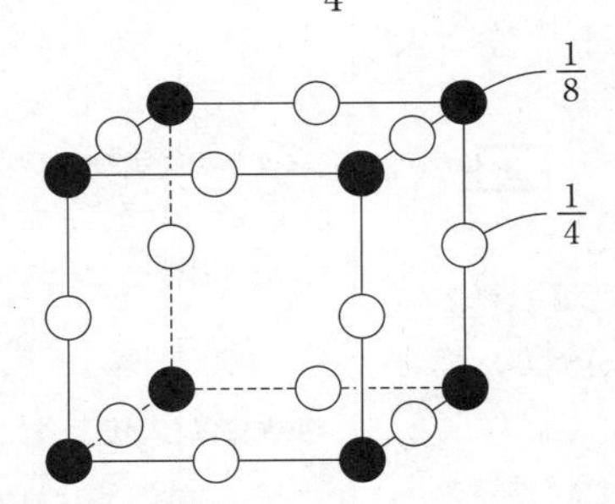

よって，原子Aの元素記号をAとすると，組成式は AO_3 と表される。Oの酸化数が −2であることから，Aの酸化数は +6と求められる。

なお，図1のような結晶構造をとる物質として，酸化レニウム(Ⅵ) ReO_3 がある。ReO_3 は金属の酸化物でありながら，銅と同じ程度の電気伝導性をもつことで注目されている。

2 …⑥

単位格子

結晶中の粒子の空間的な配列構造を結晶格子といい，結晶格子の最小のくり返し単位を単位格子という。

酸化数の決め方

1．単体中の原子：0
2．化合物中のH原子：+1
3．化合物中のO原子：−2
　(ただし，H_2O_2 中では −1)
4．化合物中の原子の酸化数の総和：0
5．単原子イオンの酸化数：イオンの価数に符号をつけた値
6．多原子イオン中の原子の酸化数の総和：イオンの価数に符号をつけた値

問3　気体

気体の分子量をM，質量をw (g)とすると，気体の状態方程式から，wは次のように表される。

$$pV=nRT=\frac{w}{M}RT \qquad w=\frac{MpV}{RT}$$

空気の平均分子量をM_1，ヘリウムの分子量をM_2とすると，空気，ヘリウムの質量はそれぞれ次のように表される。

空気　$w_1=\frac{M_1pV}{RT}$

ヘリウム　$w_2=\frac{M_2pV}{RT}$

w_1 (g) > w_2 (g) + 25 g になると，袋は上昇し始めるので，

$$\frac{M_1pV}{RT}\,(\mathrm{g})>\frac{M_2pV}{RT}\,(\mathrm{g})+25\,\mathrm{g}$$

$$\frac{(M_1-M_2)pV}{RT}>25$$

$$V>25\times\frac{RT}{(M_1-M_2)p}$$

$M_1=29$，$M_2=4.0$，$p=1.0\times10^5$ Pa，$T=(273+27)$ K $=300$ K，$R=8.3\times10^3$ Pa・L/(K・mol)を代入すると，

$$V>25\,\mathrm{g}\times\frac{8.3\times10^3\,\mathrm{Pa\cdot L/(K\cdot mol)}\times300\,\mathrm{K}}{(29-4.0)\,\mathrm{g/mol}\times1.0\times10^5\,\mathrm{Pa}}$$

$$=24.9\,\mathrm{L}\fallingdotseq25\,\mathrm{L}$$

したがって，袋の体積が25 Lを超えると，空気の質量分の浮力が，ヘリウムおよび袋とおもりの質量分の重力を上回り，袋は大気中を上昇する。

理想気体の状態方程式

理想気体では次の式が成り立つ。

$pV=nRT$

p：圧力，V：体積，n：物質量，

T：絶対温度，R：気体定数

3 …①

問4　物質の状態

① 正しい。理想気体では，圧力一定のもとで一定量の気体の体積は絶対温度に比例する(シャルルの法則)。したがって，絶対零度(0 K，−273 ℃)に近づくと，体積は限りなく0に近づく。

なお，実在気体の場合は，分子間力がはたらくので，温度を下げていくと，やがて液体や固体になる。また，分子自身の体積があるので，体積が0になることはない。

② 正しい。0 ℃，1.013×10^5 Pa(標準状態)でのモル体積は，理想気体では22.4 L/molであるが，実在気体では22.4 L/molではなく，少し異なる値になる。無極性分子で分子間にはたらく引力がきわめて弱い水素のモル体積は，ほぼ22.4 L/molであるが，極性分子で分子間にはたらく引力が強いアンモニアのモル体積は，22.4 L/molより小さい。

(参考)　アンモニアのモル体積は22.1 L/molである。

③ 正しい。水の凝固点は0 ℃であるが，グルコース水溶液では凝固点降下が起こるので，その凝固点は0 ℃より低い。したがって，0 ℃に保ちながら氷が浮かんでいる水にグルコースを溶

シャルルの法則

一定圧力で，一定量の気体の体積Vは絶対温度Tに比例する。

$\frac{V}{T}$＝一定

実在気体と理想気体

	理想気体	実在気体
分子間力	はたらかない	はたらく
分子自身の体積	なし	あり
$pV=nRT$	成り立つ	厳密には成り立たない

凝固点降下

溶液の凝固点が純溶媒の凝固点より低くなる現象。希薄溶液の凝固点降下度Δt (K)は溶質粒子の総質量モル濃度m (mol/kg)に比例する。

$\Delta t=K_f m$

(K_f (K・kg/mol)：モル凝固点降下
溶媒の種類で決まる比例定数)

かすと，氷は融解し，やがて氷がなくなり，0℃のグルコース水溶液だけになる。

④ 誤り。ピストン付きの密閉容器に水が気液平衡の状態で封入されているとき，水蒸気の圧力は蒸気圧(p_0とする)に等しい。温度一定のもとでピストンを押し込んで体積を小さくしても，気液平衡の状態は保たれるので，水蒸気の圧力はp_0に等しく，変化しない。このとき，温度と圧力はピストンを押し込む前と等しいが，体積が減少しているので，水蒸気の物質量は減少しており，その分，液体の水の物質量は増加する。

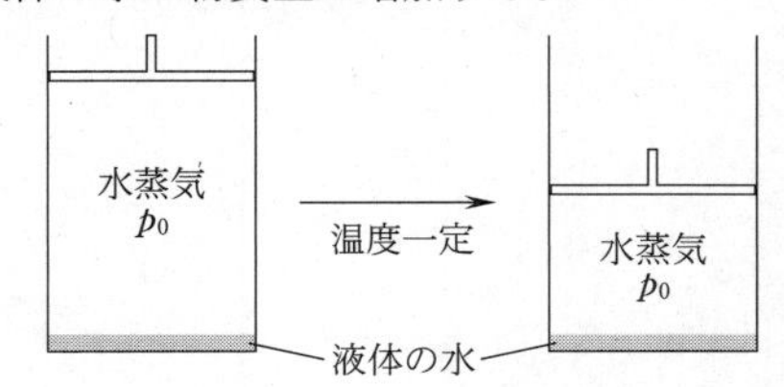

4 …④

気液平衡と蒸気圧

密閉容器に液体を入れて放置すると，液体の表面から蒸発が起こり，やがて単位時間あたりに蒸発する分子の数と凝縮する分子の数が等しくなり，見かけ上，蒸発も凝縮も起こっていない状態になる。これを**気液平衡**といい，このとき蒸気が示す圧力を**蒸気圧**(**飽和蒸気圧**)という。

問5　蒸気圧降下，沸点上昇

a　塩化ナトリウム NaCl，硝酸カルシウム $Ca(NO_3)_2$ はいずれも電解質であり，水溶液中でそれぞれ次のように電離する。

$NaCl \longrightarrow Na^+ + Cl^-$

$Ca(NO_3)_2 \longrightarrow Ca^{2+} + 2\,NO_3^-$

0.100 mol/kg の NaCl 水溶液および 0.100 mol/kg の $Ca(NO_3)_2$ 水溶液中のイオン全体の総質量モル濃度は，それぞれ，

NaCl 水溶液　0.100×2 mol/kg

$Ca(NO_3)_2$ 水溶液　0.100×3 mol/kg

100℃での NaCl 水溶液の蒸気圧降下の度合いは，

1013 hPa − 1009 hPa = 4 hPa

蒸気圧降下の度合いは，水溶液中のイオン全体の総質量モル濃度に比例するので，$Ca(NO_3)_2$ 水溶液の蒸気圧降下の度合いを Δp (hPa)とすると，

4 hPa : Δp (hPa) = 0.100×2 mol/kg : 0.100×3 mol/kg

$\Delta p = 6$ hPa

よって，$Ca(NO_3)_2$ 水溶液の蒸気圧は，

1013 hPa − 6 hPa = 1007 hPa

5 …②

b　純水と NaCl 水溶液の蒸気圧曲線は，100℃付近の狭い温度領域では平行な直線とみなせることから，その傾きは等しい。したがって，温度の増加分に対する蒸気圧の増加量の割合が等しい。純水では，温度が 99℃から 100℃，すなわち 1 K 高くなると，蒸気圧は(1013 − 977 =)36 hPa 増加する。

0.100 mol/kg の NaCl 水溶液の沸点上昇度を Δt (K)とすると，温度が Δt (K)高くなると，蒸気圧は(1013 − 1009 =)4 hPa 増加する。

蒸気圧降下

溶質が不揮発性物質の場合，溶液の蒸気圧が純溶媒の蒸気圧より低くなる現象。希薄溶液の蒸気圧降下の度合いは，溶液中の溶質粒子の総質量モル濃度に比例する。

質量モル濃度

溶媒 1 kg あたりに溶けている溶質の物質量(mol)で表した濃度。

$$\text{質量モル濃度(mol/kg)} = \frac{\text{溶質の物質量(mol)}}{\text{溶媒の質量(kg)}}$$

沸点上昇

溶質が不揮発性物質の場合，溶液の沸点が純溶媒の沸点より高くなる現象。希薄溶液の沸点上昇度 Δt (K)は溶質粒子の総質量モル濃度 m (mol/kg)に比例する。

$$\Delta t = K_b m$$

(K_b (K・kg/mol)：モル沸点上昇
溶媒の種類で決まる比例定数)

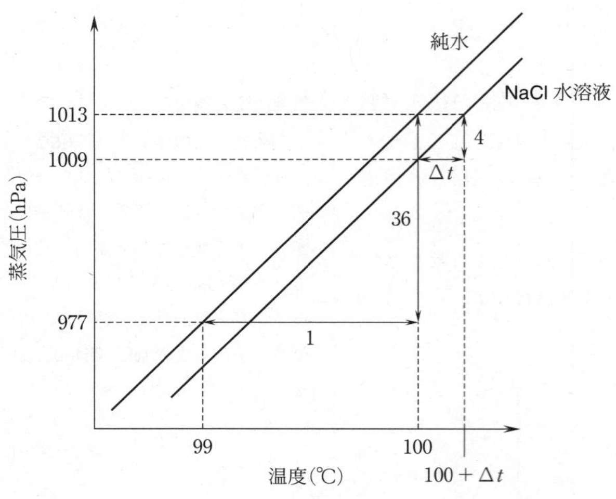

したがって，

$$\frac{36\,\mathrm{hPa}}{1\,\mathrm{K}}=\frac{4\,\mathrm{hPa}}{\Delta t\,(\mathrm{K})}$$

$$\Delta t=0.111\,\mathrm{K}$$

よって，NaCl 水溶液の沸点は 100.111 ℃≒100.11 ℃ である。

6 …②

第2問　物質の変化と平衡

問1　化学反応とエネルギー

エチレンと水からエタノールが生じる反応の熱化学方程式は，式(1)で表される。

$$C_2H_4(気) + H_2O(液) = C_2H_5OH(液) + Q\,\mathrm{kJ} \quad (1)$$

表1中の各化合物の気体の生成熱を表す熱化学方程式は，それぞれ次の式(a)～式(c)で表される。

$$2\,C(黒鉛) + 2\,H_2(気) = C_2H_4(気) - 52\,\mathrm{kJ} \quad (a)$$

$$H_2(気) + \frac{1}{2}O_2(気) = H_2O(気) + 242\,\mathrm{kJ} \quad (b)$$

$$2\,C(黒鉛) + 3\,H_2(気) + \frac{1}{2}O_2(気) = C_2H_5OH(気) + 235\,\mathrm{kJ} \quad (c)$$

また，表2中の各化合物の蒸発熱を表す熱化学方程式は，それぞれ次の式(d)，式(e)で表される。

$$H_2O(液) = H_2O(気) - 44\,\mathrm{kJ} \quad (d)$$

$$C_2H_5OH(液) = C_2H_5OH(気) - 42\,\mathrm{kJ} \quad (e)$$

H_2O(液)の生成熱を表す熱化学方程式は，式(b)−式(d)より，

$$H_2(気) + \frac{1}{2}O_2(気) = H_2O(液) + 286\,\mathrm{kJ} \quad (f)$$

C_2H_5OH(液)の生成熱を表す熱化学方程式は，式(c)−式(e)より，

$$2\,C(黒鉛) + 3\,H_2(気) + \frac{1}{2}O_2(気) = C_2H_5OH(液) + 277\,\mathrm{kJ} \quad (g)$$

生成熱

化合物 1 mol が成分元素の単体(25 ℃，1.013×10^5 Pa で最も安定な同素体)から生成するときに発生または吸収する熱量。

蒸発熱

1 mol の液体が蒸発するときに吸収される熱量。

ヘスの法則

物質が変化するときの反応熱は，変化の前後の物質の種類と状態だけで決まり，変化の経路や方法には関係しない。

この法則を用いると，実験では測定することが困難な反応熱を，計算によって求めることができる。

式(1)＝－式(a)－式(f)＋式(g)より，

$$Q=-(-52\,\mathrm{kJ})-286\,\mathrm{kJ}+277\,\mathrm{kJ}=43\,\mathrm{kJ}$$

(別解)

式(1)に(反応熱)＝(生成物の生成熱の総和)－(反応物の生成熱の総和)の関係を適用する。

式(f)より，H_2O(液)の生成熱は286 kJ/molであり，式(g)より，C_2H_5OH(液)の生成熱は277 kJ/molであるから，

$$Q=277\,\mathrm{kJ}-\{(-52\,\mathrm{kJ})+286\,\mathrm{kJ}\}=43\,\mathrm{kJ}$$

なお，式(1)，式(a)～式(e)中の反応物および生成物のもつエネルギーの関係を表したエネルギー図は，次のようになる。

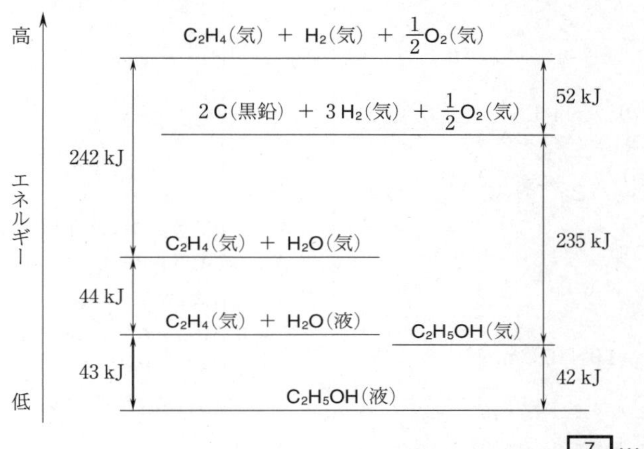

7 …④

反応熱と生成熱の関係

反応熱＝(生成物の生成熱の総和)
－(反応物の生成熱の総和)

問2　溶解度積

硫酸ナトリウム Na_2SO_4 水溶液と塩化バリウム $BaCl_2$ 水溶液を混合すると，次式で示す反応が起こり，硫酸バリウム $BaSO_4$ の沈殿が生じる。

$$Na_2SO_4 + BaCl_2 \longrightarrow BaSO_4 + 2\,NaCl$$

2.0×10^{-2} mol/L の Na_2SO_4 水溶液 50 mL と 4.0×10^{-2} mol/L の $BaCl_2$ 水溶液 50 mL に含まれる Na_2SO_4，$BaCl_2$ の物質量はそれぞれ，

$$Na_2SO_4\quad 2.0\times10^{-2}\,\mathrm{mol/L}\times\frac{50}{1000}\,\mathrm{L}=1.0\times10^{-3}\,\mathrm{mol}$$

$$BaCl_2\quad 4.0\times10^{-2}\,\mathrm{mol/L}\times\frac{50}{1000}\,\mathrm{L}=2.0\times10^{-3}\,\mathrm{mol}$$

よって，混合したときの反応の量的関係は次のように表される。

	Na_2SO_4	＋	$BaCl_2$	⟶	$BaSO_4$	＋	2 NaCl
反応前	1.0×10^{-3}		2.0×10^{-3}		0		0
変化量	-1.0×10^{-3}		-1.0×10^{-3}		$+1.0\times10^{-3}$		$+2.0\times10^{-3}$
反応後	0		1.0×10^{-3}		1.0×10^{-3}		2.0×10^{-3}

(単位：mol)

反応後の水溶液について，$BaSO_4$ は水に難溶であり，溶解度は小さい。また，$BaCl_2$ を含む水溶液では，共通イオン効果により，溶解度はさらに小さくなる。

$$BaCl_2 \longrightarrow \underline{Ba^{2+}} + 2Cl^-$$

$$BaSO_4 \rightleftarrows \underline{Ba^{2+}} + SO_4^{2-}$$

左に平衡移動

したがって，$BaSO_4$ の溶解によって生じるバリウムイオン Ba^{2+} は，$BaCl_2$ の電離によって生じる Ba^{2+} に比べて無視できるほど少ないので，この水溶液中の Ba^{2+} の物質量は 1.0×10^{-3} mol とみなすことができる。(注)

よって，この水溶液中の Ba^{2+} のモル濃度は，

$$[Ba^{2+}]=\frac{1.0\times10^{-3}\,\text{mol}}{\frac{100}{1000}\,\text{L}}=1.0\times10^{-2}\,\text{mol/L}$$

$BaSO_4$ は溶解平衡の状態にあり，$K_{sp}=[Ba^{2+}][SO_4^{2-}]$ が成り立つので，

$$[SO_4^{2-}]=\frac{K_{sp}}{[Ba^{2+}]}=\frac{1.0\times10^{-10}\,(\text{mol/L})^2}{1.0\times10^{-2}\,\text{mol/L}}=1.0\times10^{-8}\,\text{mol/L}$$

(注)　$BaCl_2$ の電離によって生じる Ba^{2+} のモル濃度は 1.0×10^{-2} mol/L である。溶解した $BaSO_4$ のモル濃度を x(mol/L)とすると，水溶液中の Ba^{2+} のモル濃度 $[Ba^{2+}]$，および SO_4^{2-} のモル濃度 $[SO_4^{2-}]$ は，次式のように表される。

$$[Ba^{2+}]=(1.0\times10^{-2}+x)\,(\text{mol/L})$$

$$[SO_4^{2-}]=x\,(\text{mol/L})$$

$[SO_4^{2-}]=1.0\times10^{-8}$ mol/L $(=x)$ より，$x \ll 1.0\times10^{-2}$ mol/L であり，$[Ba^{2+}] \fallingdotseq 1.0\times10^{-2}$ mol/L とみなすことができる。

8 …④，9 …②

問3　アルミナの溶融塩電解

アルミニウム Al はイオン化傾向が大きく，アルミニウムイオン Al^{3+} は水 H_2O より還元されにくいので，Al^{3+} を含む水溶液を電気分解しても，単体を得ることができない。そのため，Al の単体は，工業的にはボーキサイトの精製によって得られるアルミナ(酸化アルミニウム Al_2O_3)を，融解した氷晶石(主成分 Na_3AlF_6)に溶かして電気分解(溶融塩電解)することでつくられている。このとき，各電極で起こる反応は，次の式(2)～式(4)で表される。

陰極　$Al^{3+} + 3e^- \longrightarrow Al$　(2)

陽極　$C + O^{2-} \longrightarrow CO + 2e^-$　(3)

　　　$C + 2O^{2-} \longrightarrow CO_2 + 4e^-$　(4)

陰極で得られた Al(式量 27)の質量が 9.0 トン(＝9.0×10^6 g)のとき，式(2)より，回路を流れた電子 e^- の物質量は，

共通イオン効果

ある電解質の水溶液に，その電解質を構成するイオンと同じイオンを生じる別の電解質を加えると，平衡の移動が起こり，もとの電解質の溶解度や電離度が小さくなる現象。

溶解度積

A^{m+} と B^{n-} からなる難溶性の塩 A_nB_m が式(i)の溶解平衡にあるとき，その溶解度積 K_{sp} は式(ii)で表される。

$A_nB_m \rightleftarrows nA^{m+} + mB^{n-}$　(i)

$K_{sp}=[A^{m+}]^n[B^{n-}]^m$　(ii)

K_{sp} の値は，温度が一定であれば常に一定である。

溶融塩電解(融解塩電解)

塩などを融解した状態で電気分解すること。水溶液の電気分解では得ることができないイオン化傾向の大きい金属の単体を得ることができる。

$$\frac{9.0\times10^6\ \text{g}}{27\ \text{g/mol}}\times3=1.0\times10^6\ \text{mol}$$

このとき，陽極で消費された炭素C(式量12)の質量は4.8トン($=4.8\times10^6$ g)であり，その物質量は，

$$\frac{4.8\times10^6\ \text{g}}{12\ \text{g/mol}}=0.40\times10^6\ \text{mol}$$

陽極で発生した一酸化炭素COと二酸化炭素CO_2の物質量をそれぞれx (mol)，y (mol)とすると，式(3)，式(4)より，回路を流れたe^-の物質量は$2x+4y$ (mol)と表されるので，

$$2x+4y\ (\text{mol})=1.0\times10^6\ \text{mol} \qquad \text{(a)}$$

また，式(3)，式(4)より，陽極で消費されたCの物質量は$x+y$ (mol)と表されるので，

$$x+y\ (\text{mol})=0.40\times10^6\ \text{mol} \qquad \text{(b)}$$

式(a)，式(b)より，

$$x=0.30\times10^6\ \text{mol},\ y=0.10\times10^6\ \text{mol}$$

以上より，求めるCOとCO_2の物質量の比は，

$$CO : CO_2=0.30\times10^6\ \text{mol} : 0.10\times10^6\ \text{mol}=3:1$$

10 …⑤

問4　化学平衡と平衡の移動

窒素N_2と水素H_2からアンモニアNH_3が生成する反応は，次の式(5)で表される可逆反応である。

$$N_2(気)\ +\ 3H_2(気)\ \rightleftarrows\ 2NH_3(気) \qquad (5)$$

a　図1より，温度を低くすると，平衡状態におけるNH_3の体積百分率が大きくなることから，このとき平衡はNH_3が生成する式(5)の正反応の方向(右)に移動すると判断できる。ルシャトリエの原理より，温度を低くすると，平衡は発熱反応の方向に移動するので，式(5)の正反応は発熱反応とわかる。したがって，式(6)中の ア に当てはまる記号は「＋」である。

ルシャトリエの原理より，温度を一定に保って圧力を高くすると，平衡は気体の総分子数(気体の総物質量)が減少する方向，すなわち，式(5)の正反応の方向(右)に移動する(注)ので，平衡状態におけるNH₃の体積百分率は大きくなる。

(注)　式(5)において，(左辺の気体分子の係数の和)＝1＋3＝4，(右辺の気体分子の係数)＝2であるから，式(5)の正反応(右向きの反応)は，気体の総分子数(気体の総物質量)が減少する反応である。

同じ温度で比較すると，平衡状態におけるNH_3の体積百分率は，圧力が高いほど大きくなるので，温度と平衡状態におけるNH_3の体積百分率の関係を表すグラフは，1.0×10^7 Paのときが**B**，6.0×10^7 Paのときが**A**とわかる。

ルシャトリエの原理(平衡移動の原理)

一般に，平衡が成立しているときの条件を変えると，その条件変化による影響を緩和する方向に平衡が移動する。

・温度を上げると，吸熱反応の方向に平衡は移動する。
・圧力を高くすると，気体の総分子数(総物質量)が減少する方向に平衡は移動する。
・ある物質の濃度を増加させると，その物質が反応して減少する方向に平衡は移動する。

逆の条件変化に対しては，それぞれ逆の方向に平衡は移動する。

なお，触媒の有無によって，平衡は移動しない。

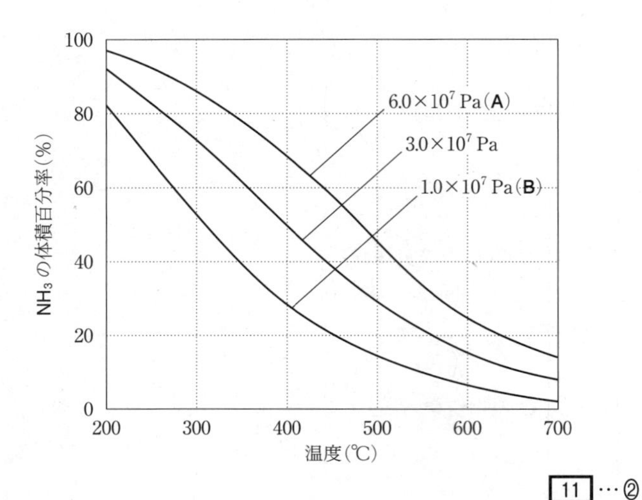

11 …②

b　封入した N_2 の物質量を a (mol)とすると，封入した H_2 の物質量は $3a$ (mol)と表される。平衡状態に到達するまでに減少した N_2 の物質量を x (mol)とすると，反応の量的関係は次のように表される。

	N_2(気) ＋	$3H_2$(気) ⇄	$2NH_3$(気)	気体全体
反応前	a	$3a$	0	$4a$
変化量	$-x$	$-3x$	$+2x$	$-2x$
平衡時	$a-x$	$3(a-x)$	$2x$	$4a-2x$

(単位：mol)

平衡状態における NH_3 の体積百分率(＝物質量百分率)が 20 % であるから，

$$\frac{NH_3(\text{気})}{\text{気体全体}}\quad \frac{2x\ (\text{mol})}{4a-2x\ (\text{mol})}=\frac{20}{100}$$

$$x=\frac{1}{3}a$$

よって，平衡状態における N_2，H_2，NH_3，および気体全体の物質量は，

N_2　$a-x=a-\frac{1}{3}a=\frac{2}{3}a$

H_2　$3(a-x)=3\times\frac{2}{3}a=2a\left(=\frac{6}{3}a\right)$

NH_3　$2x=2\times\frac{1}{3}a=\frac{2}{3}a$

気体全体　$4a-2x=4a-\frac{2}{3}a=\frac{10}{3}a$

したがって，平衡状態における N_2，H_2 および NH_3 のモル分率は，それぞれ 0.20，0.60，0.20 である。

なお，平衡状態における N_2，H_2 および NH_3 のモル分率は次のように求めることもできる。封入した N_2 と H_2 の物質量の比が 1：3 であり，変化する N_2 と H_2 の物質量の比も 1：3 であるから，平衡状態における N_2 と H_2 の物

混合気体の組成

同温・同圧では，気体の体積は物質量に比例する。したがって，混合気体中の各気体の体積比＝物質量比の関係が成り立つ。

質量の比は1：3である。よって，平衡状態におけるN_2，H_2およびNH_3の体積百分率(＝物質量百分率)は，

N_2　$(100-20)\times\frac{1}{1+3}=20$ %

H_2　$(100-20)\times\frac{3}{1+3}=60$ %

NH_3　20 %

したがって，平衡状態におけるN_2，H_2およびNH_3のモル分率は，それぞれ0.20，0.60，0.20である。

分圧＝全圧×モル分率より，平衡状態におけるN_2，H_2およびNH_3の分圧は，

$$p_{N_2}=2.5\times10^7\ \mathrm{Pa}\times0.20=0.50\times10^7\ \mathrm{Pa}$$
$$p_{H_2}=2.5\times10^7\ \mathrm{Pa}\times0.60=1.50\times10^7\ \mathrm{Pa}$$
$$p_{NH_3}=2.5\times10^7\ \mathrm{Pa}\times0.20=0.50\times10^7\ \mathrm{Pa}$$

以上より，

$$K_p=\frac{{p_{NH_3}}^2}{p_{N_2}{p_{H_2}}^3}$$
$$=\frac{(0.50\times10^7\ \mathrm{Pa})^2}{0.50\times10^7\ \mathrm{Pa}\times(1.50\times10^7\ \mathrm{Pa})^3}$$
$$=\frac{4}{27}\times10^{-14}\ \mathrm{Pa}^{-2}$$
$$=1.48\times10^{-15}\ \mathrm{Pa}^{-2}\fallingdotseq1.5\times10^{-15}\ \mathrm{Pa}^{-2}$$

12 …②

化学平衡の法則

$a\mathrm{A}+b\mathrm{B}+\cdots \rightleftarrows x\mathrm{X}+y\mathrm{Y}+\cdots$

の可逆反応において，平衡定数Kは次の式で表される。

$$K=\frac{[\mathrm{X}]^x[\mathrm{Y}]^y\cdots}{[\mathrm{A}]^a[\mathrm{B}]^b\cdots}$$

([ ]：平衡状態における各物質のモル濃度)

平衡定数は，温度が一定であれば濃度や圧力が異なっても一定の値である。なお，気体の反応では，モル濃度の代わりに，各成分気体の分圧を用いた**圧平衡定数**K_pも用いられる。

第3問　無機物質

問1　非金属元素

Ⅰ　元素**ア**と**イ**，**ウ**と**エ**は，それぞれ同族元素である。**ア**～**エ**のうち，窒素Nとリン P は15族，酸素Oと硫黄Sは16族に属する。

Ⅱ　N，O，P，Sの単体のうち，常温で淡黄色の固体で，空気中で自然発火するため水中で保存するものは，黄リンP_4である。よって，**ア**はP，**イ**はNである。

Ⅲ　N，O，P，Sの単体のうち，常温で淡青色の気体で，強い酸化作用を示すものはオゾンO_3である。よって，**ウ**はO，**エ**はSである。

なお，O_3は酸化剤として次のようにはたらく。

(酸性)　$O_3 + 2H^+ + 2e^- \longrightarrow O_2 + H_2O$

(中性・塩基性)　$O_3 + H_2O + 2e^- \longrightarrow O_2 + 2OH^-$

13 …③，14 …④

同素体

同じ元素からなる単体で性質が異なるものどうしを互いに同素体という。

C(ダイヤモンド，黒鉛，フラーレン)

O(酸素O_2，オゾンO_3)

P(黄リンP_4，赤リン)

S(斜方硫黄，単斜硫黄，ゴム状硫黄)

問2　塩素の単体と化合物

①　正しい。ハロゲンの単体の酸化力は，原子番号が小さくなるほど強くなるので，酸化力は$Cl_2>I_2$である。したがって，塩素Cl_2をヨウ化カリウムKI水溶液に通じると，ヨウ素I_2が生じる。

ハロゲンの単体

	色	状態	酸化力
F_2	淡黄色	気体	強
Cl_2	黄緑色	気体	↑
Br_2	赤褐色	液体	↓
I_2	黒紫色	固体	弱

$$Cl_2 + 2KI \longrightarrow 2KCl + I_2$$

生じたI_2は，水には溶けにくいが，ヨウ化物イオンI^-が溶けている水溶液には次の反応により三ヨウ化物イオンI_3^-となって溶け，水溶液は褐色になる。

$$I_2 + I^- \rightleftarrows I_3^-$$

② 正しい。塩化水素 HCl とアンモニア NH_3 が反応すると，塩化アンモニウム NH_4Cl が生じる。この NH_4Cl(固)の微粒子が白煙として観察される。

$$HCl + NH_3 \longrightarrow NH_4Cl$$

③ 誤り。塩素酸カリウム $KClO_3$ と酸化マンガン(Ⅳ) MnO_2 の混合物を加熱すると，酸素 O_2 が発生する。このとき，MnO_2 は触媒としてはたらいている。

$$2KClO_3 \longrightarrow 2KCl + 3O_2$$

なお，MnO_2 を触媒として用いた O_2 の発生には，過酸化水素 H_2O_2 水に MnO_2 を加える反応もある。

$$2H_2O_2 \longrightarrow 2H_2O + O_2$$

④ 正しい。塩化カルシウム $CaCl_2$ は，水に溶けるとき発熱する。また，凝固点降下により，$CaCl_2$ 水溶液の凝固点が純水の凝固点よりも低くなることから，融雪剤や凍結防止剤として用いられる。

15 …③

問3　気体の発生と酸化還元反応

酸化還元反応では，原子間で電子が授受されるので，反応前後で酸化数が変化する原子を含む。

ア　イオン化傾向が水素 H_2 より大きい亜鉛 Zn を希硫酸(H_2SO_4 の水溶液)に加えると，Zn が酸化され，H_2 が発生する。

$$\underline{Zn} + \underline{H}_2SO_4 \longrightarrow \underline{Zn}SO_4 + \underline{H}_2$$

酸化数　0　+1　+2　0

イ　硫化鉄(Ⅱ) FeS に希硫酸を加えると，硫化水素 H_2S が発生する。(弱酸の遊離)

$$\underset{\text{弱酸の塩}}{FeS} + \underset{\text{強酸}}{H_2SO_4} \longrightarrow \underset{\text{強酸の塩}}{FeSO_4} + \underset{\text{弱酸}}{H_2S}$$

ウ　銅 Cu に濃硫酸を加えて加熱すると，熱濃硫酸の強い酸化作用によって Cu が酸化され，二酸化硫黄 SO_2 が発生する。

$$\underline{Cu} + 2H_2\underline{S}O_4 \longrightarrow \underline{Cu}SO_4 + 2H_2O + \underline{S}O_2$$

酸化数　0　+6　+2　+4

エ　ギ酸に濃硫酸を加えて加熱すると，濃硫酸の脱水作用によって一酸化炭素 CO が発生する。

$$HCOOH \longrightarrow H_2O + CO$$

以上より，酸化還元反応が起こる操作は，**ア**，**ウ**である。なお，単体を含む反応(単体が化合物に，あるいは化合物が単体に変化する反応)は，酸化還元反応である。

酸化と還元

	酸化	還元
O 原子	結びつく	失う
H 原子	失う	結びつく
電子	失う	得る
酸化数	増加する	減少する

弱酸の遊離

弱酸の塩 ＋ 強酸
⟶ 強酸の塩 ＋ 弱酸

濃硫酸の性質

・不揮発性
・吸湿性
・脱水作用
・強い酸化作用(熱濃硫酸)

16 …②

問4　クロム

①　正しい。硫酸で酸性にした過酸化水素 H_2O_2 水に二クロム酸カリウム $K_2Cr_2O_7$ 水溶液を加えると，$K_2Cr_2O_7$ は式(1)のように酸化剤として，H_2O_2 は式(2)のように還元剤としてはたらき，酸素 O_2 が発生する。

$$Cr_2O_7^{2-} + 14H^+ + 6e^- \longrightarrow 2Cr^{3+} + 7H_2O \quad (1)$$

$$H_2O_2 \longrightarrow O_2 + 2H^+ + 2e^- \quad (2)$$

なお，式(1)＋式(2)×3より，この反応のイオン反応式は，

$$Cr_2O_7^{2-} + 8H^+ + 3H_2O_2 \longrightarrow 2Cr^{3+} + 7H_2O + 3O_2$$

②　正しい。硝酸バリウム $Ba(NO_3)_2$ 水溶液にクロム酸カリウム K_2CrO_4 水溶液を加えると，クロム酸バリウム $BaCrO_4$ の黄色沈殿が生じる。

$$Ba^{2+} + CrO_4^{2-} \longrightarrow \underset{黄色沈殿}{BaCrO_4}$$

③　誤り。クロム酸カリウム K_2CrO_4 水溶液に水酸化ナトリウム NaOH 水溶液を加えても，変化は起こらない。

なお，クロム酸イオン CrO_4^{2-} を含む水溶液を酸性にすると，二クロム酸イオン $Cr_2O_7^{2-}$ が生じ，水溶液の色が黄色から赤橙色に変化する。

$$\underset{黄色}{2CrO_4^{2-}} + 2H^+ \longrightarrow \underset{赤橙色}{Cr_2O_7^{2-}} + H_2O$$

また，$Cr_2O_7^{2-}$ を含む水溶液を塩基性にすると，CrO_4^{2-} が生じ，水溶液の色が赤橙色から黄色に変化する。

$$\underset{赤橙色}{Cr_2O_7^{2-}} + 2OH^- \longrightarrow \underset{黄色}{2CrO_4^{2-}} + H_2O$$

④　正しい。ステンレス鋼は，鉄 Fe にクロム Cr やニッケル Ni などを添加した合金である。さびにくく，調理器具や医療器具として用いられる。

17 …③

問5　塩化物イオンの定量(沈殿滴定)

a　問題に記されたフォルハルト法の原理をもとに**実験**をまとめると，次のようになる。

操作Ⅰ　塩化物イオン Cl^- を含む水溶液(溶液X)に，過剰量の硝酸銀 $AgNO_3$ 水溶液を加えると，Cl^- はすべて反応し，塩化銀 AgCl の$_{ア}$<u>白</u>色沈殿が生じる。

$$Cl^- + Ag^+ \longrightarrow AgCl \quad (1)$$

操作Ⅱ　**操作Ⅰ**で生じた AgCl をろ別した後，ろ液に含まれる未反応の銀イオン Ag^+ の量を次のようにして調べている。

ろ液に指示薬として硫酸アンモニウム鉄(Ⅲ) $FeNH_4(SO_4)_2$ 水溶液を加えた後，チオシアン酸カリウム KSCN 水溶液を滴下していくと，はじめはチオシアン酸銀 AgSCN の白色沈殿が生じ

酸化剤・還元剤

酸化剤　相手を酸化する物質。自身は還元され，酸化数の減少する原子が含まれる。

還元剤　相手を還元する物質。自身は酸化され，酸化数の増加する原子が含まれる。

CrO_4^{2-} で沈殿するイオン

Ba^{2+}($BaCrO_4$：黄色)，

Pb^{2+}($PbCrO_4$：黄色)，

Ag^+(Ag_2CrO_4：赤褐色)

おもな合金

黄銅(真ちゅう)(Cu－Zn)
加工しやすく美しい。楽器，硬貨。

青銅(ブロンズ)(Cu－Sn)
硬くて美しい。美術工芸品，硬貨。

ステンレス鋼(Fe－Cr－Ni)
さびにくい。台所用品，工具。

ジュラルミン(Al－Cu－Mg－Mn)
軽くて強い。航空機の機体。

Cl^- で沈殿するイオン

Ag^+(AgCl：白色)，

Pb^{2+}($PbCl_2$：白色)

る。

$$Ag^+ + SCN^- \longrightarrow AgSCN \qquad (2)$$

すべての Ag^+ が沈殿すると，鉄(Ⅲ)イオン Fe^{3+} がチオシアン酸イオン SCN^- と反応し，溶液が$_{イ}$<u>血赤色</u>に変化する。この滴定では，ここを終点とする。

18 …⑤

b **操作Ⅰ**で加えた 0.0200 mol/L の $AgNO_3$ 水溶液 15.0 mL 中の Ag^+ は，一部が**操作Ⅰ**の式(1)の反応で Cl^- と物質量比 1：1 で反応し，残りが**操作Ⅱ**の式(2)の反応で SCN^- と物質量比 1：1 で反応している。

溶液 **X** 中の Cl^- のモル濃度を x (mol/L) とすると，**X** 10.0 mL 中の Cl^-，加えた 0.0200 mol/L の $AgNO_3$ 水溶液 15.0 mL 中の Ag^+，滴定の終点までに滴下した 0.0100 mol/L の KSCN 水溶液 7.00 mL 中の SCN^- の物質量はそれぞれ，

Cl^- $\quad x\,(\mathrm{mol/L})\times\dfrac{10.0}{1000}\,\mathrm{L}$

Ag^+ $\quad 0.0200\,\mathrm{mol/L}\times\dfrac{15.0}{1000}\,\mathrm{L}$

SCN^- $\quad 0.0100\,\mathrm{mol/L}\times\dfrac{7.00}{1000}\,\mathrm{L}$

(加えた Ag^+ の物質量)＝(**X** 中の Cl^- と反応した Ag^+ の物質量)＋(滴下した SCN^- と反応した Ag^+ の物質量) が成り立つので，

加えた Ag^+ $\;0.0200\,\mathrm{mol/L}\times\dfrac{15.0}{1000}\,\mathrm{L}$

X 中の Cl^- $\;x\,(\mathrm{mol/L})\times\dfrac{10.0}{1000}\,\mathrm{L}$ ｜ 滴下した SCN^- $\;0.0100\,\mathrm{mol/L}\times\dfrac{7.00}{1000}\,\mathrm{L}$

$$0.0200\,\mathrm{mol/L}\times\frac{15.0}{1000}\,\mathrm{L} = x\,(\mathrm{mol/L})\times\frac{10.0}{1000}\,\mathrm{L} + 0.0100\,\mathrm{mol/L}\times\frac{7.00}{1000}\,\mathrm{L}$$

$$x = 2.3\times10^{-2}\,\mathrm{mol/L}$$

19 …②，20 …③，21 …②

第4問　有機化合物

問1　脂肪族炭化水素

① 正しい。直鎖状のアルカン C_nH_{2n+2} では，炭素数が多くなるほど分子量が大きくなり，分子間にはたらくファンデルワールス力が強くなるため，沸点は高くなる傾向がある。したがって，メタン CH_4 とプロパン C_3H_8 では，C_3H_8 の方が沸点は高い。

(参考)　直鎖状のアルカンの沸点

CH_4：−161 ℃，C_2H_6：−89 ℃，C_3H_8：−42 ℃，

C_4H_{10}：−0.5 ℃，C_5H_{12}：36 ℃，C_6H_{14}：69 ℃

鉄イオンの反応

Fe^{2+} ＋ $[Fe(CN)_6]^{3-}$ ⇒濃青色沈殿

Fe^{3+} ＋ $[Fe(CN)_6]^{4-}$ ⇒濃青色沈殿

Fe^{3+} ＋ SCN^- ⇒血赤色水溶液

② 誤り。アセトアルデヒド CH_3CHO を酸化してもエチレン C_2H_4 は得られない。

一方，C_2H_4 を塩化銅(Ⅱ)$CuCl_2$ と塩化パラジウム(Ⅱ)$PdCl_2$ を触媒として酸素 O_2 で酸化すると，CH_3CHO が得られる。

$$2\,CH_2{=}CH_2 + O_2 \longrightarrow 2\,CH_3{-}\underset{\underset{\displaystyle O}{\|}}{C}{-}H$$

③ 正しい。2-ブテン $CH_3CH{=}CHCH_3$ には，次のようにシス-トランス異性体(幾何異性体)が存在する。

$$\begin{matrix} H_3C & & CH_3 \\ & C{=}C & \\ H & & H \end{matrix} \qquad \begin{matrix} H_3C & & H \\ & C{=}C & \\ H & & CH_3 \end{matrix}$$

シス-2-ブテン　　トランス-2-ブテン

④ 正しい。炭化カルシウム(カーバイド)CaC_2 に水 H_2O を加えると，次の反応によりアセチレン C_2H_2 が発生する。

$$CaC_2 + 2\,H_2O \longrightarrow Ca(OH)_2 + C_2H_2$$

22 …②

シス-トランス異性体(幾何異性体)

炭素原子間の二重結合など，結合が回転できないことによって生じる立体異性体。同じ原子または原子団が二重結合をはさんで同じ側にある場合をシス形，反対側にある場合をトランス形という。

$$\begin{matrix} R_1 & & R_3 \\ & C{=}C & \\ R_2 & & R_4 \end{matrix}$$

$R_1 \neq R_2$ かつ $R_3 \neq R_4$ の場合，シス-トランス異性体が存在する。

おもな炭化水素の製法

メタン　酢酸ナトリウムと水酸化ナトリウムの混合物を加熱する。

エチレン　160℃～170℃に加熱した濃硫酸にエタノールを加える。

アセチレン　炭化カルシウムを水に加える。

問2　元素分析

炭素，水素，酸素からなる有機化合物の元素分析では，有機化合物を完全燃焼させ，発生した二酸化炭素 CO_2 と水 H_2O の質量を測定する。

① 正しい。酸化銅(Ⅱ)CuO は酸化剤としてはたらき，有機化合物の完全燃焼を助けるために用いられる。

② 正しい。塩化カルシウム $CaCl_2$ は中性の乾燥剤であり，水 H_2O を吸収する。また，ソーダ石灰($NaOH$ と CaO の混合物)は塩基性の乾燥剤であり，H_2O と CO_2 をともに吸収することができる。

図1の装置では，燃焼後の気体を $CaCl_2$ 管に通し，$CaCl_2$ に H_2O を吸収させる。次に，H_2O が除かれた気体をソーダ石灰管に通し，ソーダ石灰に CO_2 を吸収させる。

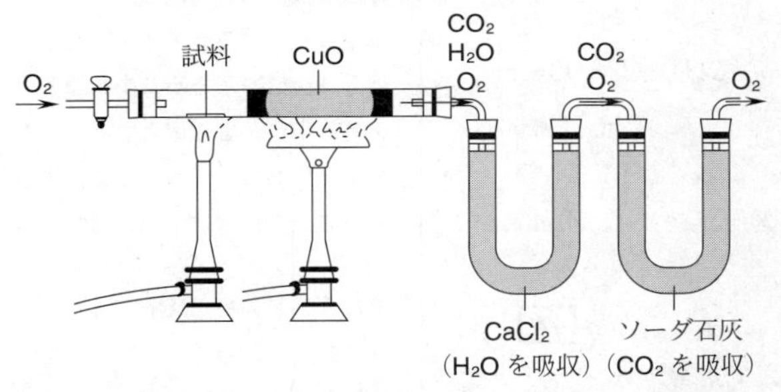

③ 誤り。酢酸 CH_3COOH と乳酸 $CH_3CH(OH)COOH$ は，分子式がそれぞれ $C_2H_4O_2$，$C_3H_6O_3$ であり，いずれも組成式は CH_2O である。図1の装置を用いた元素分析では，組成式しか決まらないので，組成式が同じ有機化合物を同じ質量ずつ用いて元素分析を行うと，分子式が異なっても，結果は同じになる。

例えば，180 mg の酢酸(分子量 60)と乳酸(分子量 90)を用いた

組成式

物質を構成する各元素の原子の数を，最も簡単な整数比で表した化学式。

分子式

分子中の各元素の原子の数を表した化学式。なお，分子量は，組成式の式量の整数倍である。

場合を考えてみる。それぞれの物質量は，

酢酸　$\frac{180\times10^{-3}\,\text{g}}{60\,\text{g/mol}}=3.0\times10^{-3}\,\text{mol}$

乳酸　$\frac{180\times10^{-3}\,\text{g}}{90\,\text{g/mol}}=2.0\times10^{-3}\,\text{mol}$

これらを完全燃焼させたときの反応式と，生じる CO_2 と H_2O の物質量はそれぞれ次のようになる。

$$C_2H_4O_2 + 2\,O_2 \longrightarrow 2\,CO_2 + 2\,H_2O$$
$$3.0 \qquad\qquad 6.0 \qquad 6.0 \quad (\times10^{-3}\,\text{mol})$$

$$C_3H_6O_3 + 3\,O_2 \longrightarrow 3\,CO_2 + 3\,H_2O$$
$$2.0 \qquad\qquad 6.0 \qquad 6.0 \quad (\times10^{-3}\,\text{mol})$$

よって，生じる H_2O の物質量および質量が同じであり，$CaCl_2$ 管の質量の増加量は同じになることが確認できる。なお，生じる CO_2 の物質量および質量も同じであり，ソーダ石灰管の質量の増加量も同じになる。

④　正しい。$CaCl_2$ 管とソーダ石灰管をつなぐ順序を逆にすると，ソーダ石灰管に CO_2 と H_2O がともに吸収される。よって，ソーダ石灰管の質量は増加するが，$CaCl_2$ 管の質量は増加しない。なお，この場合，生じた CO_2 と H_2O の質量の和しかわからないので，$CaCl_2$ 管とソーダ石灰管をつなぐ順序を逆にしてはならない。

23 …③

問3　アルデヒド

a　$C_5H_{10}O$ の分子式をもつアルデヒド C_4H_9CHO は，次の4種類である。

(a) $CH_3-CH_2-CH_2-CH_2-C(=O)-H$

(b) $CH_3-CH_2-C^{*}H(CH_3)-C(=O)-H$

(c) $CH_3-CH(CH_3)-CH_2-C(=O)-H$

(d) $CH_3-C(CH_3)_2-C(=O)-H$

なお，＊を付した炭素原子 C は不斉炭素原子であり，(b)には鏡像異性体（光学異性体）が存在する。

24 …④

b　アルデヒドにフェーリング液を加えて加熱すると，アルデヒドは酸化されてカルボン酸のイオンに，銅(Ⅱ)イオン Cu^{2+} は還元されて酸化銅(Ⅰ)Cu_2O の赤色沈殿に変化する。アルデヒドと Cu^{2+} の変化を，電子 e^- を含むイオン反応式で表すと，次の式(1)，(2)のようになる。

鏡像異性体（光学異性体）

結合している原子や原子団が4個とも異なる炭素原子を**不斉炭素原子**という。不斉炭素原子を1個もつと，実像と鏡像の関係にある分子が1組存在する。これらを鏡像異性体（光学異性体）という。

アルデヒドの検出反応

$-CHO$ は酸化されやすいため，他の物質を還元する性質がある。これを利用した検出反応には次の二つがある。

・**銀鏡反応**　アンモニア性硝酸銀水溶液と温めると，銀 Ag が析出する。

・**フェーリング液の還元**　フェーリング液と加熱すると，酸化銅(Ⅰ)Cu_2O の赤色沈殿が生じる。

$$\mathrm{R{-}C({=}O){-}H} + 3\,\mathrm{OH^-} \longrightarrow \mathrm{R{-}C({=}O){-}O^-} + 2\,\mathrm{H_2O} + 2\,\mathrm{e^-} \qquad (1)$$

$$2\,\mathrm{Cu^{2+}} + 2\,\mathrm{OH^-} + 2\,\mathrm{e^-} \longrightarrow \mathrm{Cu_2O} + \mathrm{H_2O} \qquad (2)$$

式(1)＋式(2)により e^- を消去すると，次のイオン反応式が得られる。

$$\mathrm{R{-}C({=}O){-}H} + 2\,\mathrm{Cu^{2+}} + 5\,\mathrm{OH^-} \longrightarrow \mathrm{R{-}C({=}O){-}O^-} + 3\,\mathrm{H_2O} + \mathrm{Cu_2O} \qquad (3)$$

式(3)より，アルデヒド 1 mol あたり，1 mol の Cu_2O が得られることがわかる。したがって，分子式 $C_5H_{10}O$ のアルデヒド(分子量 86) 8.60 g から得られる Cu_2O(式量 144)の質量は，

$$144\ \mathrm{g/mol} \times \frac{8.60\ \mathrm{g}}{86\ \mathrm{g/mol}} = 14.4\ \mathrm{g}$$

25 …③

問4　芳香族化合物の分離・反応

a　アニリン，安息香酸，フェノールの混合物を含むジエチルエーテル溶液 A から各化合物を分離する。

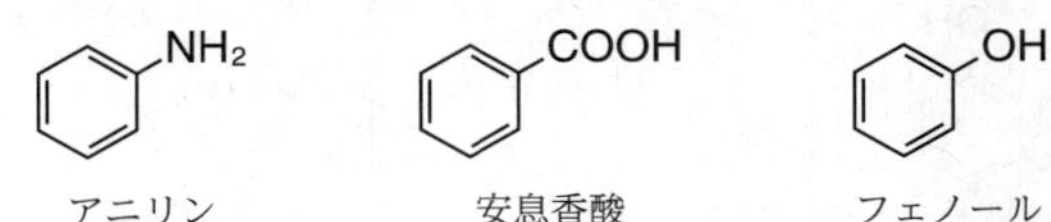

アニリン　安息香酸　フェノール

操作 I では，A からアニリンのみを水層 I に分離する。アニリンは塩基なので，酸を加えると中和反応により塩になり，水層に移る。したがって，ア に当てはまる試薬は，塩酸(塩化水素 HCl の水溶液)である。

$$\mathrm{C_6H_5NH_2} + \mathrm{HCl} \longrightarrow \mathrm{C_6H_5NH_3Cl}$$

操作 II では，安息香酸とフェノールのジエチルエーテル溶液(エーテル層 I)から安息香酸のみを水層 II に分離する。安息香酸とフェノールはともに酸であるが，酸の強さが，安息香酸＞炭酸＞フェノールなので，炭酸水素ナトリウム $NaHCO_3$ 水溶液を加えると，安息香酸のみが反応して塩になり，水層に移る。したがって，イ に当てはまる試薬は，$NaHCO_3$ 水溶液である。

$$\mathrm{C_6H_5COOH} + \mathrm{NaHCO_3} \longrightarrow \mathrm{C_6H_5COONa} + \mathrm{H_2O} + \mathrm{CO_2}$$

なお，イ で水酸化ナトリウム NaOH 水溶液を用いると，安息香酸だけでなくフェノールも反応して塩になり，水層に移るので，不適当である。

酸の強さ

塩酸，硫酸
＞カルボン酸＞炭酸＞フェノール

強い酸から弱い酸のイオンに H^+ が移動し，弱い酸が生じる。

$$C_6H_5COOH + NaOH \longrightarrow C_6H_5COONa + H_2O$$

$$C_6H_5OH + NaOH \longrightarrow C_6H_5ONa + H_2O$$

以上の分離操作をまとめると，次のようになる。

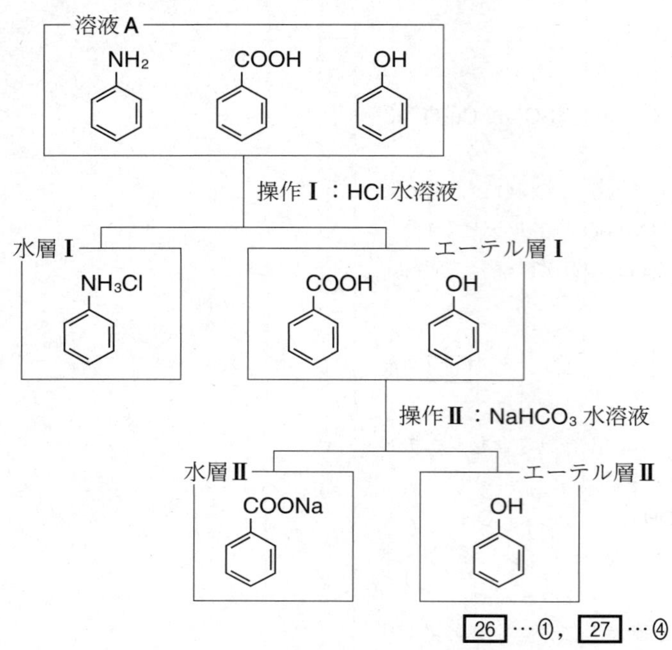

26 …①，27 …④

b　①　正しい。トルエンに過マンガン酸カリウム $KMnO_4$ 水溶液を加えて加熱すると，トルエンが酸化されて安息香酸のカリウム塩が得られる。これを酸性にすると，安息香酸が得られる。

$$\underset{\text{トルエン}}{C_6H_5CH_3} \xrightarrow[\text{酸化}]{KMnO_4} C_6H_5COOK \xrightarrow[\text{弱酸の遊離}]{H^+} \underset{\text{安息香酸}}{C_6H_5COOH}$$

②　誤り。ベンゼンに紫外線を照射しながら塩素 Cl_2 を反応させると，付加反応によりヘキサクロロシクロヘキサンが得られる。

$$\underset{\text{ベンゼン}}{C_6H_6} \xrightarrow[\text{紫外線}]{Cl_2} \underset{\text{ヘキサクロロシクロヘキサン}}{C_6H_6Cl_6}$$

ヘキサクロロシクロヘキサンに高温･高圧で水酸化ナトリウム $NaOH$ 水溶液を作用させても，フェノールは得られない。

なお，ベンゼンと Cl_2 を鉄 Fe 触媒の存在下で反応させて得られるクロロベンゼンに，高温・高圧で $NaOH$ 水溶液を作用させる

ベンゼン環の側鎖の酸化

ベンゼン環に結合している炭化水素基は，過マンガン酸カリウムで酸化するとカルボキシ基になる。

$$C_6H_5\text{-}R \xrightarrow{KMnO_4} C_6H_5\text{-}COOH$$

ベンゼンと塩素の反応

置換反応

$$C_6H_6 \xrightarrow[Fe]{Cl_2} C_6H_5Cl$$

付加反応

$$C_6H_6 \xrightarrow[\text{紫外線}]{Cl_2} C_6H_6Cl_6$$

と，ナトリウムフェノキシドが得られる。

ベンゼン $\xrightarrow[Fe]{Cl_2}$ クロロベンゼン $\xrightarrow[\text{高温・高圧}]{NaOH}$ ナトリウムフェノキシド

③ 正しい。アニリンに氷冷しながら塩酸と亜硝酸ナトリウム $NaNO_2$ 水溶液を加えて反応させると，ジアゾ化により塩化ベンゼンジアゾニウムが得られる。

アニリン（C_6H_5-NH_2） $\xrightarrow[\text{ジアゾ化}]{HCl,\ NaNO_2}$ 塩化ベンゼンジアゾニウム（C_6H_5-N_2Cl）

塩化ベンゼンジアゾニウムの水溶液を温めると，フェノールが得られる。

$$C_6H_5N_2Cl + H_2O \longrightarrow C_6H_5OH + HCl + N_2$$

フェノール

④ 正しい。アニリンは酸化されやすく，硫酸酸性の二クロム酸カリウム $K_2Cr_2O_7$ 水溶液を加えて反応させると，黒色の染料であるアニリンブラックが得られる。

アニリンの性質
- 酸化されやすく，空気中に放置すると，(赤)褐色になる。
- さらし粉水溶液を加えると，赤紫色を呈する。(アニリンの検出)
- 硫酸酸性の二クロム酸カリウム水溶液を加えると，アニリンブラック(黒色の染料)が生じる。

28 …②

第5問 カルシウムに関する総合問題

問1 カルシウム

① 正しい。カルシウム Ca に水 H_2O を加えると，強塩基である水酸化カルシウム $Ca(OH)_2$ が生じ，水素 H_2 が発生する。

$$Ca + 2H_2O \longrightarrow Ca(OH)_2 + H_2$$

② 正しい。石灰水($Ca(OH)_2$ 水溶液)に二酸化炭素 CO_2 を通じると，炭酸カルシウム $CaCO_3$ の白色沈殿が生じる。

$$Ca(OH)_2 + CO_2 \longrightarrow CaCO_3 + H_2O$$

なお，さらに CO_2 を通じ続けると，$CaCO_3$ は水に可溶な炭酸水素カルシウム $Ca(HCO_3)_2$ になるため，沈殿は溶ける。

$$CaCO_3 + CO_2 + H_2O \longrightarrow Ca(HCO_3)_2$$

③ 誤り。酸化カルシウム CaO は生石灰とよばれ，これに H_2O を加えると $Ca(OH)_2$ が生じ，このとき発熱する。

$$CaO + H_2O \longrightarrow Ca(OH)_2$$

CaO は乾燥剤や発熱剤などに用いられる。

④ 正しい。焼きセッコウ $CaSO_4 \cdot \frac{1}{2}H_2O$ に適量の H_2O を加えて混ぜると，やや体積が増加しながらセッコウ $CaSO_4 \cdot 2H_2O$ となり，硬化する。セッコウは，建築材料，医療用ギプス，セッコウ像などに用いられる。

29 …③

問2　配位結合

一方の原子の非共有電子対を他の原子と共有することでできる共有結合を，配位結合という。例えば，アンモニア NH_3 や水酸化物イオン OH^- は非共有電子対をもつので，金属イオンと配位結合して錯イオンを形成する配位子になりうる。

```
   ..           ..
H :N: H      [ :O: H ]⁻    (▬ 非共有電子対)
   ..           ..
   H
```

EDTA のイオン(Y^{4-})の構造を次に示す。

```
     :O: H                    H :O:
      ‖  |                    |  ‖
⁻:Ö—C—C                      C—C—Ö:⁻
         |\     H   H       /|
         H \    |   |      / H
            :N—C———C—N:
         H /    |   |      \ H
         |/     H   H       \|
⁻:Ö—C—C                      C—C—Ö:⁻
      ‖  |                    |  ‖
     :O: H                    H :O:        (: 非共有電子対)
```

このイオン中の O^- の部分が，カルシウムイオン Ca^{2+} と配位結合することが知られている。

また，①～⑤の原子のうち，非共有電子対をもつ原子は②N のみであり，これが Ca^{2+} と配位結合することができる。

(参考)　Ca^{2+} と Y^{4-} が配位結合してできた錯イオン CaY^{2-} の構造を次に記す。(破線は配位結合，H 原子は省略している)

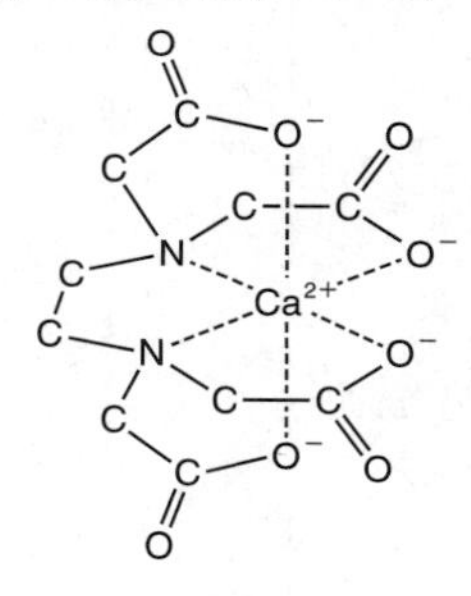

30 …②

問3　緩衝液，錯イオンの形成，カルシウムイオンの定量

a　一般に，弱酸とその塩の混合溶液や，弱塩基とその塩の混合溶液は，緩衝液である。

①　0.10 mol/L の硫酸(H_2SO_4 の水溶液)10 mL 中の H_2SO_4 の物質量は，

$$0.10\ \text{mol/L}\times\frac{10}{1000}\ \text{L}=1.0\times10^{-3}\ \text{mol}$$

0.10 mol/L のアンモニア NH_3 水 20 mL 中の NH_3 の物質量は，

$$0.10\ \text{mol/L}\times\frac{20}{1000}\ \text{L}=2.0\times10^{-3}\ \text{mol}$$

H_2SO_4 と NH_3 の中和反応と量的変化は次のようになる。

配位結合

一方の原子の非共有電子対が他方の原子に提供されてできる共有結合。

錯イオン

金属イオンに非共有電子対をもつ分子やイオンが配位結合してできたイオン。

配位結合している分子やイオンを配位子，配位子の数を配位数という。

緩衝液

弱酸(または弱塩基)とその塩の混合水溶液には，少量の酸や塩基を加えても，pH の値をほぼ一定に保つはたらきがある。このようなはたらきを緩衝作用といい，緩衝作用のある水溶液を緩衝液という。

$$H_2SO_4 + 2NH_3 \longrightarrow (NH_4)_2SO_4$$

	H_2SO_4	NH_3	$(NH_4)_2SO_4$	
反応前	1.0	2.0	0	
変化量	−1.0	−2.0	+1.0	
反応後	0	0	1.0	($\times 10^{-3}$ mol)

反応後，硫酸アンモニウム $(NH_4)_2SO_4$ 水溶液になるので，緩衝液にならない。

② 0.10 mol/L の塩酸(塩化水素 HCl の水溶液) 10 mL 中の HCl の物質量は，

$$0.10\ \text{mol/L} \times \frac{10}{1000}\ \text{L} = 1.0 \times 10^{-3}\ \text{mol}$$

0.10 mol/L の NH_3 水 20 mL 中の NH_3 の物質量は，

$$0.10\ \text{mol/L} \times \frac{20}{1000}\ \text{L} = 2.0 \times 10^{-3}\ \text{mol}$$

HCl と NH_3 の中和反応と量的変化は次のようになる。

$$HCl + NH_3 \longrightarrow NH_4Cl$$

	HCl	NH_3	NH_4Cl	
反応前	1.0	2.0	0	
変化量	−1.0	−1.0	+1.0	
反応後	0	1.0	1.0	($\times 10^{-3}$ mol)

反応後，弱塩基である NH_3 とその塩である塩化アンモニウム NH_4Cl の混合水溶液になるので，緩衝液になる。

③ 0.20 mol/L の酢酸 CH_3COOH 水溶液 10 mL 中の CH_3COOH の物質量は，

$$0.20\ \text{mol/L} \times \frac{10}{1000}\ \text{L} = 2.0 \times 10^{-3}\ \text{mol}$$

0.10 mol/L の水酸化ナトリウム NaOH 水溶液 10 mL 中の NaOH の物質量は，

$$0.10\ \text{mol/L} \times \frac{10}{1000}\ \text{L} = 1.0 \times 10^{-3}\ \text{mol}$$

CH_3COOH と NaOH の中和反応と量的変化は次のようになる。

$$CH_3COOH + NaOH \longrightarrow CH_3COONa + H_2O$$

	CH_3COOH	NaOH	CH_3COONa	H_2O
反応前	2.0	1.0	0	(溶媒)
変化量	−1.0	−1.0	+1.0	
反応後	1.0	0	1.0	

($\times 10^{-3}$ mol)

反応後，弱酸である CH_3COOH とその塩である酢酸ナトリウム CH_3COONa の混合水溶液になるので，緩衝液になる。

④ 0.20 mol/L の酢酸ナトリウム CH_3COONa 水溶液 10 mL 中の CH_3COONa の物質量は，

$$0.20\ \text{mol/L} \times \frac{10}{1000}\ \text{L} = 2.0 \times 10^{-3}\ \text{mol}$$

0.10 mol/L の HCl 水溶液 10 mL 中の HCl の物質量は，

$$0.10\ \text{mol/L}\times\frac{10}{1000}\ \text{L}=1.0\times10^{-3}\ \text{mol}$$

CH_3COONa と HCl の反応(弱酸の遊離)と量的変化は次のようになる。

	CH_3COONa ＋	HCl ⟶	CH_3COOH ＋	NaCl
反応前	2.0	1.0	0	0
変化量	−1.0	−1.0	＋1.0	＋1.0
反応後	1.0	0	1.0	1.0

($\times10^{-3}$ mol)

反応後，弱酸である CH_3COOH とその塩である CH_3COONa を含む混合水溶液になるので，緩衝液になる。

31 …①

b　与えられた式と問題文の情報をもとに考える。

0.010 mol の Ca^{2+} を含む水溶液に，pH を 10 に保ちながら，0.010 mol の EDTA を含む水溶液を加え，水溶液の体積を 1.0 L とした溶液 A について，問題で与えられた式(2)～(5)が成り立っている。

$$\frac{[Y^{4-}]}{c}=0.40 \tag{2}$$

$$K=\frac{[CaY^{2-}]}{[Ca^{2+}][Y^{4-}]}=5.0\times10^{10}\ \text{L/mol} \tag{3}$$

$$[Ca^{2+}]+[CaY^{2-}]=0.010\ \text{mol/L}^{(注1)} \tag{4}$$

$$c+[CaY^{2-}]=0.010\ \text{mol/L}^{(注2)} \tag{5}$$

式(4)より，

$$[Ca^{2+}]=0.010\ \text{mol/L}-[CaY^{2-}]$$

式(5)より，

$$c=0.010\ \text{mol/L}-[CaY^{2-}]$$

よって，

$$[Ca^{2+}]=c\ (\text{mol/L}) \tag{6}$$

式(2)より，

$$[Y^{4-}]=0.40c\ (\text{mol/L}) \tag{7}$$

また，$[Ca^{2+}]\ll[CaY^{2-}]$ であり，Ca^{2+} のほとんどすべてが CaY^{2-} として存在している(注3)ことが記されている。このことから，$[Ca^{2+}]+[CaY^{2-}]\fallingdotseq[CaY^{2-}]$ であり，式(4)は次のように近似することができる。

$$[CaY^{2-}]\fallingdotseq0.010\ \text{mol/L} \tag{8}$$

式(6)，(7)，(8)を式(3)に代入すると，

$$\frac{0.010\ \text{mol/L}}{c\ (\text{mol/L})\times0.40c\ (\text{mol/L})}=5.0\times10^{10}\ \text{L/mol}$$

$$c^2=\frac{1}{2}\times10^{-12}\ (\text{mol/L})^2$$

$$c=\frac{\sqrt{2}}{2}\times10^{-6}\ \text{mol/L}=7.0\times10^{-7}\ \text{mol/L}$$

よって，$[Ca^{2+}]=c=7.0\times10^{-7}$ mol/L である。

（注1）　はじめの水溶液に含まれていた0.010 mol の Ca^{2+} は，**A** 中では Ca^{2+} または CaY^{2-} のいずれかで存在している。水溶液の体積が1.0 L なので，式(4)が成り立つ。

$$[Ca^{2+}]+[CaY^{2-}]=0.010\ \text{mol/L} \qquad (4)$$

（注2）　加えた0.010 mol の EDTA は，H_4Y，H_3Y^-，H_2Y^{2-}，HY^{3-}，Y^{4-}，CaY^{2-} のいずれかで存在している。水溶液の体積が1.0 L なので，式(5)が成り立つ。

$$[H_4Y]+[H_3Y^-]+[H_2Y^{2-}]+[HY^{3-}]+[Y^{4-}]+[CaY^{2-}]$$
$$=c+[CaY^{2-}]=0.010\ \text{mol/L} \qquad (5)$$

（注3）　$c=7.0\times10^{-7}$ mol/L のとき，式(3)，(7)より，

$$\frac{[CaY^{2-}]}{[Ca^{2+}]}=5.0\times10^{10}[Y^{4-}]$$
$$=5.0\times10^{10}\times0.40\times7.0\times10^{-7}=1.4\times10^{4}$$

よって，$[Ca^{2+}]\ll[CaY^{2-}]$ とみなせることが確認できる。

（参考）　0.010 mol の Ca^{2+} と0.010 mol の EDTA を混合した場合，$[CaY^{2-}]$（≒0.010 mol/L）$\gg[Ca^{2+}]=c$（$=7.0\times10^{-7}$ mol/L）なので，Ca^{2+} と EDTA のほぼすべてが物質量比1：1で過不足なく反応していることがわかる。したがって，**実験の操作Ⅱ**における滴定の終点では，はかりとった溶液 **X** 中の Ca^{2+} の物質量と滴下した EDTA の物質量が等しいとみなせ，Ca^{2+} の量を測定することができる。

32 …②

c　問題文に与えられた「滴定の終点付近では，pCa の値が急激に変化することが知られている」をもとに考える。

表1のデータを，横軸に EDTA 水溶液の滴下量(mL)，縦軸に pCa（$=-\log_{10}[Ca^{2+}]$）をとって作図すると，次のようになる。

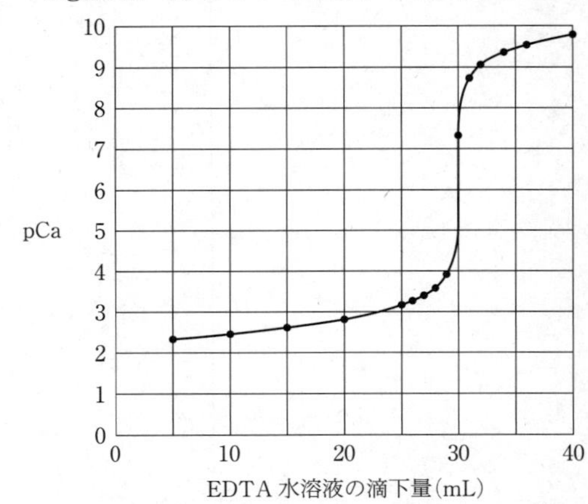

この図より，EDTA 水溶液を30 mL 加えたところが，この滴定の終点であると判断できる。

また，**操作Ⅱ**に，この滴定の終点では，「はかりとった溶液 **X** 中

の Ca^{2+} の物質量と，滴下した EDTA の物質量が等しいとみなすことができる」とある。よって，溶液 **X** 中の Ca^{2+} のモル濃度を x (mol/L)とすると，

$$x\ (\mathrm{mol/L}) \times \frac{50}{1000}\,\mathrm{L} = 1.0 \times 10^{-2}\ \mathrm{mol/L} \times \frac{30}{1000}\,\mathrm{L}$$

$$x = 6.0 \times 10^{-3}\ \mathrm{mol/L}$$

(補足)　酸の水溶液に塩基の水溶液を滴下する中和滴定では，中和点付近で水素イオン濃度 $[H^+]$ が非常に小さくなるので，中和点の前後で pH $(=-\log_{10}[H^+])$ が急激に大きくなる。同様に，この問題の滴定では，滴定の終点付近で，はじめに加えた Ca^{2+} のほとんどが CaY^{2-} となり，$[Ca^{2+}]$ が非常に小さくなるので，pCa $(=-\log_{10}[Ca^{2+}])$ が急激に大きくなる。

33 …③

第4回　解答・解説

設問別正答率

解答番号　第1問	1	2	3	4	5	6	
配点	3	4	3	4	3	3	
正答率(%)	71.0	37.3	70.6	64.4	57.3	47.4	
解答番号　第2問	7	8	9	10	11	12	
配点	3	4	3	3	3	4	
正答率(%)	56.6	36.6	61.2	37.9	45.8	41.8	
解答番号　第3問	13	14	15	16	17	18	19
配点	3	3	2	2	3	3	4
正答率(%)	46.0	22.3	60.0	21.3	36.1	47.3	54.3
解答番号　第4問	20	21	22	23	24	25	
配点	3	3	4	3	3	4	
正答率(%)	42.2	43.4	45.4	53.5	44.1	46.9	
解答番号　第5問	26	27	28	29	30	31	
配点	4	4	4	4	2	2	
正答率(%)	43.2	46.7	45.6	37.2	35.9	21.5	

設問別成績一覧

設問	設　問　内　容	配　点	全　体	現　役	高　卒	標準偏差
合計		100	46.2	44.7	57.5	17.7
1	結晶の構造，気体，溶液	20	11.5	11.1	13.7	5.1
2	化学反応と熱，反応速度，化学平衡	20	9.2	8.9	11.5	5.1
3	無機物質，化学反応と量的関係	20	8.4	8.0	10.6	4.7
4	有機化合物の性質と変化	20	9.2	8.8	12.0	5.4
5	アミノ酸，ペプチド，タンパク質	20	8.1	7.8	9.6	4.7

（100点満点）

問題番号	設問	解答番号	正解	配点	自己採点
第1問	問1	1	④	3	
	問2	2	②	4	
	問3	3	①	3	
	問4	4	②	4	
	問5	5	⑤	3	
		6	②	3	
第1問　自己採点小計				(20)	
第2問	問1	7	①	3	
	問2	8	③	4	
	問3	9	①	3	
		10	④	3	
	問4	11	④	3	
		12	②	4	
第2問　自己採点小計				(20)	
第3問	問1	13	②	3	
	問2	14	③	3	
	問3	15	④	2	
		16	②	2	
	問4	17	①	3	
		18	④	3	
		19	③	4	
第3問　自己採点小計				(20)	

問題番号	設問	解答番号	正解	配点	自己採点
第4問	問1	20	②	3	
	問2	21	③	3	
	問3	22	⑥	4	
	問4	23	②	3	
		24	①	3	
		25	③	4	
第4問　自己採点小計				(20)	
第5問	問1	26	④	4	
	問2	27	②	4	
	問3	28	④	4	
		29	②	4	
		30	③	2	
		31	②	2	
第5問　自己採点小計				(20)	
自己採点合計				(100)	

第1問　物質の構成，物質の状態

問1　分子・多原子イオンの形

①　アセチレン(エチン)C_2H_2は，すべての原子が一直線上に並んだ構造をもつ分子である。

H−C≡C−H

②　エチレン(エテン)C_2H_4は，すべての原子が同一平面上に位置する構造をもつ分子である。

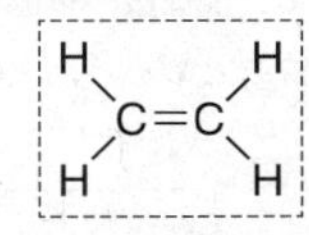

(破線は平面を表している。)

③　ホルムアルデヒドHCHOは，エチレン同様，すべての原子が同一平面上に位置する構造をもつ分子である。

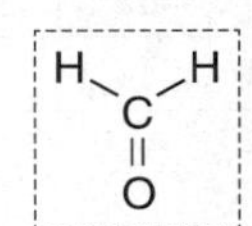

(破線は平面を表している。)

④　アンモニウムイオンNH_4^+はアンモニア分子NH_3に水素イオンH^+が配位結合してできたイオンであり，窒素原子Nに4個の水素原子Hが結合している。よって，炭素原子Cに4個のH原子が結合してできた分子であるメタンCH_4と同じ正四面体形の構造をとる。

	電子式	構造
CH_4	H H:C:H H	H C H　H H
NH_4^+	[H H:N:H H]$^+$	[H N H　H H]$^+$

⑤　オキソニウムイオンH_3O^+は水分子H_2OにH^+が配位結合してできたイオンであり，酸素原子Oに3個のH原子が結合している。よって，N原子に3個のH原子が結合してできた分子であるアンモニアNH_3と同じ三角錐形の構造をとる。

	電子式	構造
NH_3	H:N̈:H H	N H　H H
H_3O^+	[H:Ö:H H]$^+$	[O H　H H]$^+$

1 …④

問2　金属の結晶の密度

面心立方格子，体心立方格子，六方最密構造について，単位格子に含まれる原子の数はそれぞれ次のようになる。

面心立方格子

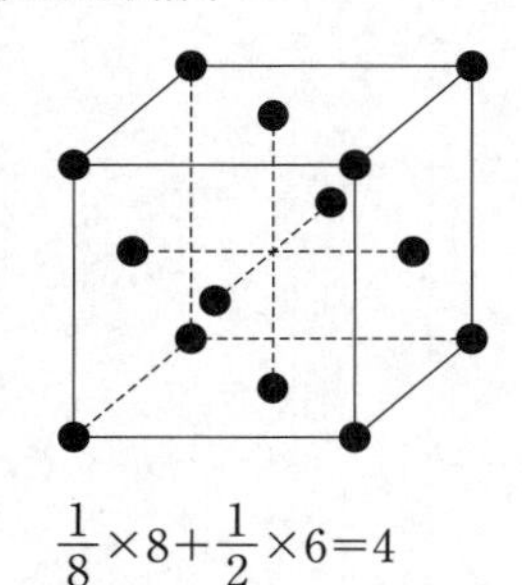

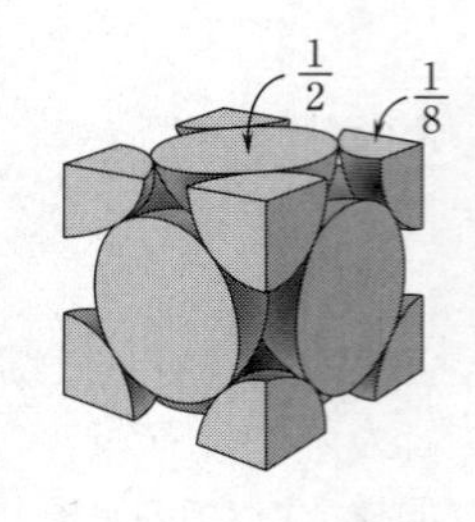

$$\underbrace{\frac{1}{8}}_{\text{頂点}}\times 8+\underbrace{\frac{1}{2}}_{\text{面の中心}}\times 6=4$$

体心立方格子

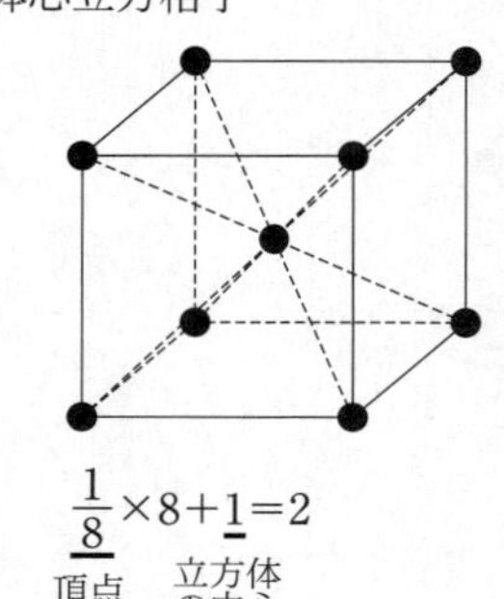

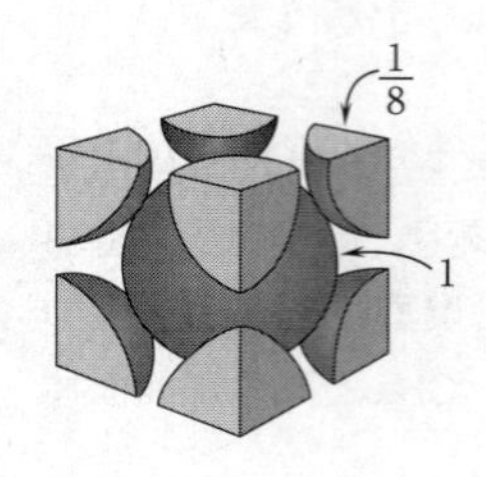

$$\underbrace{\frac{1}{8}}_{\text{頂点}}\times 8+\underbrace{1}_{\text{立方体の中心}}=2$$

六方最密構造

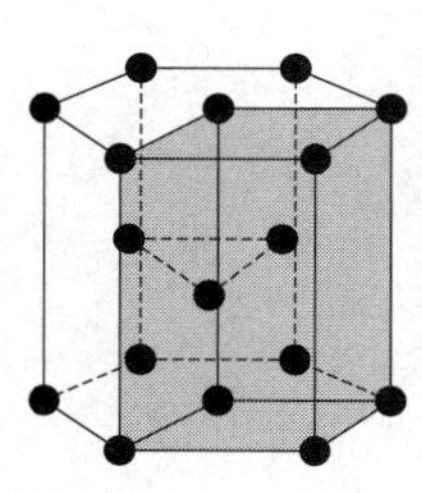

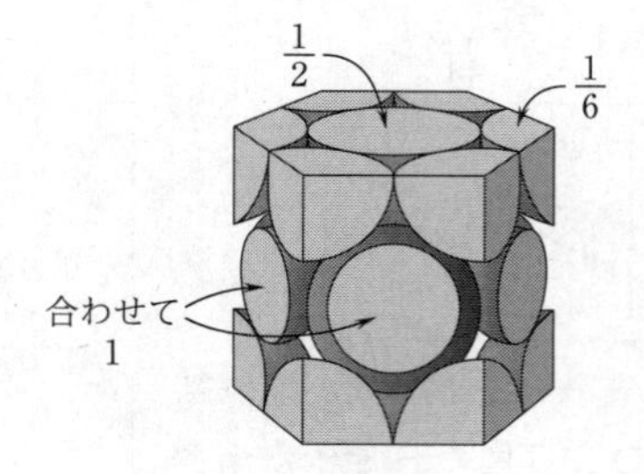

$$\left(\underbrace{\frac{1}{6}}_{\text{底面の頂点}}\times 12+\underbrace{\frac{1}{2}}_{\text{底面の中心}}\times 2+\underbrace{1}_{\text{中間部}}\times 3\right)\times\frac{1}{3}=2^{※}$$

※　六方最密構造の単位格子は左図の灰色部分(菱(ひし)形を底面とする柱体)であり，上図の正六角柱は単位格子3個分に相当する。したがって六方最密構造の単位格子中の原子の数は，図の正六角柱あたりの原子の数を$\frac{1}{3}$倍して求めることができる。

金属の結晶の密度を d(g/cm^3)，金属の原子量を M，アボガドロ定数を N_A(/mol)，単位格子の体積を V (cm^3)，単位格子に含まれる原子の数を X とすると，d は次式のように表される。

$$d\ (\text{g/cm}^3)=\frac{M\ (\text{g/mol})\times\dfrac{X}{N_A(\text{/mol})}}{V(\text{cm}^3)}=\frac{MX}{N_AV}\ (\text{g/cm}^3)$$

単位格子

結晶中の粒子の空間的な配列構造を結晶格子といい，結晶格子の最小のくり返し単位を単位格子という。

金属結晶の結晶構造

体心立方格子，面心立方格子，六方最密構造について，配位数，単位格子に含まれる粒子数をまとめると，次の表のようになる。

	配位数	粒子数
体心立方格子	8	2
面心立方格子	12	4
六方最密構造	12	2

結晶の密度

$$密度(\text{g/cm}^3)=\frac{単位格子中の原子の質量の和(\text{g})}{単位格子の体積(\text{cm}^3)}$$

したがって，金属の結晶の密度の大小を比較する場合，$\frac{MX}{V}$ の大小を比較すればよい。与えられた①～④の金属について，$\frac{MX}{V}$ の値を求めると，

$$\text{Al}：\frac{27\times4}{6.6\times10^{-23}}=\frac{108}{6.6}\times10^{23}$$

$$\text{Cu}：\frac{64\times4}{4.7\times10^{-23}}=\frac{256}{4.7}\times10^{23}$$

$$\text{Fe}：\frac{56\times2}{2.4\times10^{-23}}=\frac{112}{2.4}\times10^{23}$$

$$\text{Zn}：\frac{65\times2}{3.0\times10^{-23}}=\frac{130}{3.0}\times10^{23}$$

$\frac{108}{6.6}<\frac{130}{3.0}<\frac{112}{2.4}<\frac{256}{4.7}$ であるから，金属の結晶の密度の大小関係は，Al＜Zn＜Fe＜Cu である。

なお，アボガドロ定数 N_A(/mol)を 6.0×10^{23}/mol とすると，それぞれの金属の結晶の密度は，

$$\text{Al}：\frac{27\ \text{g/mol}\times4}{6.0\times10^{23}/\text{mol}\times6.6\times10^{-23}\ \text{cm}^3}\fallingdotseq2.7\ \text{g/cm}^3$$

$$\text{Cu}：\frac{64\ \text{g/mol}\times4}{6.0\times10^{23}/\text{mol}\times4.7\times10^{-23}\ \text{cm}^3}\fallingdotseq9.1\ \text{g/cm}^3$$

$$\text{Fe}：\frac{56\ \text{g/mol}\times2}{6.0\times10^{23}/\text{mol}\times2.4\times10^{-23}\ \text{cm}^3}\fallingdotseq7.8\ \text{g/cm}^3$$

$$\text{Zn}：\frac{65\ \text{g/mol}\times2}{6.0\times10^{23}/\text{mol}\times3.0\times10^{-23}\ \text{cm}^3}\fallingdotseq7.2\ \text{g/cm}^3$$

2 …②

問3　気体

はじめの状態を状態ｉとし，**操作ア**によって状態ⅱ，**操作イ**によって状態ⅲ，**操作ウ**によって状態ⅳになったとする。

操作ア(状態ｉからⅱ)では，容器内の圧力は 1.0×10^5 Pa で一定に保たれているので，シャルルの法則が成り立つ。

$$\frac{V}{T}=一定$$

177 ℃における体積を V_1 (L)とすると，

$$\frac{6.0\ \text{L}}{(273+27)\ \text{K}}=\frac{V_1\ (\text{L})}{(273+177)\ \text{K}}$$

$$V_1=9.0\ \text{L}$$

操作イ(状態ⅱからⅲ)では，温度は 177 ℃で一定に保たれているので，ボイルの法則が成り立つ。

$$PV=一定$$

体積が 2.0 L になったときの圧力を P_2 (Pa)とすると，

$$1.0\times10^5\ \text{Pa}\times9.0\ \text{L}=P_2\ (\text{Pa})\times2.0\ \text{L}$$

$$P_2=4.5\times10^5\ \text{Pa}$$

操作ウ(状態ⅲからⅳ)では，体積は 2.0 L で一定に保たれているので，ボイル・シャルルの法則から P は T に比例することがわかる。

理想気体の状態方程式

理想気体では次の式が成り立つ。

$PV=nRT$

P：圧力，V：体積，n：物質量，

T：絶対温度，R：気体定数

気体の圧力，体積，絶対温度の関係

・物質量 n，絶対温度 T：一定

　PV＝一定(ボイルの法則)

・物質量 n，圧力 P：一定

　$\frac{V}{T}$＝一定(シャルルの法則)

・物質量 n，体積 V：一定

　$\frac{P}{T}$＝一定

・物質量 n：一定

　$\frac{PV}{T}$＝一定(ボイル・シャルルの法則)

$\frac{PV}{T}$=一定　さらに，V=一定から，$\frac{P}{T}$=一定

27℃における圧力をP_3(Pa)とすると，

$$\frac{4.5\times10^5\ \text{Pa}}{(273+177)\ \text{K}}=\frac{P_3(\text{Pa})}{(273+27)\ \text{K}}$$

$$P_3=3.0\times10^5\ \text{Pa}$$

以上より，各状態での温度，圧力，体積の値をまとめると，次のようになる。

	温度(K)	圧力($\times10^5$ Pa)	体積(L)
状態 i	300	1.0	6.0
状態 ii	450	1.0	9.0
状態 iii	450	4.5	2.0
状態 iv	300	3.0	2.0

したがって，**操作ア～ウ**を順に行ったときの気体の圧力と体積の関係を表したグラフは①である。なお，**操作イ**では，PV=一定から，グラフは双曲線になることに留意したい。

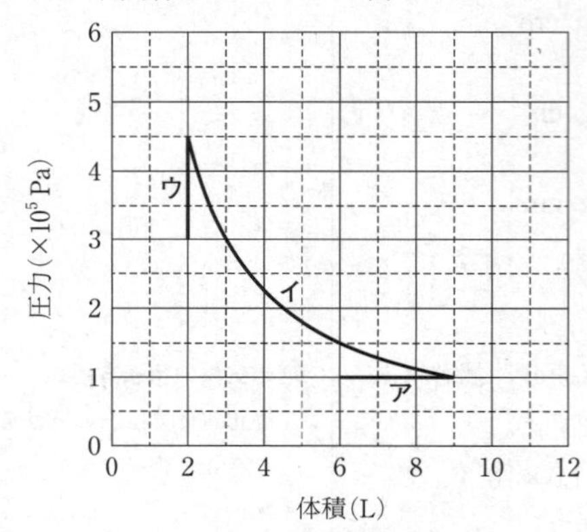

3 …①

問4　物質の溶解，溶液の性質

①　正しい。酸素O_2は水に溶けにくい気体であり，ヘンリーの法則が成り立つ。したがって，0℃，1.0×10^5 Paで水1Lに溶ける酸素の物質量をn_0(mol)，0℃，2.0×10^5 Paで水3Lに溶ける酸素の物質量をn(mol)とすると，

$$n\ (\text{mol})=n_0\ (\text{mol})\times\frac{2.0\times10^5\ \text{Pa}}{1.0\times10^5\ \text{Pa}}\times\frac{3\ \text{L}}{1\ \text{L}}=6n_0\ (\text{mol})$$

②　誤り。塩化カルシウム$CaCl_2$および塩化ナトリウム$NaCl$はいずれも電解質であり，水溶液中で次のように完全に電離している。

$$CaCl_2 \longrightarrow Ca^{2+} + 2\,Cl^-$$

$$NaCl \longrightarrow Na^+ + Cl^-$$

よって，0.010 mol/kgの$CaCl_2$水溶液および0.010 mol/kgの$NaCl$水溶液の溶質粒子全体の質量モル濃度(mol/kg)は，

気体の溶解度

・温度が低く，圧力が高いほど，気体の溶解度(物質量・質量)は大きくなる。

・溶解度の小さい気体では，一定温度で一定量の液体に溶ける気体の物質量や質量は，その気体の圧力(分圧)に比例する(**ヘンリーの法則**)。

電解質と非電解質

水に溶けたときに電離する物質を電解質，電離しない物質を非電解質という。

質量モル濃度

溶媒1kgあたりに溶けている溶質の物質量(mol)で表した濃度。

質量モル濃度(mol/kg)

$$=\frac{\text{溶質の物質量(mol)}}{\text{溶媒の質量(kg)}}$$

$CaCl_2$ 水溶液　　0.010 mol/kg×3＝0.030 mol/kg

NaCl 水溶液　　0.010 mol/kg×2＝0.020 mol/kg

希薄な水溶液の凝固点降下度は溶質粒子全体の質量モル濃度に比例するので，水溶液の凝固点降下度は，

$CaCl_2$ 水溶液＞NaCl 水溶液

凝固点降下度が大きいほど水溶液の凝固点は低いので，水溶液の凝固点は，

NaCl 水溶液＞$CaCl_2$ 水溶液

③　正しい。溶液の浸透圧は，溶質粒子全体のモル濃度と絶対温度に比例する(ファントホッフの法則)。よって，溶質粒子のモル濃度が等しい溶液で比較すると，温度が高い方が溶液の浸透圧は大きくなるので，0.010 mol/L のグルコース水溶液の浸透圧は，57 ℃ の方が 27 ℃ よりも大きい。

④　正しい。分散媒が液体であるコロイドをコロイド溶液またはゾルという。コロイド溶液のなかには，加熱などの操作によって流動性を失うものがある。この流動性を失った状態をゲルという。

4 …②

問 5　固体の溶解度

a　水 100 g あたりで考えると，加えた KNO_3 と KCl の質量はいずれも$\left(80\ \mathrm{g}\times\dfrac{100\ \mathrm{g}}{200\ \mathrm{g}}=\right)$40 g である。したがって，溶解度が 40 g/100 g 水である温度になると結晶が析出し始めるので，溶解度曲線より，KNO_3 の結晶が析出し始める温度は 26 ℃，KCl の結晶が析出し始める温度は 40 ℃ とわかる。

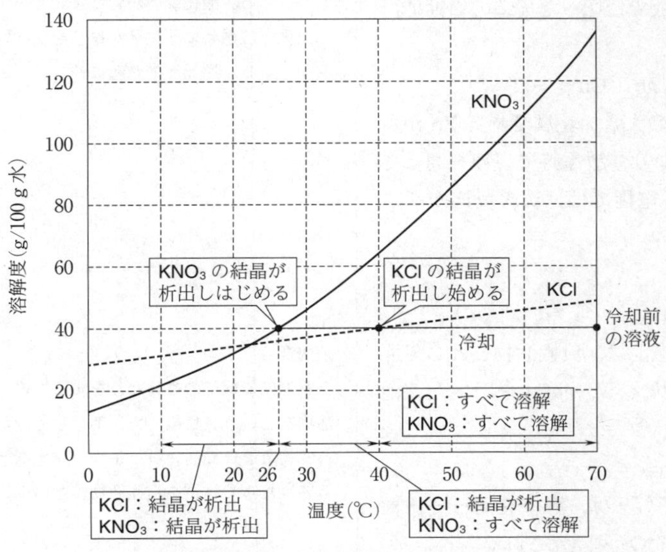

よって，先に結晶が析出し始めるのは KCl であり，そのときの温度は 40 ℃ である。

5 …⑤

凝固点降下

溶液の凝固点が純溶媒の凝固点より低くなる現象。希薄溶液の凝固点降下度 Δt (K) は溶質粒子全体の質量モル濃度 m (mol/kg) に比例する。

$\Delta t=K_f m$

(K_f (K·kg/mol)：モル凝固点降下　溶媒の種類で決まる比例定数)

ファントホッフの法則

希薄溶液の浸透圧 Π (Pa) は溶質粒子全体のモル濃度 c (mol/L) と絶対温度 T (K) に比例する。

$\Pi=cRT$

(R (Pa·L/(K·mol))：気体定数)

溶質粒子全体の物質量を n (mol)，溶液の体積を V (L) とすると，$c=\dfrac{n}{V}$ より，

$\Pi V=nRT$

コロイド

直径が 10^{-9} m (1 nm) から 10^{-7} m (100 nm) 程度の粒子をコロイド粒子といい，コロイド粒子が物質中に均一に分散したものをコロイドという。

固体の溶解度

一般に固体の溶解度は，溶媒 100 g に溶ける溶質(無水物)の最大質量(g)で表される。

固体の溶解度を S (g/100 g 溶媒) とすると，飽和溶液では次の関係が成り立つ。

$$\frac{\text{溶質の質量(g)}}{\text{溶媒の質量(g)}}=\frac{S}{100}$$

$$\frac{\text{溶質の質量(g)}}{\text{溶液の質量(g)}}=\frac{S}{100+S}$$

b　18℃まで冷却したとき，52 g の KNO_3 が析出したので，溶液中に含まれる KNO_3 の質量は(70 g−52 g=)18 g であり，この溶液において KNO_3 は飽和している。蒸発させた水の質量を x (g)とすると，18℃の溶液中の水の質量は(100−x)(g)である。溶解度曲線より，18℃における KNO_3 の溶解度は 30 g/100 g 水であるから，

$$\frac{溶質}{溶媒}\quad \frac{18\ \mathrm{g}}{(100-x)(\mathrm{g})}=\frac{30\ \mathrm{g}}{100\ \mathrm{g}}$$

$$x=40\ \mathrm{g}$$

なお，18℃における KCl の溶解度は 34 g/100 g 水なので，18℃の水(100−40=)60 g に溶かすことのできる KCl の最大質量は，$34\ \mathrm{g}\times\frac{60\ \mathrm{g}}{100\ \mathrm{g}}=20.4\ \mathrm{g}$ である。溶かした混合物中の KCl の質量は 10 g なので，18℃まで冷却しても KCl は析出せず，すべて溶解したままである。

このように，少量の不純物を含んだ結晶を水などの適当な溶媒に溶かしたのち，溶液を冷却したり，溶媒を蒸発させて溶液を濃縮したりすることで，不純物を除いて純粋な結晶を得る操作を再結晶という。

6 …②

第2問　物質の変化

問1　電池

①　誤り。ダニエル電池は，硫酸亜鉛 $ZnSO_4$ 水溶液に亜鉛 Zn 板，硫酸銅(Ⅱ) $CuSO_4$ 水溶液に銅 Cu 板を入れ，両方の水溶液が混ざらないようにセロハンや素焼き板で仕切った構造の電池で，次のように表される。

(−) Zn | $ZnSO_4$ aq | $CuSO_4$ aq | Cu (+)

ダニエル電池では，イオン化傾向の大きい金属である Zn が負極，小さい金属である Cu が正極となり，放電時に導線を通って銅板から亜鉛板に電流が流れる。各電極では，次の反応が起こる。

負極：$Zn \longrightarrow Zn^{2+} + 2e^-$

正極：$Cu^{2+} + 2e^- \longrightarrow Cu$

②　正しい。アルカリマンガン乾電池は，負極活物質として亜鉛 Zn，正極活物質として酸化マンガン(Ⅳ)MnO_2 を用いた電池で，次のように表される。

(−) Zn | KOH aq | MnO_2 (+)

放電時に負極の Zn が放出した電子 e^- は，導線を通って正極に移動し，MnO_2 が受け取るので，MnO_2 は還元される。

③　正しい。$2H_2 + O_2 \longrightarrow 2H_2O$ の反応を利用した電池を燃料電池(水素-酸素燃料電池)という。リン酸型の燃料電池は次のように表される。

電池

負極…放電時に還元剤が電子を放出する。酸化反応が起こる。

正極…放電時に酸化剤が電子を受け取る。還元反応が起こる。

活物質

電池内で電子のやりとりをする物質を活物質という。負極で還元剤としてはたらく物質を負極活物質，正極で酸化剤としてはたらく物質を正極活物質という。

（−）H_2 | H_3PO_4 aq | O_2（＋）

燃料電池の負極では水素 H_2 が酸化されて e^- を放出し，正極では酸素 O_2 が e^- を受け取って還元される。各電極では，次の反応が起こる。

負極：$H_2 \longrightarrow 2H^+ + 2e^-$

正極：$O_2 + 4H^+ + 4e^- \longrightarrow 2H_2O$

④　正しい。リチウムイオン電池は，正極にコバルト酸リチウム $LiCoO_2$，負極にリチウム Li を蓄えた黒鉛 C を用いた電池で，充電可能な二次電池である。小型で高性能であることから，モバイル機器のバッテリーとして広く利用されている。

7 …①

問2　反応速度

過酸化水素 H_2O_2 の減少速度 v は，次の式で表される。

$$v = \frac{H_2O_2\text{の濃度の減少量(mol/L)}}{\text{時間(s)}} = k[H_2O_2]$$

反応速度定数 k は，温度が一定であれば一定の値になる。よって，同じ温度では，過酸化水素のモル濃度 $[H_2O_2]$ が同じであれば，減少速度 v も同じである。したがって，$[H_2O_2]$ が同じ時点からの $\frac{H_2O_2\text{の濃度の減少量(mol/L)}}{\text{時間(s)}}$ の値は等しくなる。

問題中のグラフ**ア**～**エ**のそれぞれにおいて，例えば $[H_2O_2]$ が 0.40 mol/L から 0.20 mol/L に減少するまでの時間を確認すると，

ア：30 s　　**イ**：38 s　　**ウ**：60 s　　**エ**：30 s

アと**エ**は $[H_2O_2]$ が 0.40 mol/L から 0.20 mol/L になるまでの時間が 30 s で等しいので，同じ温度で行った実験である。

一次電池，二次電池

放電時とは逆向きに外部から電流を流して起電力を回復させる操作を充電という。アルカリマンガン乾電池のように，充電できない電池を一次電池，鉛蓄電池やリチウムイオン電池のように，充電によって再使用できる電池を二次電池という。

反応速度

単位時間あたりの物質の変化量（多くの場合，モル濃度の変化量）の絶対値。

$$\text{反応速度} = \left|\frac{\text{物質の変化量}}{\text{反応時間}}\right|$$

反応速度式

反応速度と濃度の関係を表す式を反応速度式という。A と B から C が生成する反応 $aA + bB \longrightarrow cC$ では，一般に反応速度式は次のように表される。

$v = k[A]^x[B]^y$

比例定数 k を**反応速度定数**といい，温度と触媒の条件が一定であれば，一定の値を示す。

x，y の値は実験的に決定され，化学反応式の係数とは必ずしも一致しない。

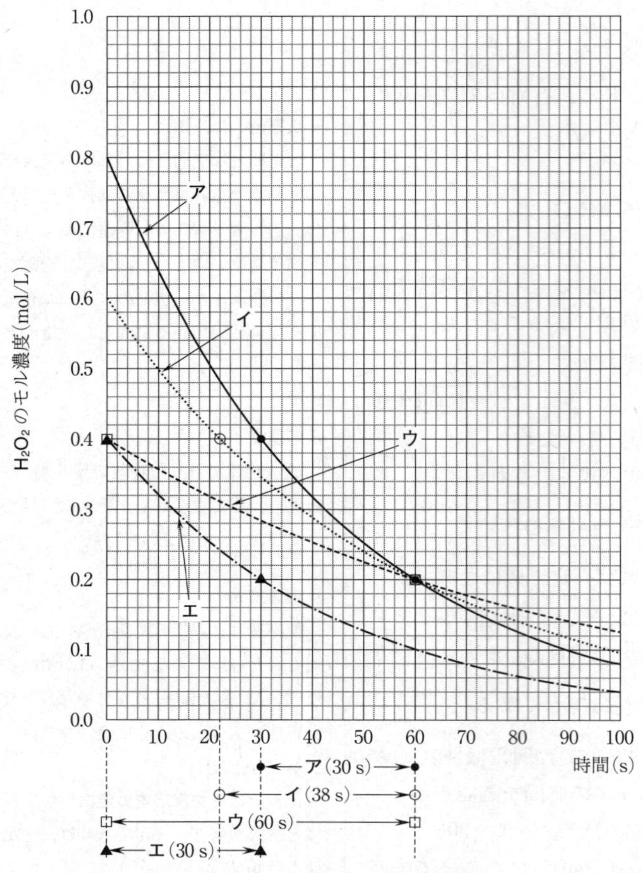

なお，反応速度が反応物**A**のモル濃度に比例する反応，すなわち反応速度式が

$v = k[\mathrm{A}]$

で表される反応を一次反応といい，一次反応では，反応物のモル濃度が半分になるまでにかかる時間(半減期)は，温度が一定であれば，濃度によらず一定であることが知られている。

8 …③

問3　化学反応と熱

a　問題文に与えられた塩化物イオン Cl^- の水和熱を表す熱化学方程式を式(7)とする。

Cl^-(気) ＋ aq ＝ Cl^- aq ＋ Q kJ　　(7)

Qの値は，問題文で与えられた式(2)〜(4)の熱化学方程式から求めることができる。

KCl(固) ＋ aq ＝ K^+ aq ＋ Cl^- aq － 17 kJ　　(2)

KCl(固) ＝ K^+(気) ＋ Cl^-(気) － 720 kJ　　(3)

K^+(気) ＋ aq ＝ K^+ aq ＋ 340 kJ　　(4)

式(7)＝式(2)－式(3)－式(4)より，

$Q = -17\,\mathrm{kJ} - (-720\,\mathrm{kJ}) - 340\,\mathrm{kJ} = 363\,\mathrm{kJ}$

なお，これらのエネルギーの関係(エネルギー図)は次のように

溶解熱

物質 1 mol を多量の溶媒に溶解したときに発生または吸収する熱量。

表される。

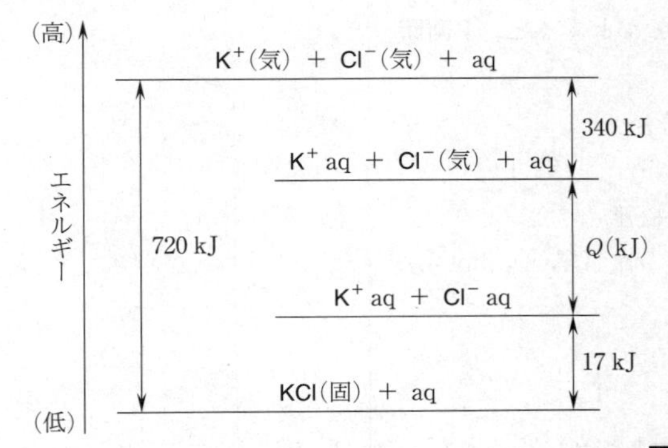

9 …①

b 式(2)からわかるように，塩化カリウム KCl の水への溶解では熱が吸収されるので，溶解すると水溶液の温度が下がる。

KCl(式量 74.5) 3.72 g の物質量は，

$$\frac{3.72\ \text{g}}{74.5\ \text{g/mol}}=\frac{3.72}{74.5}\ \text{mol}$$

KCl の溶解熱が -17 kJ/mol であることから，3.72 g の KCl の溶解によって吸収される熱量は，

$$17\times10^3\ \text{J/mol}\times\frac{3.72}{74.5}\ \text{mol}=848\ \text{J}$$

外部との熱の出入りがないと仮定し，溶解に伴って吸収される熱により，水溶液の温度が Δt (K) 下がるとすると，

$$848\ \text{J}=4.2\ \text{J/(g·K)}\times(96.28+3.72)\ \text{g}\times\Delta t\ \text{(K)}$$

$$\Delta t=2.01\ \text{K}\fallingdotseq2.0\ \text{K}$$

外部との熱の出入りがないと仮定すると，水溶液の温度は，25 ℃から 2.0 K 下がり，23 ℃になる。したがって，温度変化を表したグラフは④である。

なお，グラフ中で水溶液の温度が下がったのち，なだらかに上昇していくのは，水溶液が室内(室温 25 ℃)の空気によって温められるためである。この部分のグラフを，時刻 0 まで延長したときの温度(点 A の温度)が 23 ℃である。

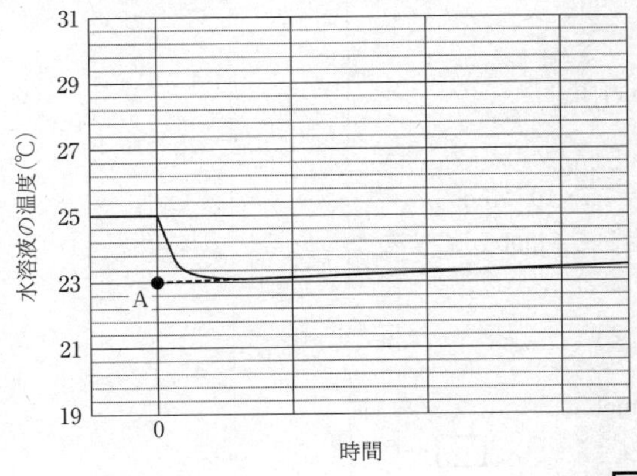

10 …④

比熱，温度変化と熱

物質 1 g の温度を 1 K 変化させるときに吸収または放出される熱量を比熱という。

比熱を c (J/(g·K))，質量を m (g)，温度変化を Δt (K) とすると，物質の温度変化によって吸収または放出される熱量 Q (J) は，

$Q=cm\Delta t$

問4　電離平衡

a　HAのモル濃度をc (mol/L)，電離度をαとすると，平衡時のモル濃度の関係は次のようになる。

	HA	$\rightleftarrows$	H^+	+	A^-	
電離前	c		0		0	
変化量	$-c\alpha$		$+c\alpha$		$+c\alpha$	
平衡時	$c(1-\alpha)$		$c\alpha$		$c\alpha$	(単位：mol/L)

以上から，電離定数K_aは次式で表される。

$$K_a=\frac{[H^+][A^-]}{[HA]}=\frac{c\alpha\times c\alpha}{c(1-\alpha)}=\frac{c\alpha^2}{1-\alpha}$$

電離度が1より十分小さい場合は，$1-\alpha\fallingdotseq1$とみなすことができるので，

$$K_a=c\alpha^2,\ \alpha>0 \text{ より } \alpha=\sqrt{\frac{K_a}{c}}$$

$$[H^+]=c\alpha=c\times\sqrt{\frac{K_a}{c}}=\sqrt{cK_a}$$

$c=0.030$ mol/L，$K_a=3.0\times10^{-8}$ mol/L から，

$$[H^+]=\sqrt{0.030\ \text{mol/L}\times3.0\times10^{-8}\ \text{mol/L}}=3.0\times10^{-5}\ \text{mol/L}$$

$$\text{pH}=-\log_{10}(3.0\times10^{-5})=5.0-0.48=4.52\fallingdotseq4.5$$

11 …④

b　混合水溶液中のHAのモル濃度をC_a(mol/L)，NaAのモル濃度をC_s(mol/L)とすると，この混合水溶液では，NaAは完全に電離し，HAの電離度がきわめて小さいことから，問題文にあるように，$[HA]\fallingdotseq C_a$，$[A^-]\fallingdotseq C_s$と近似できる。したがって，電離定数K_aは次のように表すことができる。

$$K_a=\frac{[H^+][A^-]}{[HA]}=[H^+]\times\frac{C_s}{C_a}$$

pH 7.0，すなわち$[H^+]=1.0\times10^{-7}$ mol/L から，

$$\frac{C_s}{C_a}=\frac{K_a}{[H^+]}=\frac{3.0\times10^{-8}\ \text{mol/L}}{1.0\times10^{-7}\ \text{mol/L}}=0.30$$

HAの水溶液1.0 LにNaAの水溶液1.0 Lを加えることから，混合水溶液の体積は2.0 Lになり，混合水溶液中のHAのモル濃度は，

$$C_a=0.10\ \text{mol/L}\times\frac{1.0\ \text{L}}{2.0\ \text{L}}=5.0\times10^{-2}\ \text{mol/L}$$

混合水溶液中のNaAのモル濃度は，

$$C_s=0.30\ C_a=0.30\times5.0\times10^{-2}\ \text{mol/L}=1.5\times10^{-2}\ \text{mol/L}$$

はじめに用いたNaA水溶液のモル濃度をC'(mol/L)とすると，

$$C_s=C'\times\frac{1.0\ \text{L}}{2.0\ \text{L}}=\frac{1}{2}C'$$

$$C'=1.5\times10^{-2}\ \text{mol/L}\times2=3.0\times10^{-2}\ \text{mol/L}$$

12 …②

電離度と$[H^+]$

$$\text{電離度}=\frac{\text{電離した電解質の物質量}}{\text{溶けている電解質全体の物質量}}$$

c (mol/L)の1価の弱酸の水溶液では，弱酸の電離度をαとすると，

$[H^+]=c\alpha$ (mol/L)

水素イオン濃度とpH

$\text{pH}=-\log_{10}[H^+]$

$[H^+]=10^{-\text{pH}}$ (mol/L)

第3問　無機物質

問1　金属イオン

①　正しい。硝酸鉛(Ⅱ) $Pb(NO_3)_2$ 水溶液に希塩酸(HCl の水溶液)を加えると，塩化鉛(Ⅱ) $PbCl_2$ の白色沈殿が生じる。

$$Pb^{2+} + 2Cl^- \longrightarrow PbCl_2$$

なお，$PbCl_2$ は熱水には溶ける。

②　誤り。酸性の条件下では，硫酸亜鉛 $ZnSO_4$ 水溶液に硫化水素 H_2S を通じても，沈殿は生じない。

なお，中性または塩基性の条件下では，硫化亜鉛 ZnS の白色沈殿が生じる。

$$Zn^{2+} + S^{2-} \longrightarrow ZnS$$

③　正しい。硝酸アルミニウム $Al(NO_3)_3$ 水溶液にアンモニア NH_3 水を加えると，水酸化アルミニウム $Al(OH)_3$ の白色沈殿が生じる。過剰に NH_3 水を加えても，$Al(OH)_3$ の沈殿は溶けない。

$$Al^{3+} + 3OH^- \longrightarrow Al(OH)_3$$

④　正しい。硫酸銅(Ⅱ) $CuSO_4$ 水溶液に NH_3 水を加えると，水酸化銅(Ⅱ) $Cu(OH)_2$ の青白色沈殿が生じる。過剰に NH_3 水を加えると，$Cu(OH)_2$ の沈殿は，テトラアンミン銅(Ⅱ)イオン $[Cu(NH_3)_4]^{2+}$ になって溶け，深青色の水溶液になる。

$$Cu^{2+} + 2OH^- \longrightarrow Cu(OH)_2$$

$$Cu(OH)_2 + 4NH_3 \longrightarrow [Cu(NH_3)_4]^{2+} + 2OH^-$$

13 …②

Cl^- で沈殿するイオン

Ag^+，Pb^{2+}

S^{2-} (H_2S) で沈殿するイオン

・水溶液の pH によらず沈殿

Ag^+，Cu^{2+}，Pb^{2+}

・中性～塩基性のときのみ沈殿

Zn^{2+}，Fe^{2+}，Ni^{2+}

OH^- で沈殿するイオン

アルカリ金属(Li，Na，K など)，アルカリ土類金属(Ca，Sr，Ba)以外の金属イオンは水酸化物または酸化物(Ag_2O など)の沈殿を生じる。

・$Zn(OH)_2$，$Cu(OH)_2$，Ag_2O は，過剰の NH_3 水に溶ける。

・$Al(OH)_3$，$Zn(OH)_2$ (両性金属の水酸化物)は，過剰の NaOH 水溶液に溶ける。

問2　鉄の反応と酸化還元滴定

鉄 Fe は水素 H_2 よりイオン化傾向が大きく，希硫酸(H_2SO_4 の水溶液)に Fe を加えると，次式のように，Fe は鉄(Ⅱ)イオン Fe^{2+} となって溶ける。

$$Fe + 2H^+ \longrightarrow Fe^{2+} + H_2$$

$$(Fe + H_2SO_4 \longrightarrow FeSO_4 + H_2)$$

この Fe^{2+} を含む水溶液を空気中に放置すると，水溶液に溶けた酸素 O_2 によって Fe^{2+} が酸化され，鉄(Ⅲ)イオン Fe^{3+} に変化していく。このとき起こる変化は，次のようになる。

$$Fe^{2+} \longrightarrow Fe^{3+} + e^- \quad (1)$$

$$O_2 + 4H^+ + 4e^- \longrightarrow 2H_2O \quad (2)$$

式(1)×4＋式(2)より，

$$4Fe^{2+} + O_2 + 4H^+ \longrightarrow 4Fe^{3+} + 2H_2O$$

溶かした 0.560 g の Fe(式量 56)の物質量は，

$$\frac{0.560\ \mathrm{g}}{56\ \mathrm{g/mol}} = 1.00 \times 10^{-2}\ \mathrm{mol}$$

Fe を希硫酸に溶かした後，空気中に放置した水溶液 A には，Fe^{2+} と Fe^{3+} が含まれていると考えられ，Fe^{2+} と Fe^{3+} の物質量の和は 1.00×10^{-2} mol である。過マンガン酸カリウム $KMnO_4$ 水溶液による滴定では，A 中の Fe^{2+} の量を調べている。滴定の際に起こる変化は，次のとおりである。

$$MnO_4^- + 8H^+ + 5e^- \longrightarrow Mn^{2+} + 4H_2O \quad (3)$$

$$Fe^{2+} \longrightarrow Fe^{3+} + e^- \quad (1)$$

この滴定では，滴下した $KMnO_4$ 水溶液の赤紫色が消えなくなったところを終点とする。Aに含まれていた Fe^{2+} の物質量を x (mol) とすると，(MnO_4^- が受け取る e^- の物質量)＝(Fe^{2+} が与える e^- の物質量) より，

$$0.050 \text{ mol/L} \times \frac{24.0}{1000} \text{ L} \times 5 = x \text{ (mol)} \times 1$$

$$x = 6.0 \times 10^{-3} \text{ mol}$$

よって，Aに含まれていた Fe^{3+} の物質量は，

$$1.00 \times 10^{-2} \text{ mol} - 6.0 \times 10^{-3} \text{ mol} = 4.0 \times 10^{-3} \text{ mol}$$

なお，x の値は，式(3)＋式(1)×5 により e^- を消去した次の反応式を用いて求めることもできる。

$$MnO_4^- + 8H^+ + 5Fe^{2+} \longrightarrow Mn^{2+} + 4H_2O + 5Fe^{3+}$$

MnO_4^- と Fe^{2+} の物質量比について，

$$0.050 \text{ mol/L} \times \frac{24.0}{1000} \text{ L} : x \text{ (mol)} = 1 : 5$$

$$x = 6.0 \times 10^{-3} \text{ mol}$$

14 …③

酸化還元反応の量的関係

酸化剤と還元剤が過不足なく反応するとき，

酸化剤が受け取る e^- の物質量
＝還元剤が与える e^- の物質量

問3　オキソ酸

オキソ酸**ア**～**エ**は，リン酸 H_3PO_4，硫酸 H_2SO_4，硝酸 HNO_3，次亜塩素酸 $HClO$ のいずれかである。

I　リン酸カルシウム $Ca_3(PO_4)_2$，硫酸カルシウム $CaSO_4$ は水に溶けにくい。一方，硝酸カルシウム $Ca(NO_3)_2$，次亜塩素酸カルシウム $Ca(ClO)_2$ は水に溶けやすい。よって，**ア**，**エ**は H_3PO_4 または H_2SO_4，**イ**，**ウ**は HNO_3 または $HClO$ である。

なお，$Ca_3(PO_4)_2$ はリン鉱石の主成分である。また，$CaSO_4 \cdot 2H_2O$ はセッコウとよばれ，$Ca(ClO)_2 \cdot 2H_2O$ は高度さらし粉の主成分である。

II　次亜塩素酸ナトリウム $NaClO$ に希塩酸を加えると，塩素 Cl_2 が発生する。Cl_2 は黄緑色の有毒な気体である。

$$NaClO + 2HCl \longrightarrow NaCl + H_2O + Cl_2$$

一方，硝酸ナトリウム $NaNO_3$ に希塩酸を加えても，変化は起こらない。

よって，**イ**は $HClO$ であり，**ウ**は HNO_3 である。

III　$Ca_3(PO_4)_2$ と H_2SO_4 を 1：2 の物質量比で反応させると，リン酸二水素カルシウム $Ca(H_2PO_4)_2$ と $CaSO_4$ の混合物が得られる。

$$Ca_3(PO_4)_2 + 2H_2SO_4 \longrightarrow Ca(H_2PO_4)_2 + 2CaSO_4$$

$Ca(H_2PO_4)_2$ と $CaSO_4$ の混合物は過リン酸石灰とよばれ，肥

SO_4^{2-} で沈殿するイオン

Ca^{2+}，Ba^{2+}，Pb^{2+}

有色の気体

Cl_2：黄緑色，F_2：淡黄色，
NO_2：赤褐色，O_3：淡青色

料として用いられる。

よって，**ア**は H_3PO_4，**エ**は H_2SO_4 である。

Ⅳ 濃硝酸と濃硫酸の混合物は，混酸とよばれ，ニトログリセリンや2,4,6-トリニトロトルエンなど，火薬の製造に用いられる。

$$\begin{matrix} CH_2-OH \\ | \\ CH-OH \\ | \\ CH_2-OH \end{matrix} + 3\,HNO_3 \xrightarrow[\text{エステル化}]{} \begin{matrix} CH_2-ONO_2 \\ | \\ CH-ONO_2 \\ | \\ CH_2-ONO_2 \end{matrix} + 3\,H_2O$$

グリセリン　　　　　　　　　　　　ニトログリセリン

$$C_6H_5CH_3 + 3\,HNO_3 \xrightarrow[\text{ニトロ化}]{} C_6H_2(CH_3)(NO_2)_3 + 3\,H_2O$$

トルエン　　　　　　　　　　　　2,4,6-トリニトロトルエン

以上より，**ア**は H_3PO_4，**イ**は $HClO$，**ウ**は HNO_3，**エ**は H_2SO_4 である。

15 …④，16 …②

問4　チタン

a　① 誤り。チタン Ti は，周期表の第4周期，4族に属するので，遷移元素である。典型元素の原子の最外殻電子の数は，ヘリウム He を除き，族番号の一の位の値と等しいが，遷移元素の原子の最外殻電子の数は，一般に1または2である。なお，チタンの原子番号は22であり，その電子配置は，K殻：2，L殻：8，M殻：10，N殻：2である。

② 正しい。酸化チタン(Ⅳ) TiO_2 は光触媒の一種である。TiO_2 に光(紫外線)が当たると，有機物を分解して二酸化炭素と水などに変えるので，建物の外壁やガラスの表面に TiO_2 を塗布すると，汚れが付きにくい。

③ 正しい。形状記憶合金は，変形してもある温度以上になると元の形に戻る。Ti とニッケル Ni の合金は形状記憶合金の一つであり，眼鏡のフレームなどに用いられる。

④ 正しい。Ti とアルミニウム Al などの合金はチタン合金とよばれる。チタン合金は，軽くて強度が高く，耐食性に優れるため，航空機のエンジンなどに用いられる。また，生体適合性があり，人工骨などにも用いられる。

17 …①

b　マグネシウム Mg はイオン化傾向が大きいため，塩化マグネシウム $MgCl_2$ から単体のマグネシウム Mg を得るためには，$MgCl_2$ の ア<u>融解液</u>を電気分解(溶融塩電解)する。このとき，イ<u>陰極</u>では融解状態の Mg が得られ，ウ<u>陽極</u>からは塩素 Cl_2 が発生する。

陰極　$Mg^{2+} + 2e^- \longrightarrow Mg$

陽極　$2Cl^- \longrightarrow Cl_2 + 2e^-$

溶融塩電解(融解塩電解)

塩などを融解した状態で電気分解すること。水溶液の電気分解では得られないイオン化傾向の大きい金属の単体を得ることができる。

よって，④が正解である。

なお，$MgCl_2$ の水溶液を電気分解しても，陰極では水素 H_2 が発生し，単体の Mg は得られない。

陰極　$2H_2O + 2e^- \longrightarrow H_2 + 2OH^-$

陽極　$2Cl^- \longrightarrow Cl_2 + 2e^-$

18 …④

c　問題に記されたチタンの製造工程における Ti の変化に着目すると，次のとおりである。

$$\text{チタン鉱石（主成分 } TiO_2\text{）} \xrightarrow{\text{工程 I}} TiCl_4 \xrightarrow{\text{工程 II}} Ti$$

Ti 原子の数（物質量）に着目すると，1 mol の TiO_2（式量 80）から 1 mol の Ti（式量 48）が得られることがわかる。1.0 トンの Ti を製造するために必要なチタン鉱石を x（トン）とすると，チタン鉱石中に含まれる TiO_2 の含有率（質量パーセント）は 50 % なので，

$$\frac{x \times 10^6\ (\text{g}) \times \frac{50}{100}}{80\ \text{g/mol}} = \frac{1.0 \times 10^6\ \text{g}}{48\ \text{g/mol}}$$

$x = 3.33$ トン ≒ 3.3 トン

19 …③

第 4 問　有機化合物

問 1　アルコール，アルデヒド

①　正しい。メタノールは，工業的には一酸化炭素 CO と水素 H_2 を触媒とともに加圧・加熱してつくられる。

$CO + 2H_2 \longrightarrow CH_3OH$

②　誤り。2-メチル-1-プロパノールは，第一級アルコールであり，硫酸酸性の二クロム酸カリウム水溶液で酸化され，アルデヒドを経てカルボン酸に変化する。

$$CH_3-CH(CH_3)-CH_2-OH \xrightarrow[\text{酸化}]{-2H} CH_3-CH(CH_3)-C(=O)-H$$

2-メチル-1-プロパノール

$$\xrightarrow[\text{酸化}]{+O} CH_3-CH(CH_3)-C(=O)-OH$$

③　正しい。2-ブタノールを濃硫酸を用いて分子内脱水したときに生じるアルケンは 1-ブテン，シス-2-ブテン，トランス-2-ブテンの 3 種類である。

アルコールの酸化

（第一級アルコール）

$$R-CH_2-OH \xrightarrow{-2H} R-C(=O)-H \xrightarrow{+O} R-C(=O)-OH$$

（第二級アルコール）

$$R-CH(OH)-R' \xrightarrow{-2H} R-C(=O)-R'$$

（第三級アルコール）

$$R-C(R')(OH)-R'' \not\longrightarrow \text{（酸化されにくい）}$$

アルコールの脱水

濃硫酸にアルコールを加えて加熱すると，脱水反応が起こり，反応温度に応じてアルケンまたはエーテルが生じる。

$$CH_3-\underset{\underset{H}{|}}{\overset{\overset{H}{|}}{C}}-\underset{\underset{OH}{|}}{\overset{\overset{H}{|}}{C}}-\underset{\underset{H}{|}}{\overset{\overset{H}{|}}{C}}-H \xrightarrow{-H_2O}$$

2-ブタノール

→ $CH_3-CH_2(H)C=CH_2$ 1-ブテン

→ $CH_3(H)C=C(H)CH_3$ シス-2-ブテン

→ $CH_3(H)C=C(CH_3)H$ トランス-2-ブテン

④ 正しい。メタノール CH_3OH の蒸気を加熱した銅線に触れさせると，銅 Cu が酸化されて生じた酸化銅(Ⅱ)CuO によって CH_3OH が酸化されてホルムアルデヒド HCHO が生成する。

$$2\,Cu + O_2 \longrightarrow 2\,CuO$$

$$CH_3OH + CuO \longrightarrow HCHO + H_2O + Cu$$

⑤ 正しい。次の構造をもつ化合物に，ヨウ素と水酸化ナトリウム水溶液を加えて温めると，ヨードホルム CHI_3 の黄色沈殿が生じる。この反応はヨードホルム反応とよばれる。

$$CH_3-\underset{\underset{O}{\|}}{C}-R \qquad CH_3-\underset{\underset{OH}{|}}{CH}-R$$

（R は水素原子または炭化水素基）

アセトアルデヒド CH_3CHO の構造式は次のとおりであり，上記の左の構造をもつためヨードホルム反応を示す。

$$CH_3-\underset{\underset{O}{\|}}{C}-H$$

アセトアルデヒド

20 …②

問2　芳香族化合物

① 正しい。ベンゼン C_6H_6 は，分子内の炭素原子 C の含有率が高いので，空気中で燃やすと，不完全燃焼により多量のすす(炭素 C の微粉末)を出す。

② 正しい。アニリンは，工業的には触媒(ニッケルなど)を用いて，高温でニトロベンゼンを水素で還元してつくられる。

$$C_6H_5NO_2 \xrightarrow[\text{還元}]{H_2} C_6H_5NH_2$$

ニトロベンゼン　　アニリン

③ 誤り。合成洗剤に用いられるアルキルベンゼンスルホン酸ナトリウムは，強酸であるアルキルベンゼンスルホン酸と強塩基である水酸化ナトリウムの中和で得られる塩であり，その水溶液は中性を示す。

ヨードホルム反応

$$CH_3-\underset{\underset{O}{\|}}{C}-R \text{ または } CH_3-\underset{\underset{OH}{|}}{CH}-R$$

（R：H 原子または炭化水素基）

の構造をもつ化合物に I_2 と NaOH 水溶液を加えて温めると，特有の臭いをもつ CHI_3 の黄色沈殿が生じる。

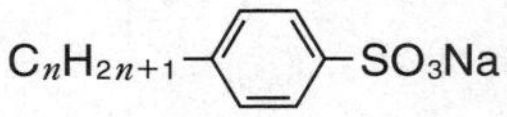

$C_nH_{2n+1}-C_6H_4-SO_3Na$

アルキルベンゼンスルホン酸ナトリウム

④　正しい。フェノール樹脂は，フェノールとホルムアルデヒドの付加縮合によって合成される立体網目状(三次元網目状)構造の樹脂であり，一度硬化すると，加熱しても軟化することがない熱硬化性樹脂である。

(フェノール)OH ＋ H−C(=O)−H

→(付加縮合)

---CH₂ / OH / CH₂ / OH / CH₂--- … CH₂ … CH₂ … HO … ---CH₂ / CH₂ / CH₂--- / OH

フェノール樹脂

付加縮合

付加反応と縮合反応が繰り返し起こり，高分子化合物ができる反応。フェノール樹脂，尿素樹脂，メラミン樹脂は付加縮合で合成される。

熱硬化性樹脂

加熱によって重合反応が進み，網目状の構造が発達して硬くなる合成樹脂。

熱可塑性樹脂

加熱すると軟化し，冷却すると硬化する性質をもつ合成樹脂。

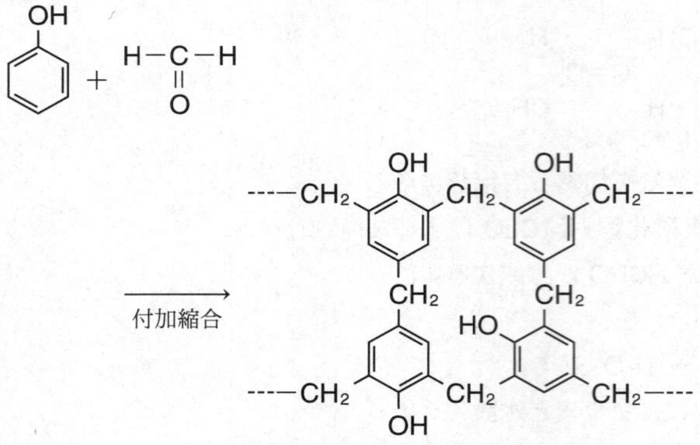

⑤　正しい。スチレンと *p*-ジビニルベンゼンを共重合させた高分子化合物をスルホン化すると，樹脂内に多くのスルホ基 $-SO_3H$ をもつ陽イオン交換樹脂が得られる。

$x\,CH_2=CH(C_6H_5)$ ＋ $y\,CH_2=CH-C_6H_4-CH=CH_2$

スチレン　　*p*-ジビニルベンゼン

→(共重合) $\{-CH_2-CH(C_6H_5)-\}_x\{-CH_2-CH(C_6H_4)-\}_y$（$-CH_2-CH-$ で架橋）

→(濃硫酸 スルホン化) $\{-CH_2-CH(C_6H_4SO_3H)-\}_x\{-CH_2-CH(C_6H_4)-\}_y$（$-CH_2-CH-$ で架橋）

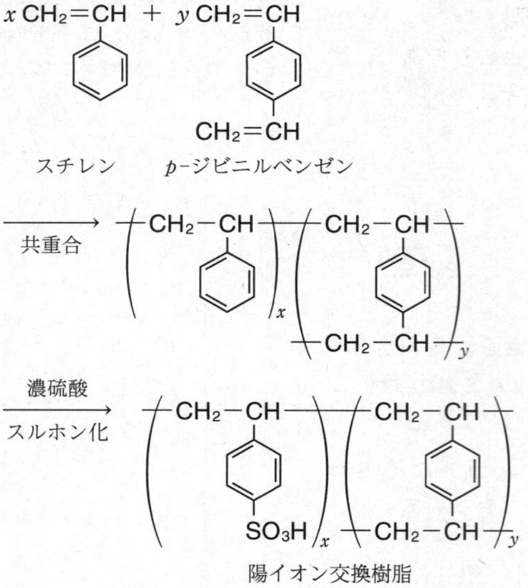

陽イオン交換樹脂

（スチレンのパラ位がスルホン化されたとして構造を記した。また，それぞれの単量体はばらばらに含まれており，それぞれ x 個，y 個が連続して並んでいるのではない。）

共重合

2 種類以上の単量体が重合することで高分子化合物ができる反応。

この陽イオン交換樹脂を円筒容器(カラム)に詰め，例えば塩化ナトリウム NaCl 水溶液をカラムの上から流すと，樹脂中の H^+ と水溶液中の Na^+ が交換され，塩酸が流出する。

$$R-SO_3H + NaCl \longrightarrow R-SO_3Na + HCl$$

21 …③

問3　油脂

油脂を構成する脂肪酸には，炭素原子間の結合がすべて単結合である飽和脂肪酸と，炭素原子間に二重結合が存在する不飽和脂肪酸がある。

不飽和脂肪酸のもつ炭素原子間二重結合 C=C の数は，炭化水素基の C の数と H の数から求めることができる。

パルミチン酸がもつ $C_{15}H_{31}-$ やステアリン酸がもつ $C_{17}H_{35}-$ のように $C_nH_{2n+1}-$ で表される炭化水素基はアルキル基とよばれ，すべて単結合で構成されるため，含まれる C=C の数は0である。オレイン酸に含まれる $C_{17}H_{33}-$ は，$C_{17}H_{35}-$ より水素原子 H の数が2少ないので，含まれる C=C の数は1である。同様に考えるとリノール酸のもつ $C_{17}H_{31}-$ に含まれる C=C の数は2，リノレン酸のもつ $C_{17}H_{29}-$ に含まれる C=C の数は3である。

表1中の脂肪酸1分子に含まれる C=C の数を整理すると，次のようになる。

脂肪酸	化学式	C=C の数
パルミチン酸	$C_{15}H_{31}COOH$	0
ステアリン酸	$C_{17}H_{35}COOH$	0
オレイン酸	$C_{17}H_{33}COOH$	1
リノール酸	$C_{17}H_{31}COOH$	2
リノレン酸	$C_{17}H_{29}COOH$	3

油脂 A ～ C の平均分子量には大きな差がないため，油脂 100 g に含まれる油脂の物質量にも大きな差はない。一方，構成する脂肪酸には大きな偏りがある。油脂 A は，C=C を含まない脂肪酸(パルミチン酸とステアリン酸)の割合が(27＋30＝) 57 % と多く，油脂 B は，C=C を1個もつオレイン酸が 76 % 含まれており，油脂 C は，C=C を3個もつリノレン酸が 50 % 含まれているので，それぞれの油脂に含まれる C=C の数は，油脂 C ＞ 油脂 B ＞ 油脂 A と見当をつけることができる。構成する脂肪酸に C=C を多く含む油脂ほど，付加できるヨウ素 I_2 の量が多くなるため，付加できるヨウ素の質量が大きい順は，⑥ (C ＞ B ＞ A) と判断できる。

(補足)

油脂 A ～ C 1分子あたりに含まれる C=C の数の平均および油脂 100 g に付加する I_2 の質量を求めると次のようになる。

油脂 A を構成する脂肪酸1分子に含まれる C=C の数の平均は，

$$0\times\frac{27}{100}+0\times\frac{30}{100}+1\times\frac{40}{100}+2\times\frac{2}{100}+3\times\frac{1}{100}$$

$$=0.47\ (\text{個})$$

油脂1分子に含まれる脂肪酸の数は3なので，油脂 A 1分子あたりに含まれる C=C の数は，

油脂

グリセリンがもつ3個の −OH に脂肪酸 R−COOH がエステル結合によって結合した化合物。

```
      O
      ‖
 R－C－O－CH₂
            |
      O     |
      ‖     |
R′－C－O－CH
            |
      O     |
      ‖     |
R″－C－O－CH₂
```

脂肪酸

鎖式のモノカルボン酸 R−COOH(R：炭化水素基または H)を脂肪酸という。なお，脂肪酸のうち炭素数が多いものを高級脂肪酸，炭素数の少ないものを低級脂肪酸という。

$0.47 \times 3 = 1.41$ (個)

C=C 1 個につき I_2 が 1 個付加するので，油脂 100 g に付加する I_2(分子量 254)の質量は，

$$254\ \mathrm{g/mol} \times \frac{100\ \mathrm{g}}{865\ \mathrm{g/mol}} \times 1.41 = 41.4\ \mathrm{g}$$

油脂 **B**，**C** についても同様にして求めると，

B

1 分子あたりに含まれる C=C の数	2.97 (個)
100 g に付加する I_2 の質量	86.1 g

C

1 分子あたりに含まれる C=C の数	6.21 (個)
100 g に付加する I_2 の質量	181 g

なお，油脂 100 g に付加する I_2 の質量の数値はヨウ素価とよばれ，一般にヨウ素価が大きい油脂ほど，油脂中に含まれる C=C が多くなることから，油脂に含まれる C=C の数を知る目安になる。

22 …⑥

問 4　ポリ乳酸および関連する物質

a　① 正しい。デンプンは多数のグルコースが脱水縮合した構造をもつ多糖類で，アミロースとアミロペクチンの 2 種類の成分がある。アミロースは，α-グルコースが C 1 に結合した OH 基(ヒドロキシ基)と C 4 に結合した OH 基とで脱水縮合して直鎖状に結合した構造をもつ。アミロペクチンは，C 1 と C 4 の OH 基で結合した直鎖状構造に加えて，C 1 と C 6 の OH 基の結合があり，枝分かれ構造を含んでいる。いずれもグルコースの還元性を示す部分で縮合重合しているため，フェーリング液を還元しない。

アミロース

アミロペクチン

糖類の還元性

単糖類…還元性あり

二糖類

マルトース，セロビオース，ラクトースなど　…還元性あり

スクロース，トレハロースなど　…還元性なし

多糖類…還元性なし

② 誤り。環状構造のグルコースおよび鎖状構造のグルコースのいずれも1分子内にヒドロキシ基が5個ずつ存在する。

α-グルコース　⇄　鎖状構造のグルコース

③ 正しい。乳酸はカルボキシ基(−COOH)をもつため，炭酸水素ナトリウム水溶液に加えると二酸化炭素が発生する。

乳酸

④ 正しい。ポリ乳酸は，乳酸が縮合重合した構造をもつ高分子化合物であり，多くのエステル結合をもつ。

縮合重合

ポリ乳酸　エステル結合

23 …②

b ①〜⑤の化合物の構造式を示す。
(＊をつけた炭素原子が不斉炭素原子である。)

① 1,2-ジクロロプロパン

② フマル酸

③ プロピオン酸

④ イソプレン

⑤ アセチルサリチル酸

カルボン酸と炭酸水素ナトリウム

カルボン酸に炭酸水素ナトリウム水溶液を加えると，二酸化炭素が発生する。

$$RCOOH + NaHCO_3 \longrightarrow RCOONa + H_2O + CO_2$$

縮合重合

水などの簡単な分子がとれて結合する縮合反応が次々に起こって高分子化合物ができる反応。

不斉炭素原子

結合している原子や原子団が4個とも異なる炭素原子。不斉炭素原子を1個もつと，実像と鏡像の関係にある分子が1組存在する。これらを**鏡像異性体**(**光学異性体**)という。

よって，不斉炭素原子をもつものは①(1,2-ジクロロプロパン)である。

24 …①

c　デンプン $(C_6H_{10}O_5)_n$ の加水分解は，次の化学反応式で表される。

$$(C_6H_{10}O_5)_n + n\,H_2O \longrightarrow n\,C_6H_{12}O_6$$

デンプン(分子量 $162n$) 54 g を完全に加水分解すると，得られるグルコース $C_6H_{12}O_6$ の物質量は，

$$\frac{54\ \text{g}}{162n\ (\text{g/mol})} \times n = \frac{1}{3}\ \text{mol}$$

乳酸発酵では，グルコース $C_6H_{12}O_6$ 1 分子から乳酸 $CH_3CH(OH)COOH$ 2 分子が得られるので，この反応は次の化学反応式で表される。

$$C_6H_{12}O_6 \longrightarrow 2\,CH_3CH(OH)COOH$$

したがって，$C_6H_{12}O_6$ $\frac{1}{3}$ mol を発酵させたときに得られる $CH_3CH(OH)COOH$ は $\frac{2}{3}$ mol である。

また，乳酸からポリ乳酸が得られる反応は，次の化学反応式で表される。

$$m\,HO-\underset{\substack{|\\CH_3}}{CH}-\underset{\substack{\|\\O}}{C}-OH \longrightarrow \left[O-\underset{\substack{|\\CH_3}}{CH}-\underset{\substack{\|\\O}}{C}\right]_m + m\,H_2O$$

$CH_3CH(OH)COOH$ $\frac{2}{3}$ mol から得られるポリ乳酸(分子量 $72m$)の物質量および質量は，

$$\frac{2}{3}\ \text{mol} \times \frac{1}{m} = \frac{2}{3m}\ (\text{mol})$$

$$72m\ (\text{g/mol}) \times \frac{2}{3m}\ (\text{mol}) = 48\ \text{g}$$

(別解)

一連の反応で，炭素原子 C の総物質量に変化がないので，デンプンの繰り返し単位 $C_6H_{10}O_5$(式量 162)からポリ乳酸の繰り返し単位 $C_3H_4O_2$(式量 72)が 2 単位得られる。よって，デンプン 54 g から得ることができるポリ乳酸の最大質量は，

$$54\ \text{g} \times \frac{72 \times 2}{162} = 48\ \text{g}$$

25 …③

デンプンの加水分解

デンプン $(C_6H_{10}O_5)_n$
↓
マルトース $C_{12}H_{22}O_{11}$
↓
グルコース $C_6H_{12}O_6$

第5問　アミノ酸，ペプチド，タンパク質に関する総合問題

問1　アミノ酸とタンパク質

①　正しい。アミノ酸は，結晶中でカルボキシ基($-COOH$)からアミノ基($-NH_2$)に H^+ が移動した双性イオンになっている。

$$H_3N^+-CH_2-COO^-$$

グリシンの双性イオン

双性イオン

分子内の酸性の官能基と塩基性の官能基の間で H^+ が移動し，正と負の両電荷をもつ粒子。

なお，アミノ酸は結晶中で双性イオンになっているため，無機化合物のイオン結晶に似た性質を示し，固体状態が分子結晶である一般的な有機化合物に比べて融点が高い。また，水に溶けやすく，有機溶媒に溶けにくいものが多い。

② 正しい。タンパク質のポリペプチド鎖中にみられる規則的な立体構造をタンパク質の二次構造といい，α-ヘリックスやβ-シートなどが知られている。これらの二次構造は，ペプチド結合どうしが $>C=O\cdots H-N<$ の水素結合で結びつくことで形成される。

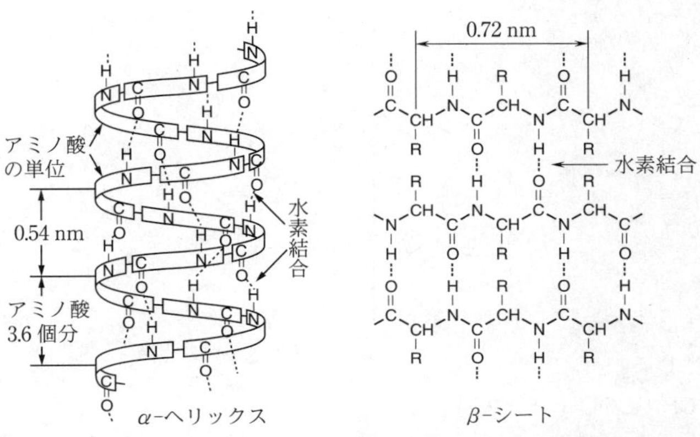

α-ヘリックス　　β-シート

なお，α-ヘリックスは，一つのアミノ酸の $>C=O$ とそれから4番目のアミノ酸の $H-N<$ の間で水素結合が形成されたらせん構造である。β-シートは，水素結合によってペプチド鎖が並んだひだ状の構造である。

③ 正しい。ポリペプチド鎖全体が折りたたまれてつくる立体構造をタンパク質の三次構造といい，水素結合，イオン結合などのほかに，システインの側鎖の $-SH$ 間で形成されるジスルフィド結合($-S-S-$)が関与する。なお，システインは $-SH$ の部分どうしが酸化されてジスルフィド結合を形成し，また，ジスルフィド結合が還元されると $-SH$ になる。

$$\underset{\text{システイン}}{HO-\overset{\overset{O}{\|}}{C}-\underset{\underset{NH_2}{|}}{CH}-CH_2-SH} + \underset{\text{システイン}}{HS-CH_2-\underset{\underset{NH_2}{|}}{CH}-\overset{\overset{O}{\|}}{C}-OH} \underset{\text{還元}}{\overset{\text{酸化}}{\rightleftarrows}}$$

$$HO-\overset{\overset{O}{\|}}{C}-\underset{\underset{NH_2}{|}}{CH}-CH_2-\underbrace{S-S}_{\text{ジスルフィド結合}}-CH_2-\underset{\underset{NH_2}{|}}{CH}-\overset{\overset{O}{\|}}{C}-OH + 2H^+ + 2e^-$$

④ 誤り。ヘモグロビンは，ヘムとよばれる赤い色素とグロビンとよばれるポリペプチドからなる色素タンパク質であり，複合タンパク質に分類される。ヘモグロビンは赤血球中に含まれ，血液中の酸素運搬にはたらく。

ペプチド

アミノ酸の $-COOH$ と別のアミノ酸の $-NH_2$ の間で脱水縮合するとアミド結合($-CONH-$)ができる。アミノ酸どうしのアミド結合を特にペプチド結合といい，アミノ酸がペプチド結合により結合してできた化合物をペプチドという。

$$H-\overset{\overset{H}{|}}{N}-\overset{\overset{R}{|}}{CH}-\underset{\underset{O}{\|}}{C}-OH + H-\overset{\overset{H}{|}}{N}-\overset{\overset{R'}{|}}{CH}-\underset{\underset{O}{\|}}{C}-OH$$

$$\longrightarrow H-\overset{\overset{H}{|}}{N}-\overset{\overset{R}{|}}{CH}-\underbrace{\underset{\underset{O}{\|}}{C}-\overset{\overset{H}{|}}{N}}_{\text{ペプチド結合}}-\overset{\overset{R'}{|}}{CH}-\underset{\underset{O}{\|}}{C}-OH + H_2O$$

タンパク質の構造

一次構造　ポリペプチド鎖中のアミノ酸の配列順序。

二次構造　ペプチド結合間の水素結合により，ポリペプチド鎖中にみられる規則的な立体構造。

例　α-ヘリックス，β-シート

三次構造　ポリペプチド鎖全体が折りたたまれてつくられる立体構造。水素結合，イオン結合，ジスルフィド結合などが関与する。

四次構造　2個以上のポリペプチド鎖をもつタンパク質も存在し，そのようなタンパク質において，複数のポリペプチド鎖が集合して形成する複合体の構造。

タンパク質の分類

単純タンパク質　加水分解によりα-アミノ酸のみを生じるタンパク質。

例　アルブミン，グロブリン，ケラチン，コラーゲン

複合タンパク質　加水分解によりα-アミノ酸以外にリン酸，色素，糖，脂質，核酸などの他の物質も生じるタンパク質。

例　カゼイン(リンタンパク質)，ヘモグロビン(色素タンパク質)

〔参考〕

ヘモグロビンは，4個のグロビン(サブユニットといい，α_1，α_2，β_1，β_2がある)が集合し，各サブユニットが1個ずつヘムをもつ四次構造をとる。ヘムは鉄(Ⅱ)イオンFe^{2+}を配位結合した有機化合物であり，Fe^{2+}が酸素O_2と肺で結びつき，組織で離れることによって，ヘモグロビンは体内全体にO_2を運ぶ。

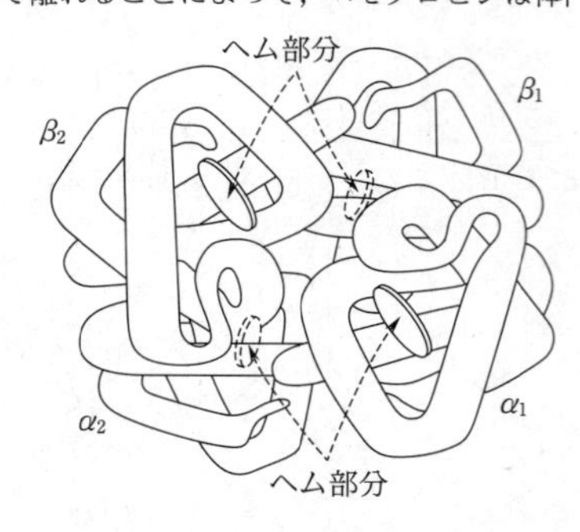

ヘモグロビン(四次構造)

26 …④

問2　アラニン塩酸塩の滴定曲線

アラニン塩酸塩は，水溶液中で電離してアラニンの陽イオン(H_2A^+とする)と塩化物イオンCl^-を生じる。

$$\underset{\text{アラニン塩酸塩}}{CH_3-\underset{\displaystyle |\atop NH_3Cl}{CH}-COOH} \longrightarrow \underset{(H_2A^+)}{CH_3-\underset{\displaystyle |\atop NH_3^+}{CH}-COOH} + Cl^- \quad (1)$$

H_2A^+は1個の$-COOH$と1個の$-NH_3^+$をもつので，水酸化ナトリウム$NaOH$水溶液を滴下すると，次のように2段階で反応し，双性イオン($HA^\pm$とする)，陰イオン(A^-とする)を生じる。

$$\underset{(H_2A^+)}{CH_3-\underset{\displaystyle |\atop NH_3^+}{CH}-COOH} + OH^- \longrightarrow \underset{(HA^\pm)}{CH_3-\underset{\displaystyle |\atop NH_3^+}{CH}-COO^-} + H_2O \quad (2)$$

$$\underset{(HA^\pm)}{CH_3-\underset{\displaystyle |\atop NH_3^+}{CH}-COO^-} + OH^- \longrightarrow \underset{(A^-)}{CH_3-\underset{\displaystyle |\atop NH_2}{CH}-COO^-} + H_2O \quad (3)$$

アミノ酸やペプチド中のアミノ基とカルボキシ基は，水溶液のpHによって電荷の状態を変化させ，次の図に示すように，pH 6程度の中性付近ではいずれもイオン化した状態を主にとり，十分に強い酸性にするとアミノ基だけがイオン化した状態になり，十分に強い塩基性にするとカルボキシ基だけがイオン化した状態になる。

$$\underset{\text{酸性}}{\boxed{\begin{matrix}-NH_3^+\\-COOH\end{matrix}}} \underset{H^+}{\overset{OH^-}{\rightleftarrows}} \underset{\text{中性付近}}{\boxed{\begin{matrix}-NH_3^+\\-COO^-\end{matrix}}} \underset{H^+}{\overset{OH^-}{\rightleftarrows}} \underset{\text{塩基性}}{\boxed{\begin{matrix}-NH_2\\-COO^-\end{matrix}}}$$

したがって，中性付近までに式(2)の反応が起こり，中性付近以降に式(3)の反応が起こると判断できる。また，式(2)の反応の過程

アミノ酸の電離平衡

酸　性　$H_3N^+-\underset{\displaystyle |\atop R}{CH}-COOH$

$\rightleftarrows$

中　性　$H_3N^+-\underset{\displaystyle |\atop R}{CH}-COO^-$

$\rightleftarrows$

塩基性　$H_2N-\underset{\displaystyle |\atop R}{CH}-COO^-$

および式(3)の反応の過程ではいずれも緩衝液になるので，pHの変化は緩やかになる。以上のことから，0.10 mol/L のアラニン塩酸塩水溶液 10 mL に同じモル濃度の水酸化ナトリウム水溶液を滴下したときの滴定曲線として最も適当なものは，②である。なお，式(2)の反応が完了した点では，アラニンはほとんどが双性イオン($HA^{\pm}$)になっており，pH はアラニンの等電点にほぼ等しい約6になる。

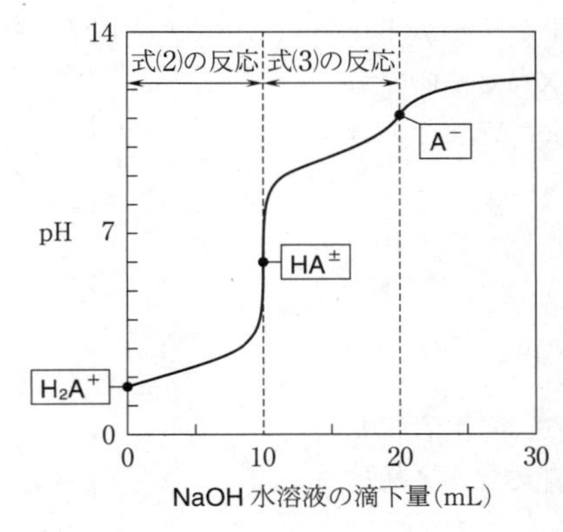

27 …②

アミノ酸の等電点

アミノ酸の平衡混合物(陽イオン，双性イオン，陰イオン)の電荷の総和が0になる pH。等電点ではほとんどが双性イオンとして存在する。等電点より低い pH では陽イオンの割合が増え，等電点より高い pH では陰イオンの割合が増える。

問3　ペプチドのアミノ酸配列の決定

以下の説明では，ペンタペプチド**X**のアミノ酸配列をN末端から順に①－②－③－④－⑤と表す。また，**実験Ⅰ**の結果から判明した**X**を構成するアミノ酸について，適宜，アラニン Ala，セリン Ser，チロシン Tyr，リシン Lys の略号で表記する。

実験Ⅰの結果より，**X**は4種類のアミノ酸からなるので，いずれか1種類のアミノ酸を2個もつ。

実験Ⅱで，**X**を塩基性アミノ酸であるリシン Lys のカルボキシ基側のペプチド結合で切断すると，トリペプチド**A**とジペプチド**B**のみが得られたので，②または③の一方が Lys である。また，**実験Ⅲ**で，**X**を芳香族アミノ酸であるチロシン Tyr のカルボキシ基側のペプチド結合で切断すると，トリペプチド**C**とジペプチド**D**のみが得られたので，②または③のもう一方が Tyr である。したがって，**X**と**A**～**D**の配列として次のⅰ，ⅱが考えられる。

ⅰ　②＝Lys，③＝Tyr の場合

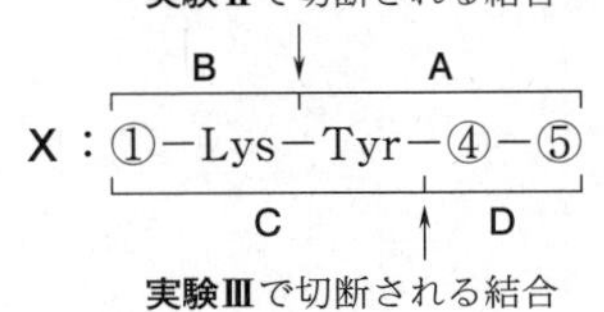

アミノ酸 RCH(NH₂)COOH の分類

中性アミノ酸　$-NH_2$ と $-COOH$ を1個ずつもつアミノ酸。等電点は中性付近(pH 6 前後)にある。

酸性アミノ酸　側鎖のRにも $-COOH$ をもつアミノ酸。等電点は酸性側(pH 3 程度)にある。

塩基性アミノ酸　側鎖のRにも $-NH_2$ などの塩基性の官能基をもつアミノ酸。等電点は塩基性側(pH 10 程度)にある。

ⅱ　②＝Tyr，③＝Lys の場合

実験Ⅱで切断される結合

X：①－Tyr－Lys－④－⑤
（A：①－Tyr－Lys，B：④－⑤，D：①－Tyr，C：Lys－④－⑤）

実験Ⅲで切断される結合

実験Ⅳのキサントプロテイン反応の結果より，A，C，D は Tyr を含み，B は Tyr を含まない。ここで，①または④が Tyr であるとすると，**実験Ⅲ**で用いた酵素によって，X は 2 箇所で切断されるので，**実験Ⅲ**の結果と矛盾する。したがって，X は ⅰ の⑤が Tyr である次の配列に絞られる。

X：①－Lys－Tyr－④－Tyr
（B：①－Lys，A：Tyr－④－Tyr，C：①－Lys－Tyr，D：④－Tyr）

（①，④に Ala，Ser が 1 個ずつ含まれる。）

a　**問 2** の解説で記したように，pH 6（中性付近）の水溶液中において，ペプチドの両末端や側鎖に存在する遊離のアミノ基とカルボキシ基は，いずれもイオン化した $-NH_3^+$ と $-COO^-$ の状態を主にとる。したがって，中性アミノ酸のみで構成されるペプチド A は全体として電荷をもたず，塩基性アミノ酸のリシンを含む $_イ$ペプチド B は全体として正電荷をもつ。

A：$H_3N^+-CH(CH_2C_6H_4OH)-CO-NH-CH(R)-CO-NH-CH(CH_2C_6H_4OH)-COO^-$

B：$H_3N^+-CH(R')-CO-NH-CH((CH_2)_4NH_3^+)-COO^-$

pH 6（中性付近）でのペプチド A・B の状態

（$-R$，$-R'$ は，それぞれ X の④，①のアミノ酸の側鎖を表す。）

よって，電圧を加えると，A は移動せず，B は陰極方向に移動する。電気泳動後の位置は，$_ア$ニンヒドリン水溶液によって紫色に呈色することで確認できる。なお，塩化鉄(Ⅲ)水溶液を用いると，側鎖にフェノール性のヒドロキシ基をもつ A は紫色を呈するが，フェノール性のヒドロキシ基をもたない B は呈色しないので，適当でない。

28 …④

b　B に含まれる窒素原子 N をすべてアンモニア NH_3 に変換して気体とし，これをすべて希塩酸に吸収させた。

$$NH_3 + HCl \longrightarrow NH_4Cl \quad (4)$$

NH_3 吸収後は塩化アンモニウム NH_4Cl と塩化水素 HCl の混合水溶液になり，残存する HCl を，メチルレッドを指示薬として水酸化ナトリウム NaOH 水溶液で滴定している。なお，中和点で

キサントプロテイン反応

ペプチドやタンパク質に濃硝酸を加えて加熱すると黄色を呈し，冷却後，アンモニア水などを加えて塩基性にすると橙黄色になる。チロシンなどに含まれるベンゼン環のニトロ化によって呈色する。

ニンヒドリン反応

アミノ酸，ペプチド，タンパク質の検出反応であり，ニンヒドリン水溶液を加えて温めると，赤紫～青紫色を呈する。

は NH_4Cl と塩化ナトリウム NaCl の混合水溶液になり，アンモニウムイオン NH_4^+ が次のように加水分解して弱い酸性を示すので，pH 4.2～6.2 に変色域をもつメチルレッドが用いられる。

$$NH_4^+ + H_2O \rightleftarrows NH_3 + H_3O^+$$

B 1分子に含まれる N 原子の数を N とし，B の分子量を M とすると，0.10 g の B から発生する NH_3 の物質量は，次のように表される。

$$\frac{0.10\ \text{g}}{M\ (\text{g/mol})} \times N = \frac{0.10N}{M}\ (\text{mol})$$

式(4)より，NH_3 吸収後に残存する HCl の物質量は，次のように表される。

$$0.10\ \text{mol/L} \times \frac{40.0}{1000}\ \text{L} - \frac{0.10N}{M}\ (\text{mol})$$

HCl は1価の酸，NaOH は1価の塩基であり，中和滴定の結果より，

$$1 \times \left(0.10\ \text{mol/L} \times \frac{40.0}{1000}\ \text{L} - \frac{0.10N}{M}\ (\text{mol})\right) = 1 \times 0.10\ \text{mol/L} \times \frac{26.2}{1000}\ \text{L}$$

$$\frac{0.10N}{M}\ (\text{mol}) = 1.38 \times 10^{-3}\ \text{mol}$$

$$M = 72.4N \fallingdotseq 7.2 \times 10N$$

〔別解〕

用いた HCl が NH_3 および NaOH の2種類の塩基によって完全に中和され，NH_4Cl と NaCl になる。HCl は1価の酸，NH_3 および NaOH は1価の塩基なので，実験全体として次の中和反応の量的関係が成り立つ。

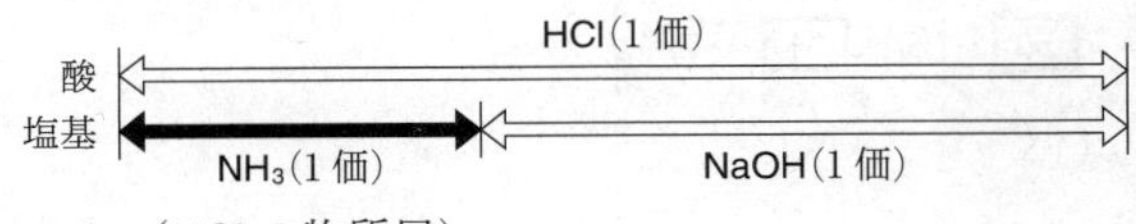

$$1 \times (\text{HCl の物質量}) = 1 \times (NH_3 \text{ の物質量}) + 1 \times (\text{NaOH の物質量})$$

B 1分子に含まれる N 原子の数を N とし，B の分子量を M とすると，

$$1 \times 0.10\ \text{mol/L} \times \frac{40.0}{1000}\ \text{L} = 1 \times \frac{0.10\ \text{g}}{M\ (\text{g/mol})} \times N + 1 \times 0.10\ \text{mol/L} \times \frac{26.2}{1000}\ \text{L}$$

$$\frac{0.10N}{M}\ (\text{mol}) = 1.38 \times 10^{-3}\ \text{mol}$$

$$M = 72.4N \fallingdotseq 7.2 \times 10N$$

〔補足〕

B に含まれる N 原子を NH_3 に変換して気体とする方法として，次のものがある。

中和反応の量的関係

酸から生じる H^+ の物質量
　＝塩基から生じる OH^- の物質量
　（塩基が受け取る H^+ の物質量）

したがって，
酸の価数×酸の物質量
　＝塩基の価数×塩基の物質量

Bに濃硫酸と触媒を加えて加熱分解し，Bに含まれるN原子を硫酸アンモニウム $(NH_4)_2SO_4$ に変換した後，濃水酸化ナトリウム $NaOH$ 水溶液を加えて加熱すると，次の反応により，アンモニア NH_3 が気体として発生する(弱塩基の遊離)。

$$\underset{\text{弱塩基の塩}}{(NH_4)_2SO_4} + \underset{\text{強塩基}}{2\,NaOH} \longrightarrow \underset{\text{強塩基の塩}}{Na_2SO_4} + 2\,H_2O + \underset{\text{弱塩基}}{2\,NH_3}$$

29 …②

c　BはLys(分子量146)を含むジペプチドなので，$N=3$ であり，Bのもう一つのアミノ酸(Xの①のアミノ酸)の分子量を $M_{①}$ とすると，**b**の結果より，

$M_{①}+146-18=72.4\times3$

$M_{①}=89.2\fallingdotseq89$

よって，①はアラニン Ala であり，④もセリン Ser と決まるので，Xのアミノ酸配列は次のように決まる。

X：Ala−Lys−Tyr−Ser−Tyr

これより，加水分解酵素を用いた実験結果のグラフの**ウ**はTyr，**エ**はSerと判断できる。

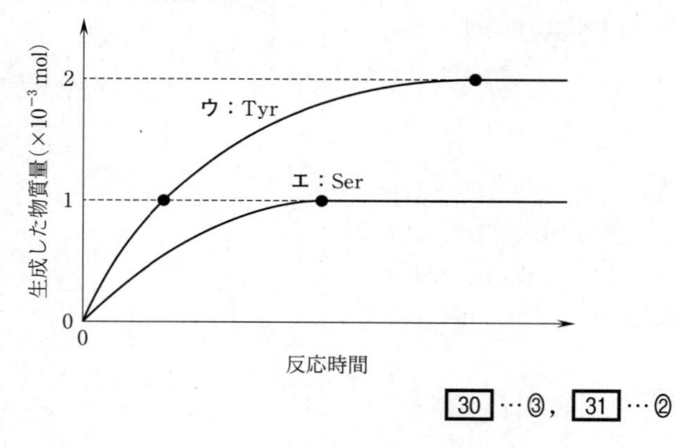

30 …③，31 …②

第5回　解答・解説

設問別正答率

解答番号　第1問	1	2	3	4	5	6	
配点	3	3	4	4	4	4	
正答率(%)	68.9	59.7	49.4	24.4	52.0	34.4	
解答番号　第2問	7	8	9	10	11	12	
配点	4	4	3	3	3	4	
正答率(%)	48.6	30.2	41.4	58.9	35.5	20.9	
解答番号　第3問	13	14	15	16	17	18	
配点	3	4	3	4	3	4	
正答率(%)	63.1	50.2	58.0	31.1	34.0	44.8	
解答番号　第4問	19	20	21	22	23		
配点	3	4	3	4	4		
正答率(%)	41.7	29.9	37.9	38.4	16.9		
解答番号　第5問	24	25	26	27	28-29	30	31
配点	4	1	1	1	4	3	4
正答率(%)	34.1	86.0	79.5	65.3	15.7	43.6	12.8

設問別成績一覧

設　問	設　問　内　容	配　点	平均点	標準偏差
合計		100	39.9	16.3
1	物質の構成，化学量，結晶	22	10.3	5.4
2	溶液，酸と塩基	21	8.1	4.7
3	化学量，酸化還元反応	21	9.7	5.3
4	気体，蒸気圧	18	5.8	4.3
5	メタンハイドレート関連の総合問題	18	6.1	4.1

（100点満点）

問題番号	設問		解答番号	正解	配点	自己採点
第1問	問1		1	④	3	
	問2		2	⑤	3	
	問3		3	⑥	4	
	問4		4	③	4	
	問5	a	5	②	4	
		b	6	②	4	
第1問　自己採点小計					(22)	
第2問	問1		7	②	4	
	問2		8	①	4	
	問3	a	9	①	3	
		b	10	④	3	
		c	11	③	3	
	問4		12	③	4	
第2問　自己採点小計					(21)	
第3問	問1	a	13	④	3	
		b	14	③	4	
	問2	a	15	③	3	
		b	16	④	4	
		c	17	①	3	
	問3		18	⑤	4	
第3問　自己採点小計					(21)	

（注）

※は，全部正解の場合のみ点を与える。

問題番号	設問		解答番号	正解	配点	自己採点
第4問	問1		19	②	3	
	問2		20	③	4	
	問3	a	21	①	3	
		b	22	②	4	
		c	23	①	4	
第4問　自己採点小計					(18)	
第5問	問1		24	①	4	
	問2		25	①	1	
			26	③	1	
			27	①	1	
	問3		28	②	4※	
			29	④		
	問4	a	30	④	3	
		b	31	⑤	4	
第5問　自己採点小計					(18)	
自己採点合計					(100)	

第1問　物質の構成，化学量，結晶

問1　結晶の性質

ア　イオンからなる物質は，結晶の状態では電気を導かないが，融解して液体にしたり水に溶かしたりすると，イオンが自由に動けるようになるので，電気を導く。選択肢①～⑤のうち，イオン結晶であるものは，②塩化銀 AgCl と④塩化カリウム KCl である。なお，金属結晶である①鉄 Fe は，結晶の状態で電気を導く。また，分子結晶である③スクロース $C_{12}H_{22}O_{11}$ や⑤ヨウ素 I_2 は電気を導かない。

イ　イオン結晶の多くは水に溶けやすく，④KCl は水によく溶ける。一方，②AgCl はイオン結晶であるが，水に溶けにくい。なお，イオン結晶であるが水に溶けにくい物質には，他に炭酸カルシウム $CaCO_3$ や硫酸バリウム $BaSO_4$ などがある。

よって，**ア**，**イ**のいずれにも当てはまる物質は，④KCl である。

1 …④

問2　電子配置

電子は，原則として，原子核に近い電子殻（K殻，L殻，M殻，N殻，…）から順に収容されていく。

原子の最外電子殻（最外殻）は，周期表の第1周期に属する元素の原子ではK殻，第2周期に属する元素の原子ではL殻，第3周期に属する元素の原子ではM殻，第4周期に属する元素の原子ではN殻である。また，典型元素の原子では，最外殻電子の数は，族番号の一の位の数に等しい。（ただし，He は2である。）

単原子イオンの場合，その電子配置は，原子番号が最も近い貴ガス（希ガス）原子の電子配置と同じ場合が多い。

以上にもとづいて，リチウム原子 Li，リチウムイオン Li^+，フッ素原子 F，酸素原子 O，酸化物イオン O^{2-}，アルゴン原子 Ar およびカルシウム原子 Ca について，元素の周期番号，族番号および電子配置をまとめると，次の表のようになる。

	原子およびイオン	周期	族	電子配置			
				K殻	L殻	M殻	N殻
	Li	2	1	2	1		
①	Li^+			2			
②	F	2	17	2	7		
	O	2	16	2	6		
③	O^{2-}			2	8		
④	Ar	3	18	2	8	8	
⑤	Ca	4	2	2	8	8	2

したがって，⑤Ca の電子配置が誤りである。

2 …⑤

イオン結晶

陽イオンと陰イオンがイオン結合によって次々と結びついた結晶。塩化ナトリウム NaCl，塩化カルシウム $CaCl_2$，炭酸ナトリウム Na_2CO_3 などがある。硬いが，もろいものが多い。結晶は電気を導かないが，その水溶液や融解した液体は電気を導く。

金属結晶

金属元素の原子が金属結合によって次々と結びついた結晶。鉄 Fe，アルミニウム Al，銅 Cu などがある。電気や熱をよく導き，また，展性や延性を示す。

分子結晶

分子が分子間力で結びついた結晶。一般に，融点が低く，軟らかくてもろい。また，電気を導かない。ドライアイス CO_2 やヨウ素 I_2，ナフタレン $C_{10}H_8$ など昇華性を示すものもある。

電子殻と電子配置

原子核に近いものから順に K，L，M，N殻，……といい，n 番目の電子殻に収容可能な電子の数は $2n^2$ 個である。

電子殻	K	L	M	N	…
n	1	2	3	4	…
最大電子数	2	8	18	32	…

最外電子殻（最外殻）に入っている電子を**最外殻電子**という。典型元素の原子の最外殻電子の数は，族番号の一の位の数に等しい（ただし，He は2個）。

イオン

含まれる陽子の数と電子の数が異なるため，正の電荷（陽イオン）または負の電荷（陰イオン）をもつ粒子。

陽イオンの価数＝陽子の数－電子の数

陰イオンの価数＝電子の数－陽子の数

問3　同位体

同じ元素の原子で，質量数が異なる原子どうしを互いに同位体という。同位体の関係にある原子どうしでは，陽子の数（＝電子の数）が等しく，中性子の数が異なる。

${}^{12}_{6}C$，${}^{13}_{6}C$，${}^{16}_{8}O$ に含まれる陽子の数，電子の数および中性子の数は次のとおりである。

	陽子の数	電子の数	中性子の数
${}^{12}_{6}C$	6	6	(12−6＝)6
${}^{13}_{6}C$	6	6	(13−6＝)7
${}^{16}_{8}O$	8	8	(16−8＝)8

${}^{12}_{6}C$ のみを含む二酸化炭素 CO_2 を **X**，${}^{13}_{6}C$ のみを含む CO_2 を **Y** とする。

ア　${}^{12}_{6}C$ がもつ電子の数と ${}^{13}_{6}C$ がもつ電子の数はともに6個なので，1分子中に含まれる電子の総数は，**X** と **Y** で同じである。なお，**X**（および **Y**）1分子中に含まれる電子の総数は，(6＋8×2＝)22個である。

イ　${}^{12}_{6}C$ がもつ中性子の数と ${}^{13}_{6}C$ がもつ中性子の数は異なるので，1分子中に含まれる中性子の総数は，**X** と **Y** で異なる。なお，**X** 1分子中に含まれる中性子の総数は(6＋8×2＝)22個であり，**Y** 1分子中に含まれる中性子の総数は(7＋8×2＝)23個である。

ウ　${}^{12}_{6}C$ の質量と ${}^{13}_{6}C$ の質量は異なるので，1 mol あたりの質量は，**X** と **Y** で異なる。なお，${}^{16}_{8}O$ の相対質量を16，${}^{13}_{6}C$ の相対質量を13としたとき，**X** 1 mol の質量は(12 g＋16 g×2＝)44 g，**Y** 1 mol の質量は(13 g＋16 g×2＝)45 g である。

以上より，**X** と **Y** で異なるものは，⑥**イ**，**ウ**である。

[3]…⑥

同位体

原子番号（陽子の数）が等しく，中性子の数が異なるため質量数が異なる原子を互いに同位体という。同位体どうしの化学的性質はほぼ等しい。

原子番号，質量数

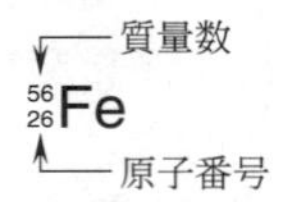

（原子番号）＝（陽子の数）＝（電子の数）

（質量数）＝（陽子の数）＋（中性子の数）

問4　物質量

ア　0℃，1.013×10^5 Pa（標準状態）における体積が11.2 L のヘリウム He の物質量 a (mol) は，

$$a=\frac{11.2\ \text{L}}{22.4\ \text{L/mol}}=\frac{1}{2}\ \text{mol}$$

イ　6.0 g の水 H_2O（分子量18）の物質量は，

$$\frac{6.0\ \text{g}}{18\ \text{g/mol}}=\frac{1}{3}\ \text{mol}$$

1分子の H_2O には水素原子 H が2個含まれるので，$\frac{1}{3}$ mol の H_2O に含まれる H 原子の物質量 b (mol) は，

$$b=\frac{1}{3}\ \text{mol}\times2=\frac{2}{3}\ \text{mol}$$

ウ　3.0×10^{23} 個のナトリウムイオン Na^+ の物質量は，

$$\frac{3.0\times10^{23}}{6.0\times10^{23}/\text{mol}}=\frac{1}{2}\ \text{mol}$$

モル体積

物質1 mol の体積。0℃，1.013×10^5 Pa（標準状態）の気体のモル体積は，気体の種類によらず，ほぼ22.4 L/mol である。

$$\text{物質量(mol)}=\frac{\text{体積(L)}}{\text{モル体積(L/mol)}}$$

モル質量

物質1 mol の質量。原子量・分子量・式量に g/mol の単位をつけた値になる。

$$\text{物質量(mol)}=\frac{\text{質量(g)}}{\text{モル質量(g/mol)}}$$

1 mol の硫酸ナトリウム Na_2SO_4 には Na^+ が 2 mol 含まれるので，$\frac{1}{2}$ mol の Na^+ を含む Na_2SO_4 の物質量 c (mol)は，

$$c=\frac{1}{2}\ \mathrm{mol}\times\frac{1}{2}=\frac{1}{4}\ \mathrm{mol}$$

以上より，物質量の大小関係は，③ $b>a>c$ である。

4 …③

問5　金属結晶の構造(体心立方格子，面心立方格子)

a　①　正しい。図1を単位格子とする結晶は体心立方格子であり，次の図**ア**に示すように，単位格子において，立方体の頂点にある各原子は単位格子中に $\frac{1}{8}$ 個分含まれ，立方体の中心にある原子は1個含まれる。

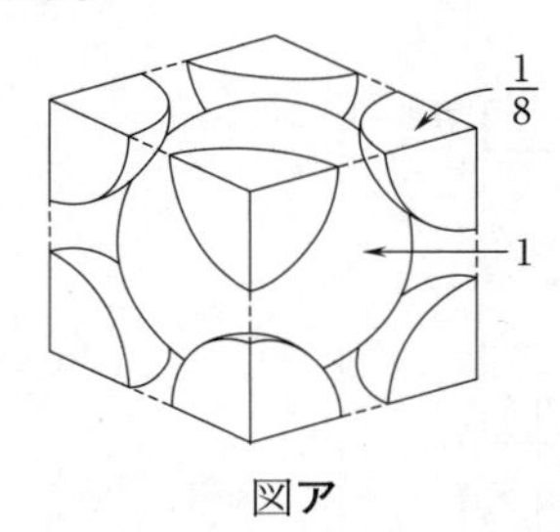

図**ア**

よって，体心立方格子の単位格子中に含まれる原子の数は，

$$\frac{1}{8}\times8+1=2\ (\text{個})$$

②　誤り。次の図**イ**は，体心立方格子について，単位格子(立方体)の対角線を含む面を切断面とし，単位格子の一辺の長さ l とナトリウム Na の原子半径 r との関係を表している。

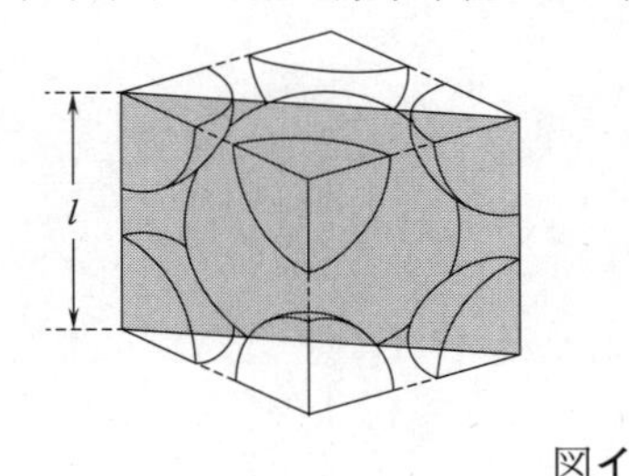

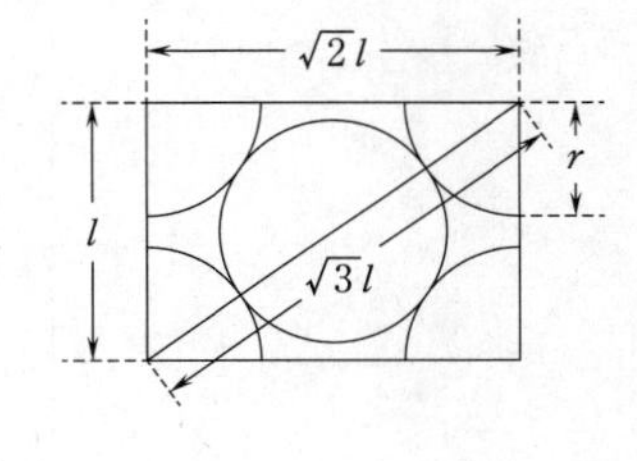

図**イ**

$$4r=\sqrt{3}\,l$$

$$r=\frac{\sqrt{3}}{4}\,l$$

③　正しい。図2を単位格子とする結晶は面心立方格子であり，単位格子2個を並べた次の図**ウ**中の◉の原子に着目すると，●の原子12個が最近接である。よって，配位数は12である。

アボガドロ定数

1 mol あたりの粒子の数をアボガドロ定数といい，6.0×10^{23}/mol である。

$$\text{物質量(mol)}=\frac{\text{粒子の数}}{6.0\times10^{23}/\mathrm{mol}}$$

単位格子

結晶中の粒子の空間的な配列構造を結晶格子といい，結晶格子の最小の繰り返し単位を単位格子という。

体心立方格子と面心立方格子

体心立方格子では，単位格子の各頂点と立方体の中心に粒子が配列されている。一方，面心立方格子では，単位格子の各頂点と面の中心に粒子が配列されている。

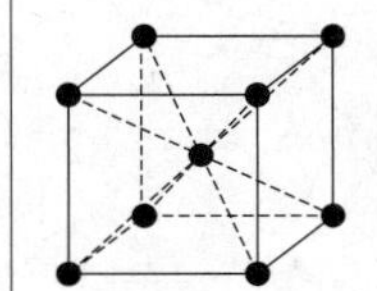
体心立方格子

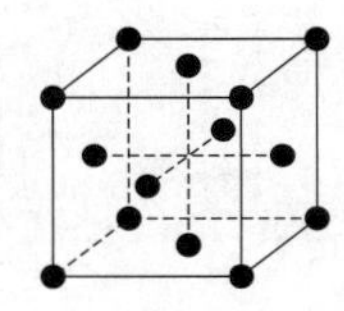
面心立方格子

体心立方格子，面心立方格子について，配位数，単位格子に含まれる粒子数をまとめると，次の表のようになる。

	配位数	粒子数
体心立方格子	8	2
面心立方格子	12	4

配位数

結晶中で，1個の粒子から最も近い位置にある他の粒子の数を配位数という。

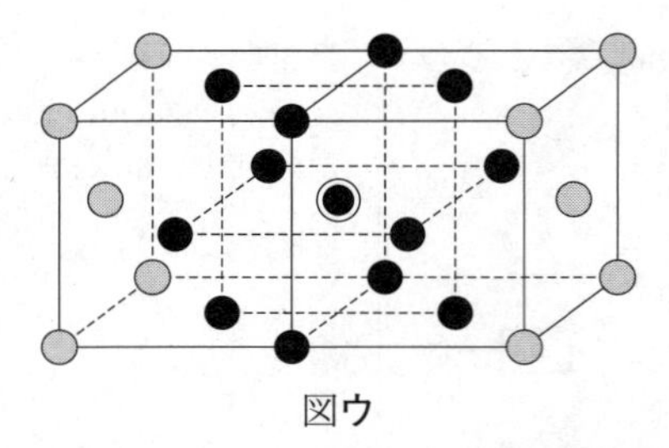

図ウ

④　正しい。配位数が大きい結晶ほど原子が密に配列しているので，充塡率が大きい。面心立方格子は立方最密構造ともよばれ，六方最密構造とともに原子が最も密に詰められた構造(最密構造)である。なお，結晶中の原子の配位数は最大で 12 であることが知られている。

結晶の充塡率

充塡率

$$=\frac{\text{単位格子中の原子の体積の和}}{\text{単位格子の体積}}\times 100\ (\%)$$

5 …②

(参考)　面心立方格子の充塡率

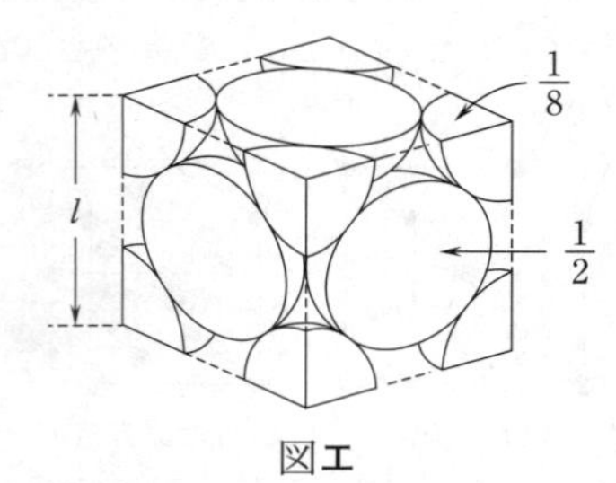

図エ

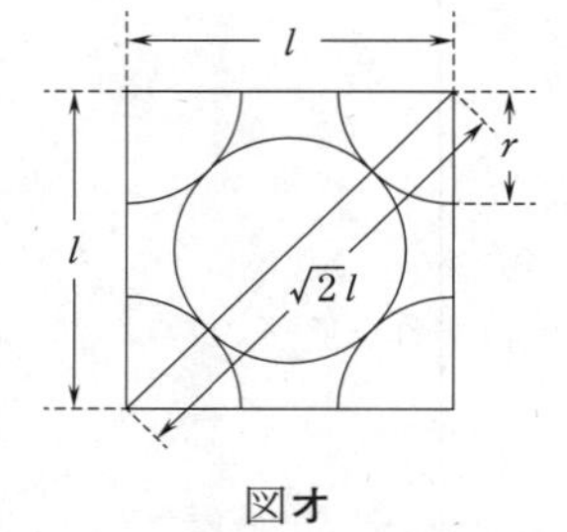

図オ

図エより，面心立方格子の単位格子中に含まれる原子の数は，

$$\frac{1}{8}\times 8+\frac{1}{2}\times 6=4\ (個)$$

図オより，単位格子の面(正方形)の対角線の長さについて，

$$4r=\sqrt{2}\,l$$

$$r=\frac{\sqrt{2}}{4}\,l$$

したがって，面心立方格子の充塡率は，

$$\frac{\frac{4\pi r^3}{3}\times 4}{l^3}\times 100=\frac{16\pi\left(\frac{\sqrt{2}}{4}l\right)^3}{3l^3}\times 100=\frac{\sqrt{2}\pi}{6}\times 100\fallingdotseq 74\ (\%)$$

b　前述のように，パラジウム Pd の単位格子中に含まれる原子の数は 4 個である。この結晶には正八面体形に配置した 6 個の Pd 原子(●)に囲まれた空間(空間 X)があり，空間 X 1 か所あたり 1 個の水素原子 H(○)を取り込むことができるので(図 3)，Pd 結晶中のすべての空間 X に H 原子が取り込まれたとき，単位格子は図 4 のようになる。

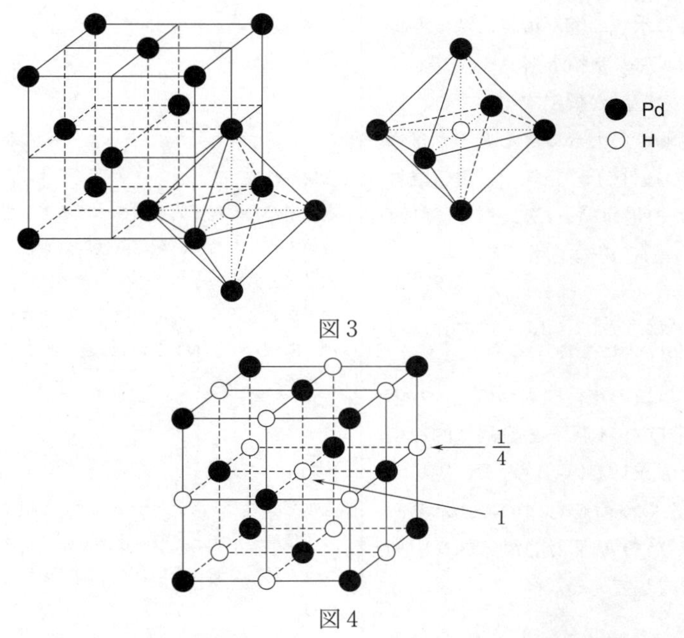

図3

図4

このとき，単位格子において，立方体の各辺の中点にある各原子は単位格子中に $\frac{1}{4}$ 個分含まれ，立方体の中心にある原子は1個含まれる。したがって，すべての空間 X に H 原子が取り込まれたとき，単位格子中に含まれる H 原子の数は，

$$\frac{1}{4}\times 12+1=4\ (\text{個})$$

単位格子中に含まれる Pd 原子の数は4個であるから，図4で示す単位格子をもつ物質において，Pd 原子と H 原子の原子数の比(＝物質量比)は，

$$\text{Pd}:\text{H}=4:4=1:1$$

したがって，この物質には Pd 原子 1 mol あたり H 原子が 1 mol 取り込まれており，取り出すことのできる水素分子 H_2 は最大 $\frac{1}{2}$ mol であるから，求める比は $\frac{1}{2}$ 倍である。

6 …②

第2問　溶液，酸と塩基

問1　物質の溶解

① 正しい。アンモニア NH_3 は弱塩基であり，水によく溶け，その一部が次式に示すように電離して，アンモニウムイオン NH_4^+ と水酸化物イオン OH^- を生じる。

$$NH_3 + H_2O \rightleftarrows NH_4^+ + OH^-$$

② 誤り。一般に，気体の水への溶解度は，温度が高くなるほど小さくなる。これは，温度が高くなるほど分子の熱運動が活発になり，水に溶けていた分子が水分子との分子間力を振り切って，水溶液中から飛び出しやすくなるからである。

気体の溶解度

温度が低く，圧力が高いほど，気体の溶解度(物質量・質量)は大きくなる。

③　正しい。硝酸カリウム KNO_3 の水への溶解度は，温度が低くなるほど小さくなる。よって，KNO_3 の飽和水溶液を冷却すると，水に溶けきれなくなった KNO_3 の結晶が析出する。なお，固体は，温度が高くなるほど水への溶解度が大きくなるものが多い。

④　正しい。水 H_2O は折れ線形の極性分子であり，電気陰性度の大きい酸素原子 O がわずかに負の電荷（$\delta-$）を，電気陰性度の小さい水素原子 H がわずかに正の電荷（$\delta+$）を帯びる。

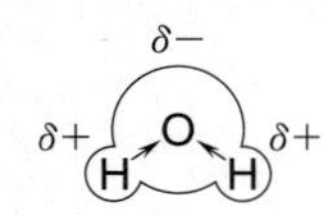

［⟶ は結合の極性を表し，矢印の方向に共有電子対が引きよせられている。］

陰イオンである塩化物イオン Cl^- は負の電荷をもつので，水溶液中では，H_2O 分子の正の電荷を帯びた H 原子と静電気的な引力によって結びつき，水和イオンを形成している。なお，陽イオンであるナトリウムイオン Na^+ は正の電荷をもつので，水溶液中では，H_2O 分子の負の電荷を帯びた O 原子と静電気的な引力によって結びつき，水和イオンを形成している。

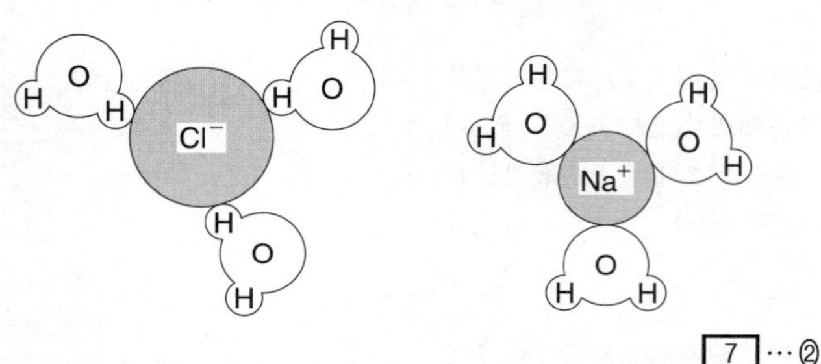

7 …②

電気陰性度

原子が共有電子対を引きつける強さを数値で表したもの。電気陰性度の大きい原子ほど共有電子対を強く引きつける。おもな非金属元素の電気陰性度の大きさは，F＞O＞Cl＞N＞C＞H の順である。

水和

水溶液中で，溶質粒子が水分子と結びつく現象を水和という。水溶液中でイオンは水和しており，これを水和イオンという。

問2　塩の水溶液の性質

ア　硫酸水素ナトリウム $NaHSO_4$ は，強酸の硫酸 H_2SO_4 と強塩基の水酸化ナトリウム NaOH を物質量比 1：1 で反応させると得られる酸性塩であり，その水溶液は酸性を示し，$pH<7$ である。$NaHSO_4$ の水溶液が酸性を示すのは，$NaHSO_4$ の電離によって生じる硫酸水素イオン HSO_4^- の一部がさらに電離して水素イオン H^+ を生じるからである。

$$NaHSO_4 \longrightarrow Na^+ + HSO_4^-$$
$$HSO_4^- \rightleftarrows H^+ + SO_4^{2-}$$

イ　硝酸ナトリウム $NaNO_3$ は，強酸の硝酸 HNO_3 と強塩基の NaOH の中和で得られる正塩であり，その水溶液は中性を示し，$pH=7$ である。

ウ　酢酸ナトリウム CH_3COONa は，弱酸の酢酸 CH_3COOH と強塩基の NaOH の中和で得られる正塩であり，その水溶液は塩基性を示し，$pH>7$ である。CH_3COONa が塩基性を示すのは，CH_3COONa の電離によって生じた酢酸イオン CH_3COO^- の一部が次のように加水分解して，水酸化物イオン OH^- を生じるからである。

酸・塩基の強弱

強酸・強塩基　水溶液中でほぼ完全に電離する酸・塩基（電離度≒1）
- 強酸の例　HCl，HNO_3，H_2SO_4
- 強塩基の例　NaOH，KOH，$Ca(OH)_2$，$Ba(OH)_2$

弱酸・弱塩基　水溶液中で一部のみが電離する酸・塩基（電離度≪1）
- 弱酸の例　CH_3COOH，$(COOH)_2$，$CO_2(H_2CO_3)$
- 弱塩基の例　NH_3

塩の分類

酸性塩　酸の H が残っている塩。

塩基性塩　塩基の OH が残っている塩。

正塩　酸の H も塩基の OH も残っていない塩。

（この分類上の名称は，水溶液の性質とは無関係であることに注意する。）

$CH_3COONa \longrightarrow CH_3COO^- + Na^+$

$CH_3COO^- + H_2O \rightleftarrows CH_3COOH + OH^-$

よって，水溶液**ア**～**ウ**をpHが小さい順に並べると，①**ア**<**イ**<**ウ**である。

8 …①

問3　中和滴定

a　0.0500 mol/Lのシュウ酸 $(COOH)_2$ 水溶液500 mLに含まれる $(COOH)_2$ の物質量は，

$$0.0500\ \mathrm{mol/L} \times \frac{500}{1000}\ \mathrm{L} = 2.50 \times 10^{-2}\ \mathrm{mol}$$

この水溶液を調製するために必要なシュウ酸二水和物 $(COOH)_2 \cdot 2H_2O$（式量126）の質量を w (g)とすると，その物質量は，

$$\frac{w\ (\mathrm{g})}{126\ \mathrm{g/mol}} = \frac{w}{126}\ (\mathrm{mol})$$

$(COOH)_2 \cdot 2H_2O$ の物質量とそれに含まれる $(COOH)_2$ の物質量は等しいので，

$$\frac{w}{126}\ (\mathrm{mol}) = 2.50 \times 10^{-2}\ \mathrm{mol}$$

$$w = 3.15\ \mathrm{g}$$

正確な濃度の水溶液を調製するには，次の操作を行う。

正確な質量の固体をビーカーに入れ，少量の水に溶かした後，その水溶液をメスフラスコに移し，水を標線まで加えて振り混ぜる。このとき，500 mLのメスフラスコを用いると，調製した水溶液の体積を正確に500 mLとすることができる。したがって，0.0500 mol/Lの $(COOH)_2$ 水溶液500 mLを調製する操作として適当なものは，①である。

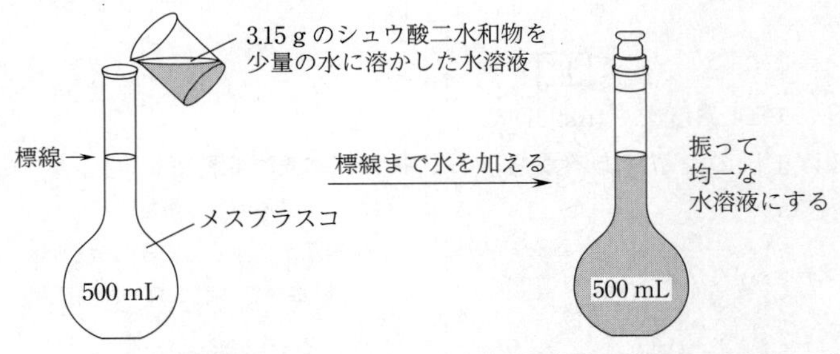

なお，実際の操作では，ビーカー中に溶質が残らないようにするため，標線まで水を加える前に，ビーカーの内壁を水で数回すすぎ，その洗液をすべてメスフラスコに移しておく必要がある。また，②の操作では，水を496.85 g加えても，溶液の質量は500 gになるが，体積は500 mLになるとは限らないので，濃度が正確に0.0500 mol/Lにはならない。

9 …①

b　中和滴定での中和点は，滴定曲線において急激にpHが変

塩の水溶液の性質

強酸と強塩基からなる正塩…中性
強酸と弱塩基からなる正塩…酸性
弱酸と強塩基からなる正塩…塩基性
酸性塩　$NaHSO_4$…酸性
　　　　$NaHCO_3$…塩基性

水溶液のpH

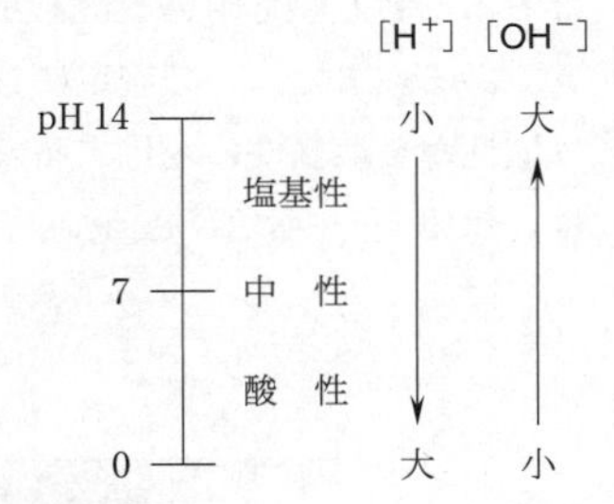

モル濃度

溶液1 Lあたりに溶けている溶質の物質量(mol)で表した濃度。

モル濃度(mol/L)

$$= \frac{\text{溶質の物質量(mol)}}{\text{溶液の体積(L)}}$$

化している範囲の中央付近にあり，この急激な pH 変化の範囲内に変色域をもつ指示薬を用いると，中和滴定における中和点を知ることができる。

与えられた滴定曲線より，中和点の水溶液は塩基性であり，メチルオレンジの変色域は酸性側(pH 3.1～4.4)，フェノールフタレインの変色域は塩基性側(pH 8.0～9.8)であるから，この滴定における指示薬として用いることができるのは，フェノールフタレインである。また，この滴定において，コニカルビーカー内の溶液は酸性から塩基性に変化するので，終点前後での溶液の色の変化は，無色 ⟶ 赤色(淡赤色)である。

指示薬

フェノールフタレイン

変色域：(無色) $8.0 < pH < 9.8$ (赤色)

メチルオレンジ

変色域：(赤色) $3.1 < pH < 4.4$ (黄色)

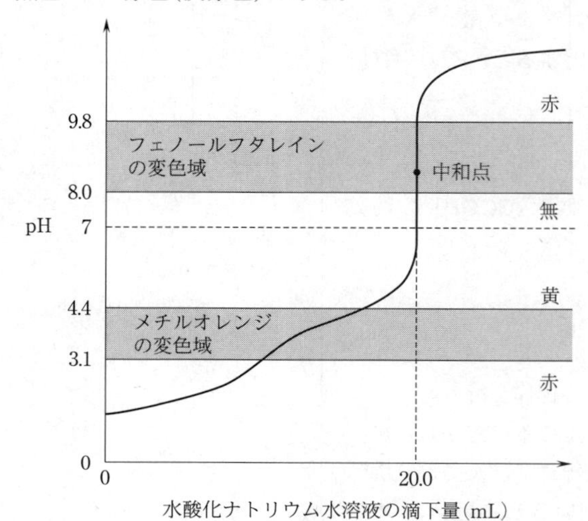

以上より，指示薬と色の変化の組合せとして適当なものは，④である。なお，中和点の水溶液が塩基性を示すのは，中和点では，弱酸と強塩基の塩であるシュウ酸ナトリウム $(COONa)_2$ の水溶液になるからである。

10 …④

c 水酸化ナトリウム NaOH 水溶液のモル濃度を c (mol/L)とする。$(COOH)_2$ は 2 価の酸，NaOH は 1 価の塩基であるから，中和反応の量的関係より，

$$2 \times 0.0500\ \text{mol/L} \times \frac{10.0}{1000}\ \text{L} = 1 \times c\ (\text{mol/L}) \times \frac{20.0}{1000}\ \text{L}$$

$$c = 0.0500\ \text{mol/L}$$

11 …③

中和反応の量的関係

酸から生じる H^+ の物質量

＝塩基から生じる OH^- の物質量

（塩基が受け取る H^+ の物質量）

したがって，

酸の価数×酸の物質量

＝塩基の価数×塩基の物質量

問 4　溶液の混合と化学反応の量的関係

塩酸(塩化水素 HCl の水溶液)と水酸化ナトリウム NaOH 水溶液を混合すると，次式に示す中和反応が起こる。

$$HCl + NaOH \longrightarrow NaCl + H_2O$$

x (mol/L)の HCl 水溶液と y (mol/L)の NaOH 水溶液を体積比 1：1 で混合したとき，得られた水溶液中の水素イオン H^+ 濃度が 2.5×10^{-2} mol/L であることから，得られた水溶液は酸性を示し，

水溶液の性質と $[H^+]$，$[OH^-]$ の関係

酸性　$[H^+] > 1.0 \times 10^{-7}\ \text{mol/L} > [OH^-]$

中性　$[H^+] = 1.0 \times 10^{-7}\ \text{mol/L} = [OH^-]$

塩基性　$[H^+] < 1.0 \times 10^{-7}\ \text{mol/L} < [OH^-]$

未反応の HCl が存在することがわかる。HCl 水溶液と NaOH 水溶液を１Ｌずつ混合した場合で考えると，混合によって得られた水溶液中の H^+ の物質量は，未反応の HCl が完全に電離するので，

$$x\,(\mathrm{mol/L})\times 1\,\mathrm{L}-y\,(\mathrm{mol/L})\times 1\,\mathrm{L}=x-y\,(\mathrm{mol})$$

このとき得られた水溶液の体積は（1 L＋1 L＝）2 L であるから，得られた水溶液中の H^+ 濃度について，

$$\frac{x-y\,(\mathrm{mol})}{2\,\mathrm{L}}=2.5\times10^{-2}\,\mathrm{mol/L}$$

$$x-y=5.0\times10^{-2}=0.050 \qquad (1)$$

一方，x (mol/L) の HCl 水溶液と y (mol/L) の NaOH 水溶液を体積比 1：4 で混合したとき，得られた水溶液中の水酸化物イオン OH^- 濃度が 5.0×10^{-2} mol/L であることから，得られた水溶液は塩基性を示し，未反応の NaOH が存在することがわかる。HCl 水溶液を１L，NaOH 水溶液を４L 混合した場合で考えると，混合によって得られた水溶液中の OH^- の物質量は，未反応の NaOH が完全に電離するので，

$$y\,(\mathrm{mol/L})\times 4\,\mathrm{L}-x\,(\mathrm{mol/L})\times 1\,\mathrm{L}=4y-x\,(\mathrm{mol})$$

このとき得られた水溶液の体積は（1 L＋4 L＝）5 L であるから，得られた水溶液中の OH^- 濃度について，

$$\frac{4y-x\,(\mathrm{mol})}{5\,\mathrm{L}}=5.0\times10^{-2}\,\mathrm{mol/L}$$

$$4y-x=2.5\times10^{-1}=0.25 \qquad (2)$$

式(1)，式(2)より，

$$x=0.15\,\mathrm{mol/L},\quad y=0.10\,\mathrm{mol/L}$$

12 …③

第３問　化学量，酸化還元反応

問１　窒素の酸化物

a　表１より，酸化物 A に含まれる窒素 N と酸素 O の物質量の関係は，

N の物質量	O の物質量
$\frac{3.5\,\mathrm{g}}{14\,\mathrm{g/mol}}=0.25\,\mathrm{mol}$	$\frac{8.0\,\mathrm{g}}{16\,\mathrm{g/mol}}=0.50\,\mathrm{mol}$
$\frac{4.2\,\mathrm{g}}{14\,\mathrm{g/mol}}=0.30\,\mathrm{mol}$	$\frac{9.6\,\mathrm{g}}{16\,\mathrm{g/mol}}=0.60\,\mathrm{mol}$

A に含まれる N と O の物質量の比＝原子数の比は 1：2 なので，A の組成式は NO_2 であり，選択肢から④ NO_2 が該当する。二酸化窒素 NO_2 は赤褐色の気体であり，銅に濃硝酸を加えると発生する。

$$\mathrm{Cu} + 4\,\mathrm{HNO_3} \longrightarrow \mathrm{Cu(NO_3)_2} + 2\,\mathrm{H_2O} + 2\,\mathrm{NO_2}$$

13 …④

b　問題で与えられた表１，２の数値を用いて，酸化物 A～C

組成式

物質を構成する各元素の原子の数を最も簡単な整数比で表した化学式。

分子式

分子中に含まれる各元素の原子の数を表した化学式。分子からなる物質は分子式で表される。

に含まれる窒素 N と酸素 O の質量の関係を表すグラフを作成すると，次のようになる。

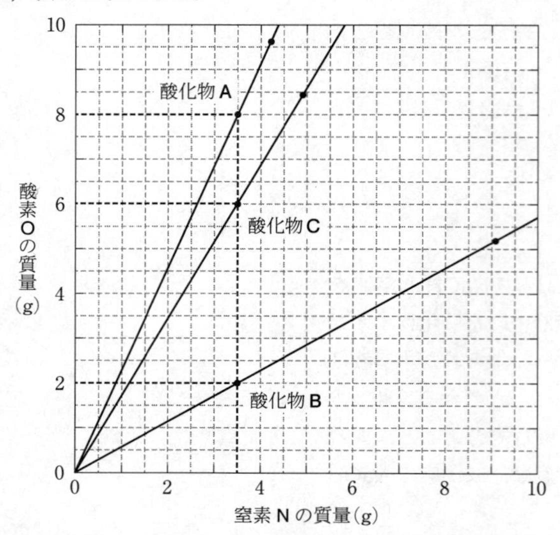

作成したグラフより，N 3.5 g と化合している O の質量は，A では 8.0 g，B では 2.0 g，C では 6.0 g と読み取れるので，その質量比(A：B：C)は，最も簡単な整数比で表すと次のようになる。

8.0 g：2.0 g：6.0 g＝4：1：3

(別解)

表1，2の数値を用いて，酸素 O と窒素 N の質量の比の値 $\left(\frac{\text{Oの質量}}{\text{Nの質量}}\right)$ をとり，さらに酸化物 A～C の間で，それらの比の値の最も簡単な整数比(A：B：C)を求めると，次のようになる。

$$\frac{8.0\ \text{g}}{3.5\ \text{g}} : \frac{5.2\ \text{g}}{9.1\ \text{g}} : \frac{8.4\ \text{g}}{4.9\ \text{g}} = \frac{16}{7} : \frac{4}{7} : \frac{12}{7} = 4 : 1 : 3$$

(補足)

ある原子の質量比と原子数の比は等しいので，酸化物 A～C の間で，一定の数の窒素原子 N と化合している酸素原子 O の数の比も 4：1：3 である。これより，**a** で定めた A の化学式 NO_2 から，B・C の化学式を次のように決められる。

酸化物	N と O の原子数の比	化学式
A	1：2	NO_2
B	$1 : 2 \times \frac{1}{4} = 2 : 1$	N_2O
C	$1 : 2 \times \frac{3}{4} = 2 : 3$	N_2O_3

1803 年にイギリスの化学者ドルトンは，すべての物質は原子からなるとする原子説を提唱し，同じ年に倍数比例の法則を発表した。ドルトンの原子説では，化合物は 2 種以上の元素の原子が一定の割合で結合したものとされ，先行する定比例の法則とともに倍数比例の法則が裏付けられる。

14 …③

問2　酸化還元反応

a　式(1)の反応において，原子の酸化数(下線部に示した数値)は次のように変化する。

$$\underset{0}{\underline{Cu}} + 2\,\underset{+3}{\underline{Fe}}{}^{3+} \longrightarrow \underset{+2}{\underline{Cu}}{}^{2+} + 2\,\underset{+2}{\underline{Fe}}{}^{2+} \qquad (1)$$

この反応では銅 Cu が酸化され，鉄(Ⅲ)イオン Fe^{3+} が還元されている。したがって，銅が還元剤，塩化鉄(Ⅲ) $FeCl_3$ が酸化剤としてはたらいている。なお，式(1)の両辺に 6 Cl^- を補い，陽イオンと陰イオンを組み合わせると，次の化学反応式が得られる。

$$Cu + 2\,FeCl_3 \longrightarrow CuCl_2 + 2\,FeCl_2$$

（$FeCl_3$：塩化鉄(Ⅲ)　$CuCl_2$：塩化銅(Ⅱ)　$FeCl_2$：塩化鉄(Ⅱ)）

式(2)の反応において，原子の酸化数は次のように変化する。

$$\underset{+7}{\underline{Mn}}O_4{}^- + 5\,\underset{+2}{\underline{Fe}}{}^{2+} + 8\,H^+$$
$$\longrightarrow \underset{+2}{\underline{Mn}}{}^{2+} + 5\,\underset{+3}{\underline{Fe}}{}^{3+} + 4\,H_2O \qquad (2)$$

この反応では過マンガン酸イオン $MnO_4{}^-$ が還元され，鉄(Ⅱ)イオン Fe^{2+} が酸化されている。したがって，過マンガン酸カリウム $KMnO_4$ が酸化剤，塩化鉄(Ⅱ) $FeCl_2$ が還元剤としてはたらいている。

以上より，式(1)・(2)の反応で酸化剤としてはたらいている物質の組合せは，③(塩化鉄(Ⅲ)と過マンガン酸カリウム)である。

15 …③

b　**操作Ⅰ**では式(1)の反応によって**試料X**中の単体の銅 Cu を完全に溶解させ，**操作Ⅱ**では式(1)の反応で生成した Fe^{2+} を，式(2)の反応によって $KMnO_4$ 水溶液で滴定した。なお，滴定の途中では $MnO_4{}^-$ がマンガン(Ⅱ)イオン Mn^{2+} に変化するため，滴下した $KMnO_4$ 水溶液の赤紫色が消えるが，Fe^{2+} が消失して式(2)の反応が完結すると，$MnO_4{}^-$ が反応せずに残り赤紫色が消えなくなるので，このときを滴定の終点とする。

式(1)の反応では Cu 1 mol あたり Fe^{2+} 2 mol が生成し，式(2)の反応では Fe^{2+} 5 mol あたり $MnO_4{}^-$ 1 mol を必要とする。したがって，式(1)・(2)の反応をあわせて考えると，物質量比は $Cu : Fe^{2+} : MnO_4{}^- = 5 : 10 : 2$ となる。これより，**試料X** 0.10 g 中に含まれる Cu の物質量を x (mol) とすると，**操作Ⅱ**での滴定に要した $KMnO_4$ の物質量との関係は，

$$x\,(\mathrm{mol}) : 0.020\ \mathrm{mol/L} \times \frac{30}{1000}\ \mathrm{L} = 5 : 2$$

$$x = 1.5 \times 10^{-3}\ \mathrm{mol}$$

なお，Cu の原子量を 64 とすると，**試料X** 0.10 g 中に含まれる Cu の質量は次のようになる。

$$64\ \mathrm{g/mol} \times 1.5 \times 10^{-3}\ \mathrm{mol} = 0.096\ \mathrm{g}$$

また，**試料X** 0.10 g 中に含まれる Cu の物質量 x (mol) は，以下

酸化と還元

	酸　化	還　元
O 原子	結びつく	失　う
H 原子	失　う	結びつく
電　子	失　う	得　る
酸化数	増加する	減少する

酸化数の決め方

1．単体中の原子：0
2．化合物中の H 原子：+1
3．化合物中の O 原子：−2
　(ただし，H_2O_2 中では −1)
4．化合物中の原子の酸化数の総和：0
5．単原子イオンの酸化数：イオンの価数に符号をつけた値
6．多原子イオン中の原子の酸化数の総和：イオンの価数に符号をつけた値

酸化剤と還元剤

酸化剤　相手を酸化する物質。自身は還元され，酸化数が減少する原子を含む。

還元剤　相手を還元する物質。自身は酸化され，酸化数が増加する原子を含む。

化学反応式が表す量的関係

化学反応式中の係数の比は，反応物と生成物の変化する物質量の比を表す。

(反応式中の係数の比)
$=$ (反応により変化する物質の物質量の比)

のように求めることもできる。

式(1)の反応で生成し，$KMnO_4$ 水溶液で滴定された Fe^{2+} の物質量を y (mol) とすると，式(2)の反応を行った MnO_4^- と Fe^{2+} の物質量について，

$$0.020\ \text{mol/L} \times \frac{30}{1000}\ \text{L} : y\ (\text{mol}) = 1 : 5$$

$$y = 3.0 \times 10^{-3}\ \text{mol}$$

よって，式(1)の反応を行った Cu と生成した Fe^{2+} の物質量について，

$$x\ (\text{mol}) : 3.0 \times 10^{-3}\ \text{mol} = 1 : 2$$

$$x = 1.5 \times 10^{-3}\ \text{mol}$$

16 …④

c 使用する溶液で実験器具の内部を数回すすぐことを共(とも)洗いという。ホールピペットやビュレットを洗浄後すぐに使用する際は，内部が水でぬれていると溶液の濃度が小さくなるので，共洗いしてから使用する。

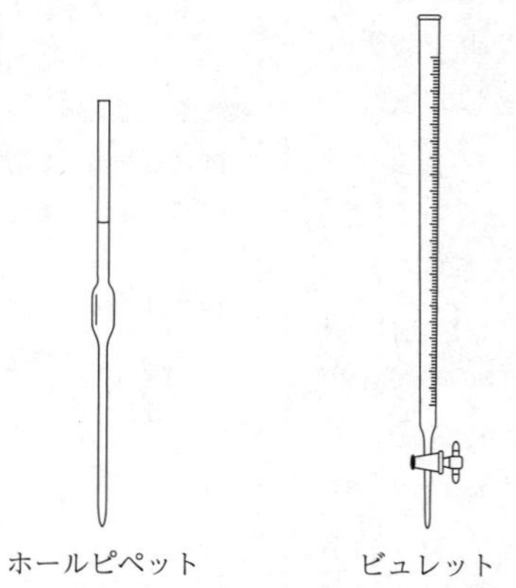
ホールピペット　ビュレット

なお，コニカルビーカーやメスフラスコは内部が水でぬれていても，はかりとる溶質の量は変化しないので，水でぬれたまま用いても差し支えない。

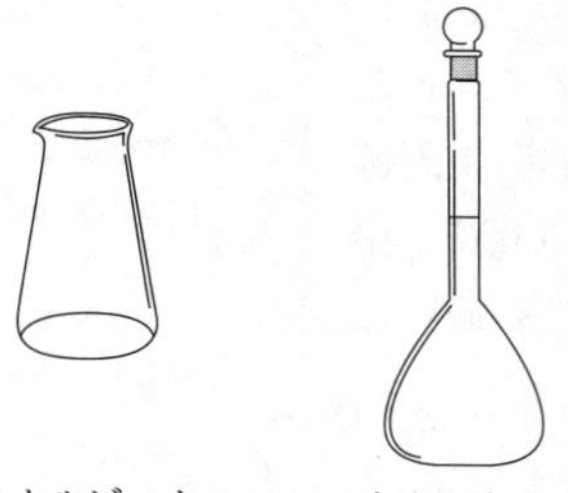
コニカルビーカー　メスフラスコ

ビュレットを洗浄した後，内部が水でぬれた状態で $KMnO_4$ 水溶液を入れると，$KMnO_4$ 水溶液の濃度が小さくなるので，滴定の終点までに滴下する $KMnO_4$ 水溶液の体積は$_ア$大きくなる。したがって，濃度が小さくなってしまっていることに気づかずに，0.020 mol/L のままと考えると，滴定に要した $KMnO_4$ の物質量を

滴定で用いる器具

ホールピペット　正確な体積の溶液をはかりとる。

メスフラスコ　正確な濃度の溶液を調製する。

ビュレット　滴下した溶液の体積を正確にはかる。

コニカルビーカー　酸化剤と還元剤の水溶液を反応させる。

器具の洗浄後の使用法

ビュレット，ホールピペット

溶液が薄まらないように，使用する溶液で内部を数回すすいで(共洗いして)から使用する。

コニカルビーカー，メスフラスコ

はかりとる溶液に含まれる溶質の量は変わらないので，内部が水でぬれたまま使用してよい。

実際より大きく見積もることになる。この場合，式(1)の反応で生成した Fe^{2+} の物質量も大きく見積もられ，**試料 X** 0.10 g 中に含まれる単体の銅の物質量も正しい値より$_イ$大きく求めてしまうことになる。

17 …①

問 3　金属のイオン化傾向と電池

異なる2種類の金属を電解質の水溶液に浸して導線で接続すると，電池が形成され，電流が流れる。このとき，イオン化傾向の大きい金属の方が酸化されて電子を放出しやすいため，イオン化傾向の大きい金属が負極，イオン化傾向の小さい金属が正極になる。

電池Ⅰ～Ⅳの電極として用いられている金属のイオン化傾向の大きさは，Al＞Zn＞Cu＞Ag の順である。したがって，Ⅰ～Ⅳの電極 A・B の負極と正極は次のようになる。

電池	電極 A	水溶液 1	水溶液 2	電極 B
Ⅰ	Ag(正極)	$AgNO_3$ aq	$Al(NO_3)_3$ aq	Al(負極)
Ⅱ	Al(負極)	$Al(NO_3)_3$ aq	$CuSO_4$ aq	Cu(正極)
Ⅲ	Cu(正極)	$CuSO_4$ aq	$ZnSO_4$ aq	Zn(負極)
Ⅳ	Zn(負極)	$ZnSO_4$ aq	$AgNO_3$ aq	Ag(正極)

「aq」は「aqueous solution」の略で水溶液であることを表す。

以上より，電極 A が負極，電極 B が正極となる電池の組合せは，⑤(Ⅱ，Ⅳ)である。

(補足)

電池Ⅰ～Ⅳの放電において，負極ではイオン化傾向の大きい金属が酸化されて電子を放出し，陽イオンとなって水溶液中に溶け出す。放出された電子は導線を通って正極に流れ込み，正極では水溶液中の陽イオンが還元されて電子を受け取る。電池Ⅰ～Ⅳの負極と正極で起こる反応は，以下の電子を含むイオン反応式で表される。

Ⅰ　負極：$Al \longrightarrow Al^{3+} + 3e^-$
　　正極：$Ag^+ + e^- \longrightarrow Ag$

Ⅱ　負極：$Al \longrightarrow Al^{3+} + 3e^-$
　　正極：$Cu^{2+} + 2e^- \longrightarrow Cu$

Ⅲ　負極：$Zn \longrightarrow Zn^{2+} + 2e^-$
　　正極：$Cu^{2+} + 2e^- \longrightarrow Cu$
　　(この電池をダニエル電池という。)

Ⅳ　負極：$Zn \longrightarrow Zn^{2+} + 2e^-$
　　正極：$Ag^+ + e^- \longrightarrow Ag$

なお，問題文の図1にある素焼き板は，水溶液1と水溶液2が混ざりあうことを防ぐとともに，導線中の電子の移動にあわせてイオンを通過させることで，水溶液1と水溶液2を電気的に接続

金属のイオン化傾向

金属の単体が水(水溶液)中で電子を放出し，陽イオンになろうとする性質。イオン化傾向が大きい金属の単体ほど水中で電子を放出してイオンになりやすく，イオン化傾向が小さい金属のイオンほど電子を受け取って単体になりやすい。

Li＞K＞Ca＞Na＞Mg＞Al＞Zn＞Fe＞Ni＞Sn＞Pb＞(H_2)＞Cu＞Hg＞Ag＞Pt＞Au

電池

酸化還元反応を利用して電気エネルギーを取り出す装置を電池(化学電池)という。

負極　酸化反応が起こり，電子が導線に流れ出す。

正極　導線から電子が流れ込み，還元反応が起こる。

導線中を電子は負極から正極に流れ，電流は正極から負極に流れる。

イオン化傾向の異なる2種類の金属を導線でつないで電解液中に浸すと，次のような電池になる。

イオン化傾向が大きい金属…負極
イオン化傾向が小さい金属…正極

する役割をもつ。

18 …⑤

第4問　気体，蒸気圧

問1　気体の法則(シャルルの法則)

理想気体の状態方程式 $PV=nRT$ より，V と T の関係を表す式は，次のようになる。

$$V=\frac{nR}{P}\times T$$

気体の圧力 P と気体の物質量 n が一定のとき，$\frac{nR}{P}$＝一定であるから，気体の体積 V は絶対温度 T に比例する(シャルルの法則)。よって，V と T の関係を表すグラフは，①または②である。

ここで，$\frac{nR}{P}$ は V と T の関係を表すグラフ(直線)の傾きを表しており，P が大きいほど，$\frac{nR}{P}$ の値は小さくなるので，直線の傾きは小さくなる。

$P_1>P_2$ より，P_1 (Pa)のときのほうが直線の傾きは小さくなるので，該当するグラフは，②である。

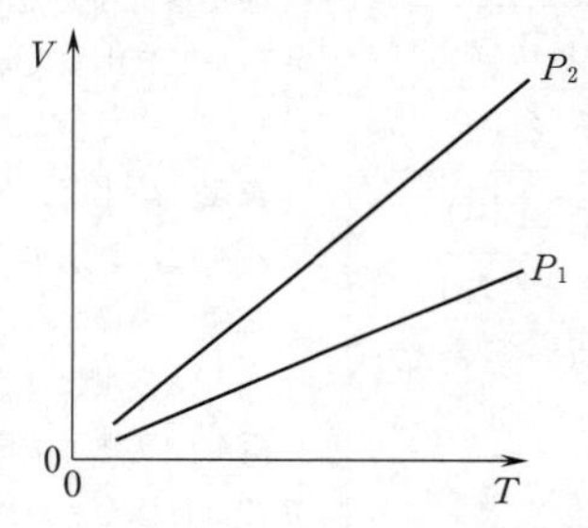

19 …②

理想気体の状態方程式

理想気体では次の式が成り立つ。

$PV=nRT$

P：圧力，V：体積，n：物質量，T：絶対温度，R：気体定数

気体の圧力，体積，絶対温度の関係

・物質量 n，絶対温度 T：一定

PV＝一定(ボイルの法則)

・物質量 n，圧力 P：一定

$\frac{V}{T}$＝一定(シャルルの法則)

・物質量 n，体積 V：一定

$\frac{P}{T}$＝一定

・物質量 n：一定

$\frac{PV}{T}$＝一定(ボイル・シャルルの法則)

問2　理想気体の状態方程式

1 mol の二酸化炭素 CO_2 の体積について考える。

ドライアイスは CO_2(分子量 44)の固体であり，その密度は 1.6 g/cm^3 であるから，1 mol のドライアイスの体積は，

$$\frac{44\ \text{g}}{1.6\ \text{g/cm}^3}=27.5\ \text{cm}^3=27.5\times10^{-3}\ \text{L}$$

一方，27 ℃，1.0×10^5 Pa における気体の CO_2 1 mol の体積を V_1 (L)とすると，理想気体の状態方程式より，

$$1.0\times10^5\ \text{Pa}\times V_1\ (\text{L})$$
$$=1\ \text{mol}\times8.3\times10^3\ \text{Pa}\cdot\text{L}/(\text{K}\cdot\text{mol})\times(273+27)\text{K}$$
$$V_1=24.9\ \text{L}$$

したがって，ドライアイスを 27 ℃，1.0×10^5 Pa のもとですべて気体にしたとき，体積は，

$$\frac{24.9\ \text{L}}{27.5\times10^{-3}\ \text{L}}=905\fallingdotseq9.1\times10^2\ (倍)$$

密度

物質の単位体積あたりの質量を密度という。固体や液体では 1 cm^3 あたりの質量(g/cm^3)で，気体では 1 L あたりの質量(g/L)で表されることが多い。

$$密度=\frac{質量}{体積}$$

（別解）

v (L)のドライアイスを27℃，1.0×10^5 Paで気体にしたとき，V (L)になるとする。v (L) ($=v\times10^3$ (cm^3))のドライアイスの質量は，

$$1.6\ \text{g/cm}^3\times v\times10^3\ (\text{cm}^3)=1.6\times10^3\times v\ (\text{g})$$

であるから，このドライアイス中のCO_2（分子量44）の物質量は，

$$\frac{1.6\times10^3\times v\ (\text{g})}{44\ \text{g/mol}}=\frac{1.6\times10^3\times v}{44}\ (\text{mol})$$

したがって，気体の状態方程式より，

$$1.0\times10^5\ \text{Pa}\times V\ (\text{L})$$
$$=\frac{1.6\times10^3\times v}{44}\ (\text{mol})\times8.3\times10^3\ \text{Pa・L/(K・mol)}\times(273+27)\text{K}$$
$$\frac{V}{v}=905\fallingdotseq9.1\times10^2\ (\text{倍})$$

20 …③

問3　混合気体と蒸気圧

a　**実験Ⅰ**において，温度と容器の容積を一定に保った状態でエタノールC_2H_5OHを封入しても，窒素N_2の分圧は変化せず，2.0×10^4 Paのままである。同温・同体積の気体の圧力は物質量に比例し，N_2と同じ物質量のC_2H_5OHを封入したので，封入したC_2H_5OHがすべて気体と仮定したときのC_2H_5OHの分圧は，N_2の分圧と等しく2.0×10^4 Paである。

この値は，50℃におけるC_2H_5OHの蒸気圧である3.0×10^4 Paより小さいので，仮定は正しく，C_2H_5OHはすべて気体で存在することがわかる。したがって，容器内のC_2H_5OH（気）の分圧は2.0×10^4 Paである。

21 …①

b　封入したN_2とC_2H_5OHの物質量比は1：1であるから，**実験Ⅱ**において，封入したC_2H_5OHがすべて気体と仮定したときのC_2H_5OHの分圧は，分圧＝全圧×モル分率より，

$$1.00\times10^5\ \text{Pa}\times\frac{1}{1+1}=5.00\times10^4\ \text{Pa}$$

この値は，50℃におけるC_2H_5OHの蒸気圧である3.0×10^4 Paより大きいので，仮定は誤りで，C_2H_5OHの一部は凝縮しており，気液平衡の状態で存在することがわかる。したがって，容器内のC_2H_5OH（気）の分圧は50℃におけるC_2H_5OHの蒸気圧に等しく，3.0×10^4 Paである。

22 …②

c　**実験Ⅰ**において，N_2の分圧は2.0×10^4 Paで，容器の容積は8.4 Lであるから，このときの様子を模式的に示すと，図**ア**のようになる。また，**実験Ⅱ**において，N_2の分圧は，

$$1.00\times10^5\ \text{Pa}-3.0\times10^4\ \text{Pa}=7.0\times10^4\ \text{Pa}$$

であるから，容器の容積をV (L)として，このときの様子を模式

混合気体の圧力

全圧　混合気体が示す圧力。

分圧　成分気体が単独で，混合気体と同じ体積を占めたときの圧力。

- 全圧＝分圧の総和（ドルトンの分圧の法則）
- 分圧の比＝物質量の比
- 分圧＝全圧×モル分率

（モル分率　混合気体全体に対する成分気体の物質量の割合）

蒸気圧（飽和蒸気圧）

液体とその蒸気が共存して気液平衡の状態にあるとき，蒸気の示す圧力を蒸気圧（飽和蒸気圧）という。

蒸気の圧力（分圧）がその温度での飽和蒸気圧を超えることはない。

気液平衡かすべて気体かの判定

P：すべて気体として存在すると仮定したときに示す圧力

P_0：飽和蒸気圧

とすると，

$P>P_0$：液体が存在する。気液平衡だから，蒸気の圧力はP_0となる。

$P\leqq P_0$：すべて気体である。蒸気の圧力はPとなる。

的に示すと，図イのようになる。

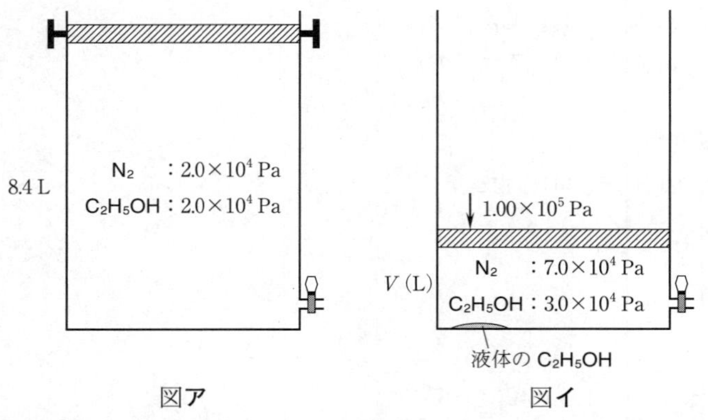

図ア　　図イ

実験Ⅰ，**実験Ⅱ**を通じて，温度および N_2 の物質量は一定であるから，N_2 についてボイルの法則が成り立つ。したがって，

$$2.0\times10^4\ \mathrm{Pa}\times8.4\ \mathrm{L}=7.0\times10^4\ \mathrm{Pa}\times V\ (\mathrm{L})$$

$$V=2.4\ \mathrm{L}$$

23 …①

第5問　メタンハイドレートを題材とした総合問題

問1　化学結合

① 誤り。炭素原子 C と水素原子 H の間に形成される C−H 結合では，電気陰性度の大きい C 原子がわずかに負の電荷(δ−)を，電気陰性度の小さい水素原子 H がわずかに正の電荷(δ+)を帯びる。したがって，C−H 結合には極性がある。

メタン CH_4 は正四面体形の分子であり，4 本の C−H 結合の極性が互いに打ち消しあうので，分子全体としては極性をもたない無極性分子である。

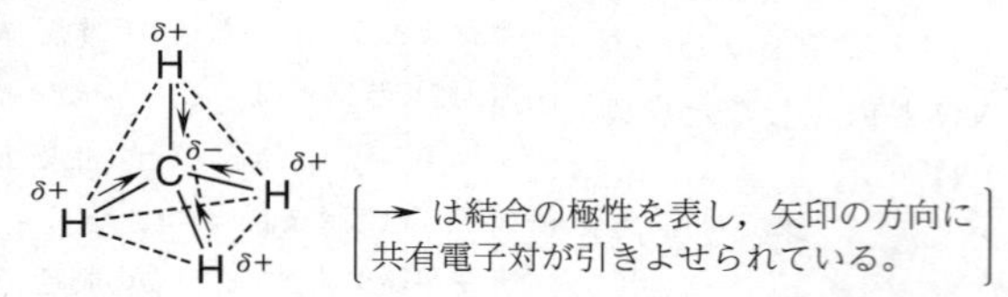

② 正しい。水分子 H_2O は，2 個の水素原子 H と 1 個の酸素原子 O がそれぞれの不対電子を 1 個ずつ出しあって共有電子対をつくり，共有結合によって結びついている。よって，H_2O 分子は，2 組の共有電子対と 2 組の非共有電子対をもつ。

H·　+　·Ö·　+　·H ⟶ H:Ö:H　　H−O−H

電子式　　構造式

(▬ は非共有電子対を表す)

③ 正しい。液体の状態で，H_2O はファンデルワールス力に加えて，分子間で水素結合を形成するのに対し，CH_4 は水素結合を形成せず，分子間にはファンデルワールス力のみがはたらく。

結合の極性

異種の原子間の共有電子対が電気陰性度の大きい原子の方に引きよせられるため，結合している原子間に電荷の偏りがあること。

無極性分子

原子間の結合に極性がない，あるいは，原子間の結合には極性があるが，その極性が互いに打ち消しあって，分子全体では極性をもたない分子。

H_2，N_2，I_2，CO_2，CH_4 など

極性分子

原子間の結合に極性があり，分子内でその極性が打ち消されず，分子全体として極性をもつ分子。

HCl，H_2O，H_2S，NH_3 など

共有結合

2 個の原子の間で電子対を共有しあう結合。共有されている電子対を**共有電子対**といい，共有されていない電子対を**非共有電子対**という。

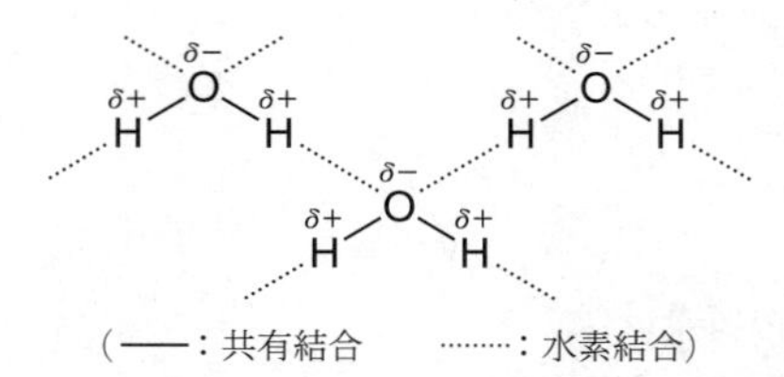

④　正しい。分子からなる物質の沸点は，分子間力が強いほど高くなる。水素結合はファンデルワールス力より強いので，沸点は $H_2O > CH_4$ である。なお，常温・常圧で H_2O は液体，CH_4 は気体で存在することからも，沸点の高低を判断することができる。

24 …①

問2　物質の状態

メタンハイドレートは深海に多量に存在することから，圧力が$_{ア}$高いほど，メタンハイドレートは形成されやすいと推測される。したがって，図2において，$_{イ}$領域X(高圧)がメタンハイドレートで存在する領域を，領域Y(低圧)がメタンと水で存在する領域を表していると判断できる。

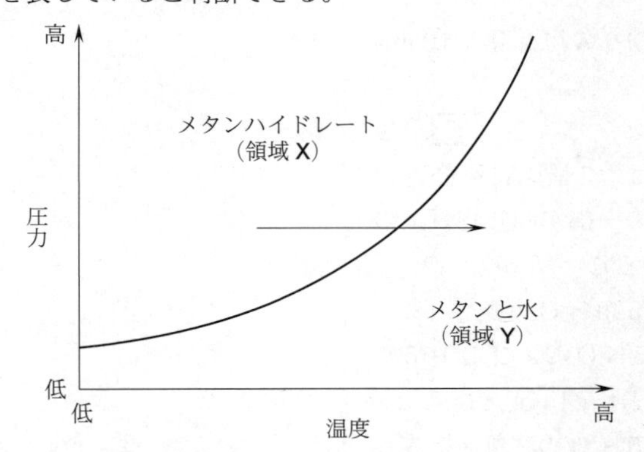

また，上図に矢印で示したように，温度が$_{ウ}$高くなると，メタンハイドレートはメタンと水に分解することがわかる。

25 …①，26 …③，27 …①

問3　化学反応の量的関係

メタンハイドレート $CH_4 \cdot 5.75\,H_2O$ の燃焼反応は，次式で表される。

$$CH_4 \cdot 5.75\,H_2O + 2\,O_2 \longrightarrow CO_2 + 7.75\,H_2O \qquad (1)$$

また，CO_2 を水酸化バリウム $Ba(OH)_2$ 水溶液に吸収させると，次式に示す反応が起こり，炭酸バリウム $BaCO_3$ の白色沈殿が生じる。

$$CO_2 + Ba(OH)_2 \longrightarrow BaCO_3 + H_2O \qquad (2)$$

式(1)の反応では $CH_4 \cdot 5.75\,H_2O$ 1 mol あたり CO_2 1 mol が生成し，式(2)の反応では CO_2 1 mol あたり $BaCO_3$ 1 mol が生じる。したがって，式(1)・(2)の反応をあわせて考えると，物質量比は $CH_4 \cdot 5.75\,H_2O : CO_2 : BaCO_3 = 1:1:1$ となる。これより，用いた $CH_4 \cdot 5.75\,H_2O$ の物質量を x (mol)とすると，生じた $BaCO_3$(式量

水素結合

電気陰性度の大きいF，O，N原子と共有結合しているH原子と，別のF，O，N原子との間にはたらく静電気的な引力。ファンデルワールス力より強い。

例：フッ化水素HF

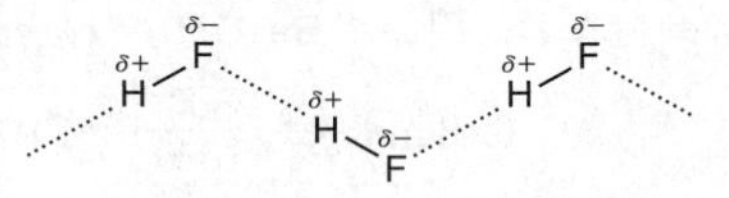

(──：共有結合，………：水素結合)

ファンデルワールス力

すべての分子間にはたらく引力。分子量が大きいほど，また，分子の極性が大きいほど強くなる。

197)の物質量との関係は,

$$x\ (\text{mol}) : \frac{3.94\ \text{g}}{197\ \text{g/mol}} = 1 : 1$$

$$x = 2.0 \times 10^{-2}\ \text{mol}$$

したがって,用いた $CH_4 \cdot 5.75\ H_2O$(式量 119.5)の質量は,

$$119.5\ \text{g/mol} \times 2.0 \times 10^{-2}\ \text{mol} = 2.39\ \text{g} \fallingdotseq 2.4\ \text{g}$$

なお,用いた $Ba(OH)_2$ の物質量は,

$$0.10\ \text{mol/L} \times \frac{500}{1000}\ \text{L} = 5.0 \times 10^{-2}\ \text{mol}$$

であり,生じた $BaCO_3$ は 2.0×10^{-2} mol であるから,$Ba(OH)_2$ を過剰に用いたことが確認できる。

28 …②,29 …④

問4　化学量

a　478 g の $CH_4 \cdot 5.75\ H_2O$ の物質量は,

$$\frac{478\ \text{g}}{119.5\ \text{g/mol}} = 4.00\ \text{mol}$$

$CH_4 \cdot 5.75\ H_2O$ 1 mol に含まれる CH_4 の物質量は 1 mol であるから,478 g の $CH_4 \cdot 5.75\ H_2O$ に含まれる CH_4 の物質量は 4.0 mol である。

30 …④

b　水 H_2O 分子がつくるかご状の構造は,二酸化炭素 CO_2 の注入の前後で変化しなかったこと,CH_4 の一部が同じ物質量の CO_2 に置き換わったことから,このとき得られたガスハイドレート中の CO_2 ハイドレートの化学式は $CO_2 \cdot 5.75\ H_2O$ で表される。

得られたガスハイドレート中の $CH_4 \cdot 5.75\ H_2O$ および $CO_2 \cdot 5.75\ H_2O$(式量 147.5)の物質量をそれぞれ x (mol),y (mol)とすると,これらの物質量の合計は,用いた $CH_4 \cdot 5.75\ H_2O$ の物質量と等しいので,**a** より,

$$x\ (\text{mol}) + y\ (\text{mol}) = 4.00\ \text{mol} \qquad (1)$$

また,得られたガスハイドレートの質量について,

$$119.5\ \text{g/mol} \times x\ (\text{mol}) + 147.5\ \text{g/mol} \times y\ (\text{mol}) = 562\ \text{g} \qquad (2)$$

式(1),式(2)より,

$$x = 1.0\ \text{mol},\ y = 3.0\ \text{mol}$$

したがって,取り出された CH_4 の物質量は 3.0 mol であり,求める割合は,

$$\frac{3.0\ \text{mol}}{4.00\ \text{mol}} \times 100 = 75\ (\%)$$

(別解)

$CH_4 \cdot 5.75\ H_2O$ 中の CH_4(分子量 16)1.0 mol を CO_2(分子量 44)1.0 mol に置き換えて CH_4 1.0 mol が取り出されるとき,質量は(44 g/mol×1.0 mol−16 g/mol×1.0 mol=)28 g 増加する。

478 g の $CH_4 \cdot 5.75\ H_2O$ から 562 g のガスハイドレートが得られたとき,取り出された CH_4 の物質量を z (mol)とすると,質量

は(562 g－478 g＝)84 g 増加したので，

$1.0\ \text{mol} : z\ (\text{mol}) = 28\ \text{g} : 84\ \text{g}$

$z = 3.0\ \text{mol}$

したがって，取り出された CH_4 の割合は，

$\frac{3.0\ \text{mol}}{4.00\ \text{mol}} \times 100 = 75\ (\%)$

31 …⑤

MEMO

大学入学共通テスト

'23 本試験　解答・解説

（2023年1月実施）

受験者数　182,224

平 均 点　54.01

（100点満点）

問題番号	設問	解答番号	正解	配点	自己採点
第1問	問1	1	③	3	
	問2	2	⑥	3	
	問3	3	②	4	
	問4	4	②	2	
		5	①	2	
		6	②	3	
		7	②	3*	
		8	①		
第1問　自己採点小計				(20)	
第2問	問1	9	⑥	3	
	問2	10	③ ※	4（各2）	
		11	④ ※		
	問3	12	④	4	
	問4	13	④	3	
		14	⑥	3	
		15	⑤	3	
第2問　自己採点小計				(20)	
第3問	問1	16	④	4	
	問2	17	③ ※	4*	
		18	⑤ ※		
	問3	19	⑤	2	
		20	②	2	
		21	③	4	
		22	④	4	
第3問　自己採点小計				(20)	

問題番号	設問	解答番号	正解	配点	自己採点
第4問	問1	23	②	3	
	問2	24	②	4	
	問3	25	④	4	
	問4	26	⓪	3*	
		27	②		
		28	⓪		
		29	③	3	
		30	④	3	
第4問　自己採点小計				(20)	
第5問	問1	31	②	4	
		32	①	4	
	問2	33	③	4	
	問3	34	③	4	
		35	④	4	
第5問　自己採点小計				(20)	
自己採点合計				(100)	

（注）

1　*は，全部正解の場合のみ点を与える。

2　※の正解は，順序を問わない。

第1問　化学結合，コロイド，気液平衡，結晶

問1　化学結合

①アセトアルデヒド CH_3CHO，②アセチレン C_2H_2，③臭素 Br_2 は分子であり，その構造式は次のとおりである。

```
       H
       |
①  H—C—C—H        ②  H—C≡C—H
       |   ‖
       H   O

③  Br—Br
```

④塩化バリウム $BaCl_2$ は，Ba^{2+} と Cl^- がイオン結合により結びついた物質であり，共有結合(単結合)はない。

以上より，すべての化学結合が単結合からなる物質は，③である。

1 …③

問2　コロイド

コロイド粒子が溶媒中に分散している溶液を，コロイド溶液またはゾルという。コロイド溶液(ゾル)が流動性を失ってかたまった状態を，(a)ゲルという。また，ゲルを乾燥させ，水分を除去したものを，(b)キセロゲルという。

なお，エーロゾル(エアロゾル)は，分散媒が気体，分散質が液体または固体のコロイドのことである。

2 …⑥

問3　気液平衡

圧縮前の空気に含まれる水蒸気の物質量を n_1 (mol)，圧縮後の空気に含まれる水蒸気の物質量を n_2 (mol)とする。

圧縮前(体積 24.9 L)，水蒸気の分圧は 3.0×10^3 Pa なので，

$$3.0\times10^3\ \mathrm{Pa}\times24.9\ \mathrm{L} = n_1\ (\mathrm{mol})\times8.3\times10^3\ \mathrm{Pa\cdot L/(K\cdot mol)}\times300\ \mathrm{K}$$

圧縮後(体積 8.3 L)，液体の水が生じていることから，水蒸気の分圧は飽和蒸気圧である 3.6×10^3 Pa なので，

$$3.6\times10^3\ \mathrm{Pa}\times8.3\ \mathrm{L} = n_2\ (\mathrm{mol})\times8.3\times10^3\ \mathrm{Pa\cdot L/(K\cdot mol)}\times300\ \mathrm{K}$$

圧縮後に生じた液体の水の物質量は (n_1-n_2) (mol)なので，その値は，

$$n_1-n_2=\frac{3.0\times10^3\ \mathrm{Pa}\times24.9\ \mathrm{L}-3.6\times10^3\ \mathrm{Pa}\times8.3\ \mathrm{L}}{8.3\times10^3\ \mathrm{Pa\cdot L/(K\cdot mol)}\times300\ \mathrm{K}}$$

$$=\frac{3.0-1.2}{100}\ \mathrm{mol}=0.018\ \mathrm{mol}$$

3 …②

問4　結晶

a　硫化カルシウム CaS の単位格子が，図2に与えられている。この単位格子中のイオンの位置関係を，次の右図に示す。

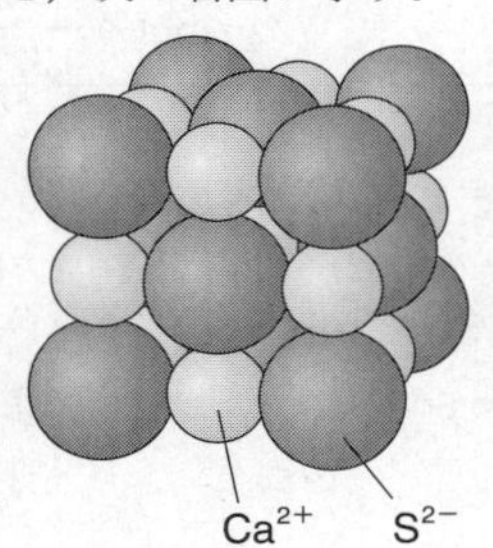

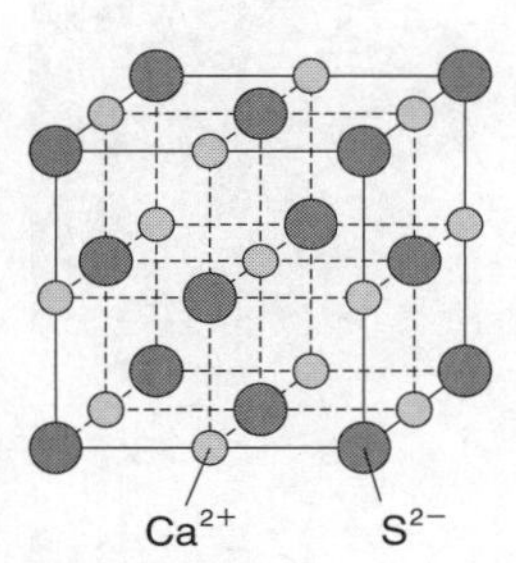

イオン結晶の配位数は，あるイオンの最も近い位置にある他のイオンの数であり，Ca^{2+} の配位数(Ca^{2+} の最も近い位置にある S^{2-} の数)，S^{2-} の配位数(S^{2-} の最も近い位置にある Ca^{2+} の数)はいずれも ア6 である。

また，図2の単位格子の断面より，単位格子の一辺の長さは $2(R_S+r_{Ca})$ であり，単位格子(立方体)の体積 V は $\{2(R_S+r_{Ca})\}^3=$ イ$8(R_S+r_{Ca})^3$ で表される。

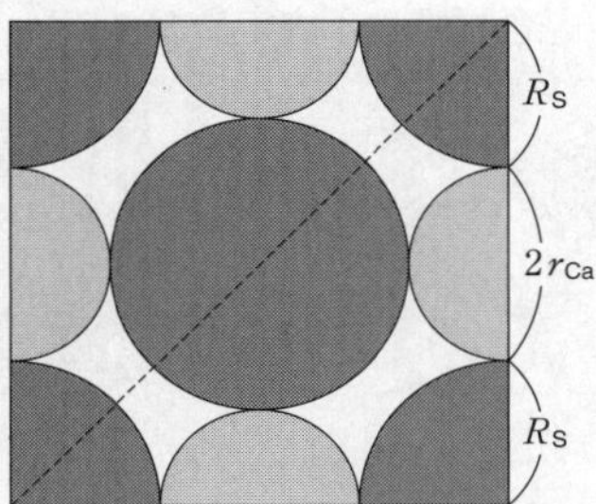

4 …②，5 …①

b　エタノールに CaS の結晶を入れたとき，結晶はもとの形のまま溶けずに沈んだので，メスシリンダーの液面の目盛りの増加量が，CaS

の結晶の体積となる。したがって，CaS の結晶 40 g の体積は(55－40＝)15 cm^3 である。

CaS の結晶の単位格子には，Ca^{2+} と S^{2-} が 4 個ずつ含まれる(注)ことが問題に与えられている。CaS(式量 72)の結晶の密度(g/cm^3)に着目すると，

$$\frac{40\ g}{15\ cm^3}=\frac{72\ g/mol\times\dfrac{4}{6.0\times10^{23}\ /mol}}{V(cm^3)}$$

$$V=1.8\times10^{-22}\ cm^3$$

(注) CaS の結晶から，単位格子(立方体)の中を抜き出すと次図のようになるので，単位格子に含まれる Ca^{2+} と S^{2-} の数は，次のように求めることができる。

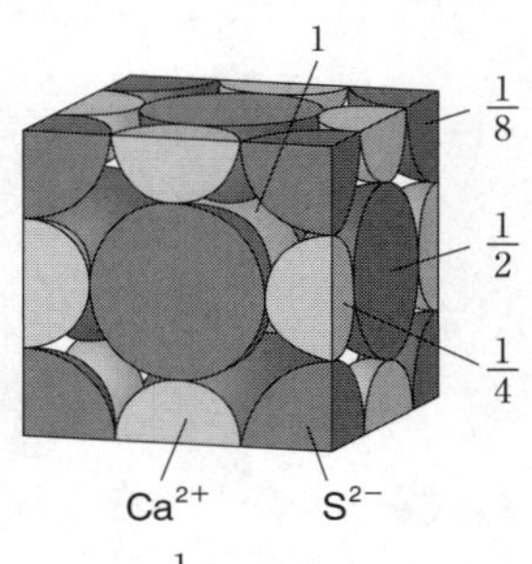

Ca^{2+} : $\frac{1}{4}\times12+1=4$ (個)

S^{2-} : $\frac{1}{8}\times8+\frac{1}{2}\times6=4$ (個)

6 …②

c 図 2 の単位格子の断面に着目する。

イオンの大きさが大きい方のイオン(半径 R のイオン)を大きくしていくと，やがて，対角線上で大きい方のイオンどうしが接するようになる(次の右図)。大きい方のイオンがこれ以上に大きくなると，同符号のイオンどうしが接するため，結晶構造は不安定になる。

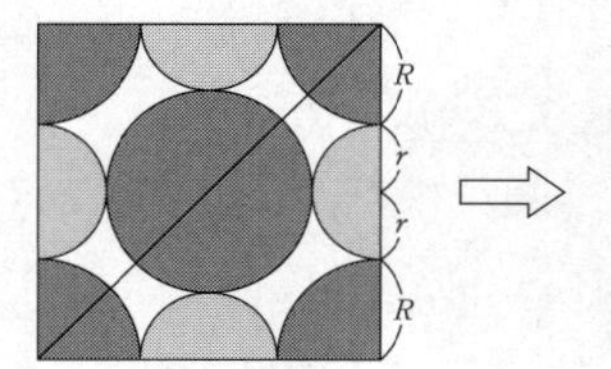

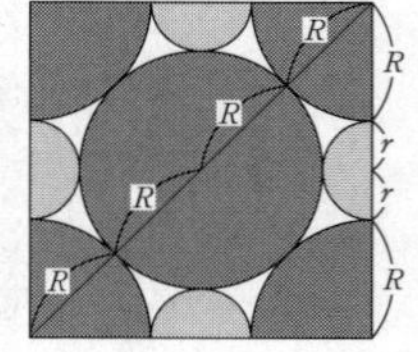

上の右図について，

$$4R=\sqrt{2}\times2\ (R+r)$$

$$\sqrt{2}\,R=R+r$$

$$R=\frac{1}{\sqrt{2}-1}r=(\sqrt{2}+1)r$$

よって，R が $(\sqrt{2}+1)r$ 以上になると，結晶構造が不安定になる。

7 …②，8 …①

第 2 問　化学反応と熱，電気分解，化学平衡，反応速度

問 1　化学反応と熱

二酸化炭素 CO_2(気)，アンモニア NH_3(気)，尿素 $(NH_2)_2CO$(固)，水 H_2O(液)の生成熱を表す熱化学方程式は，

C(黒鉛) ＋ O_2(気)
＝ CO_2(気) ＋ 394 kJ　(a)

$\frac{1}{2}$ N_2(気) ＋ $\frac{3}{2}$ H_2(気)
＝ NH_3(気) ＋ 46 kJ　(b)

C(黒鉛) ＋ N_2(気) ＋ 2H_2(気) ＋ $\frac{1}{2}$ O_2(気)
＝ $(NH_2)_2CO$(固) ＋ 333 kJ　(c)

H_2(気) ＋ $\frac{1}{2}$ O_2(気)
＝ H_2O(液) ＋ 286 kJ　(d)

式(1)＝式(c)＋式(d)－式(a)－式(b)×2 より，

CO_2(気) ＋ 2NH_3(気)
＝ $(NH_2)_2CO$(固) ＋ H_2O(液) ＋ 133 kJ　(1)

よって，$Q=133$ kJ である。

〔別解〕

CO_2(気) ＋ 2NH_3(気)
＝ $(NH_2)_2CO$(固) ＋ H_2O(液) ＋ Q kJ　(1)

式(1)について，(反応熱)＝(生成物の生成熱の総和)－(反応物の生成熱の総和)より，

$$Q=(333\ kJ/mol\times1\ mol+286\ kJ/mol\times1\ mol)-(394\ kJ/mol\times1\ mol+46\ kJ/mol\times2\ mol)=133\ kJ$$

なお，エネルギー図は次のようになる。

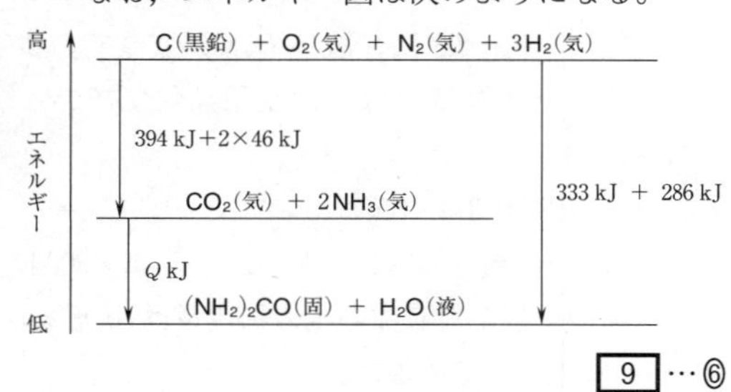

9 …⑥

問2　電気分解

各電極では，次の反応が起こる。

電解槽V　電極A(陰極)　$Ag^+ + e^-$
$\longrightarrow Ag$　(a)

電極B(陽極)　$2H_2O$
$\longrightarrow O_2 + 4H^+ + 4e^-$　(b)

電解槽W　電極C(陰極)　$2H_2O + 2e^-$
$\longrightarrow H_2 + 2OH^-$　(c)

電極D(陽極)　$2Cl^-$
$\longrightarrow Cl_2 + 2e^-$　(d)

①　正しい。式(a)，(b)より，電解槽Vの水素イオンH^+濃度が増加した。

②　正しい。式(a)より，電極Aに銀Agが析出した。

③　誤り。式(b)より，電極Bで水素H_2は発生せず，酸素O_2が発生した。

④　誤り。式(c)より，電極CにナトリウムNaは析出せず，水素H_2が発生した。

⑤　正しい。式(d)より，電極Dで塩素Cl_2が発生した。

10・11…③・④(順不同)

問3　化学平衡

H_2(気) + I_2(気) ⇄ 2HI(気)　(2)

温度Tにおいて，平衡状態の水素H_2，ヨウ素I_2，ヨウ化水素HIの物質量は，それぞれ0.40 mol，0.40 mol，3.2 molなので，容器Xの容積を$2V$(L)とすると，式(2)の平衡定数は，

$$K=\frac{[HI]^2}{[H_2][I_2]}=\frac{\left(\frac{3.2\ \text{mol}}{2V\ (\text{L})}\right)^2}{\frac{0.40\ \text{mol}}{2V\ (\text{L})}\times\frac{0.40\ \text{mol}}{2V\ (\text{L})}}=64$$

容器Xの半分の容積V(L)をもつ容器Yに1.0 molのHIのみを入れて，温度Tに保ったとき，平衡状態でのH_2の物質量をx(mol)とすると，

	H_2(気)	+ I_2(気)	⇄ 2HI(気)
反応前	0	0	1.0
変化量	$+x$	$+x$	$-2x$
平衡時	x	x	$1.0-2x$

(単位：mol)

温度が一定のとき，平衡定数の値は一定なので，

$$K=\frac{\left(\frac{(1.0-2x)\ (\text{mol})}{V\ (\text{L})}\right)^2}{\frac{x\ (\text{mol})}{V\ (\text{L})}\times\frac{x\ (\text{mol})}{V\ (\text{L})}}=64$$

$$\frac{(1.0-2x)\ (\text{mol})}{x\ (\text{mol})}=8.0 \qquad x=0.10\ \text{mol}$$

よって，平衡状態でのHIの物質量は，

$(1.0-2\times0.10)\ \text{mol}=0.80\ \text{mol}$

12…④

問4　反応速度

a　①　正しい。塩化鉄(Ⅲ)$FeCl_3$に含まれる鉄(Ⅲ)イオンFe^{3+}は，過酸化水素H_2O_2の分解反応の触媒としてはたらくので，反応速度は大きくなる。

②　正しい。酵素であるカタラーゼは，H_2O_2の分解反応の触媒としてはたらくので，反応速度は大きくなる。なお，酵素は，適切な条件(最適温度，最適pH)のもとで用いる。

③　正しい。酸化マンガン(Ⅳ)MnO_2は，H_2O_2の分解反応の触媒としてはたらく。MnO_2の有無によらず，温度を高くすると，反応速度は大きくなる。

④　誤り。触媒は，反応の前後で自身は変化しないので，MnO_2に含まれるマンガン原子Mnの酸化数は変化しない。

13…④

b　H_2O_2の分解反応は，式(3)で表される。

$2H_2O_2 \longrightarrow 2H_2O + O_2$　(3)

反応開始後1.0分から2.0分において発生した酸素O_2の物質量は，

$0.747\times10^{-3}\ \text{mol}-0.417\times10^{-3}\ \text{mol}$
$=0.330\times10^{-3}\ \text{mol}$

このとき分解したH_2O_2の物質量は，式(3)より，

$0.330\times10^{-3}\ \text{mol}\times2=0.660\times10^{-3}\ \text{mol}$

水溶液の体積は10.0 mLなので，H_2O_2の分解反応の平均反応速度は，

$$\frac{\frac{0.660\times10^{-3}\ \text{mol}}{\frac{10.0}{1000}\ \text{L}}}{(2.0-1.0)\ \text{min}}=6.6\times10^{-2}\ \text{mol/(L·min)}$$

14…⑥

c　問題文より，H_2O_2の水溶液中での分解反応速度(vとする)は，H_2O_2の濃度に比例する

ので，反応速度式は次の式で表される。

$$v = k[H_2O_2] \quad (k：反応速度定数) \qquad (a)$$

H_2O_2 の濃度が同じとき，k が 2.0 倍になると，v も 2.0 倍になるので，発生した O_2 の物質量が同じになる時間でのグラフの傾き

$\left(\dfrac{発生した O_2 の物質量}{時間}\right)$ は 2.0 倍になる。

また，用いた過酸化水素水中の H_2O_2 の物質量は，

$$0.400 \text{ mol/L} \times \frac{10.0}{1000} \text{ L} = 4.00 \times 10^{-3} \text{ mol}$$

なので，H_2O_2 がすべて分解したときに発生した O_2 の物質量は，式(3)より，

$$4.00 \times 10^{-3} \text{ mol} \times \frac{1}{2} = 2.00 \times 10^{-3} \text{ mol}$$

であり，発生した O_2 の物質量は 2.00×10^{-3} mol に収束する。

以上より，該当するグラフは⑤である。

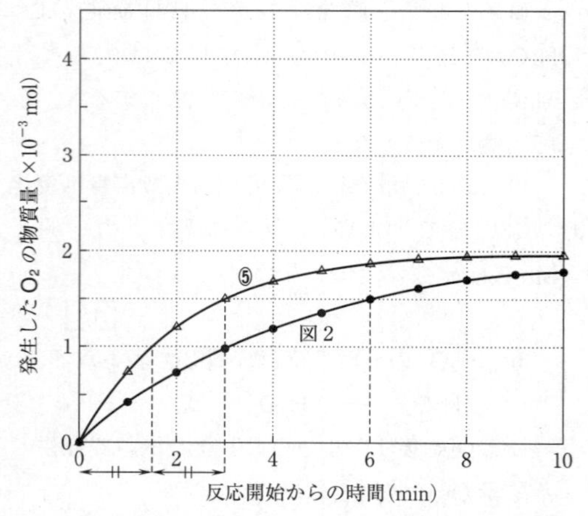

なお，式(a)のように，反応速度が反応物のモル濃度に比例する反応を一次反応といい，一次反応では，反応物のモル濃度が半分になるのに要する時間(半減期)は，温度が一定であれば，濃度によらず一定であることが知られている。また，半減期は，反応速度定数 k に反比例することが知られている。

k が 2.0 倍になると，半減期は $\dfrac{1}{2.0}$ 倍になるので，例えば，発生した O_2 の物質量が 1.0×10^{-3} mol になる時間，すなわち，H_2O_2 のモル濃度がはじめの半分になる時間は，図 2 の $\dfrac{1}{2.0}$ 倍になる。

15 …⑤

第 3 問　無機物質，化学反応と量的関係

問 1　フッ化水素

① 正しい。フッ化水素 HF の水溶液(フッ化水素酸)は，弱い酸性を示す。なお，HF 以外のハロゲン化水素の水溶液は，強い酸性を示す。

② 正しい。フッ化銀 AgF は水に可溶なので，HF の水溶液に銀イオン Ag^+ が加わっても沈殿は生じない。なお，AgF 以外のハロゲン化銀は水に溶けにくい。

③ 正しい。HF は分子間に水素結合を形成するので，HF の沸点は，他のハロゲン化水素の沸点より高い。

④ 誤り。酸化力がフッ素 F_2 > ヨウ素 I_2 なので，I_2 は HF と反応しない。なお，F_2 は HI と反応して I_2 を生じる。

$$F_2 + 2HI \longrightarrow 2HF + I_2$$

16 …④

問 2　金属イオンの分離

銀イオン Ag^+，アルミニウムイオン Al^{3+}，銅(Ⅱ)イオン Cu^{2+}，鉄(Ⅲ)イオン Fe^{3+}，亜鉛イオン Zn^{2+} の硝酸塩を含む水溶液に対して**操作Ⅰ～Ⅳ**による分離操作を行うと，次図のようになる。

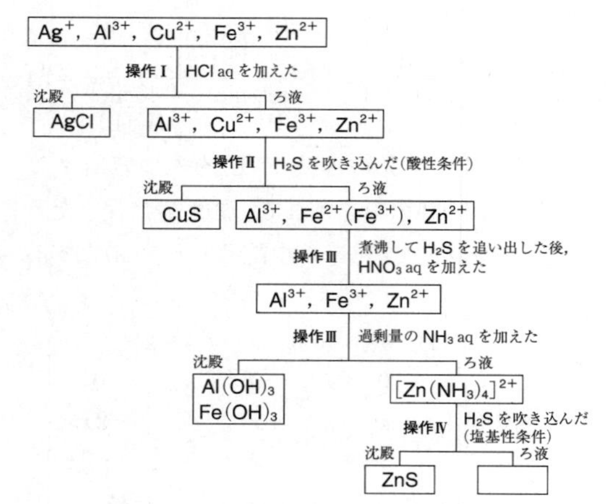

結果より，**操作Ⅰ，Ⅲ**では沈殿が生じず，**操作Ⅱ，Ⅳ**では沈殿が生じたので，水溶液 **A** に含まれる二つの金属イオンは，Cu^{2+} と Zn^{2+} であ

る。

17・18…③・⑤(順不同)

問3　化学反応と量的関係

a　金属X，Yは1族元素または2族元素なので，単体が希塩酸(HClの水溶液)または水H_2Oと反応したとき，1価または2価の陽イオンになる。また，室温のH_2Oと反応する金属Yは，リチウムLi，ナトリウムNa，カリウムK，カルシウムCaのいずれかである。

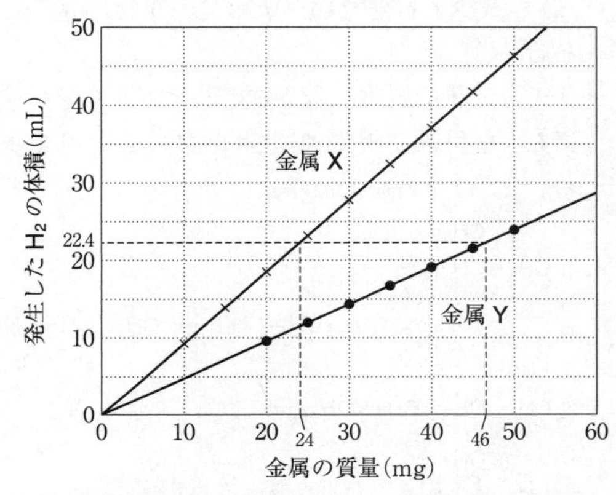

Xが希塩酸と反応してm価の陽イオンになるとすると，その変化は次の化学反応式で表される。

$$X + m\,HCl \longrightarrow XCl_m + \frac{m}{2}H_2 \quad (a)$$

図2より，反応させたXが24 mgのとき，発生したH_2が0℃，1.013×10^5 Pa(標準状態)で22.4 mLなので，Xの式量をM_Xとすると，式(a)より，

$$\frac{24\times10^{-3}\,g}{M_X\,(g/mol)}\times\frac{m}{2}=\frac{22.4\times10^{-3}\,L}{22.4\,L/mol}$$

$$M_X=12m$$

Yが水と反応してn価の陽イオンになるとすると，その変化は次の化学反応式で表される。

$$Y + n\,H_2O \longrightarrow Y(OH)_n + \frac{n}{2}H_2 \quad (b)$$

図2より，反応させたYが46 mgのとき，発生したH_2が0℃，1.013×10^5 Pa(標準状態)で22.4 mLなので，Yの式量をM_Yとすると，式(b)より，

$$\frac{46\times10^{-3}\,g}{M_Y\,(g/mol)}\times\frac{n}{2}=\frac{22.4\times10^{-3}\,L}{22.4\,L/mol}$$

$$M_Y=23n$$

各金属の式量は，Li 6.9，Na 23，K 39，Be 9.0，Mg 24，Ca 40なので，XはMg($m=2$，$M_X=24$)，YはNa($n=1$，$M_Y=23$)が該当する。

〔別解〕

金属XまたはYの式量をMとし，反応させた金属が1×10^{-3} molすなわちM(mg)のときに発生したH_2の体積に着目する。

金属がLi，Na，Kのいずれかの場合，次の反応が起こる。

$$2X + 2HCl \longrightarrow 2XCl + H_2$$
$$2Y + 2H_2O \longrightarrow 2YOH + H_2$$

この場合，反応させた金属がM(mg)のときに発生したH_2の体積は，

$$22.4\,L/mol\times1\times10^{-3}\,mol\times\frac{1}{2}$$
$$=11.2\times10^{-3}\,L=11.2\,mL$$

一方，金属がBe，Mg，Caのいずれかの場合，次の反応が起こる。

$$X + 2HCl \longrightarrow XCl_2 + H_2$$
$$Y + 2H_2O \longrightarrow Y(OH)_2 + H_2$$

この場合，反応させた金属がM(mg)のときに発生したH_2の体積は，

$$22.4\,L/mol\times1\times10^{-3}\,mol=22.4\times10^{-3}\,L$$
$$=22.4\,mL$$

次の図より，XはMg，YはNaが該当する。

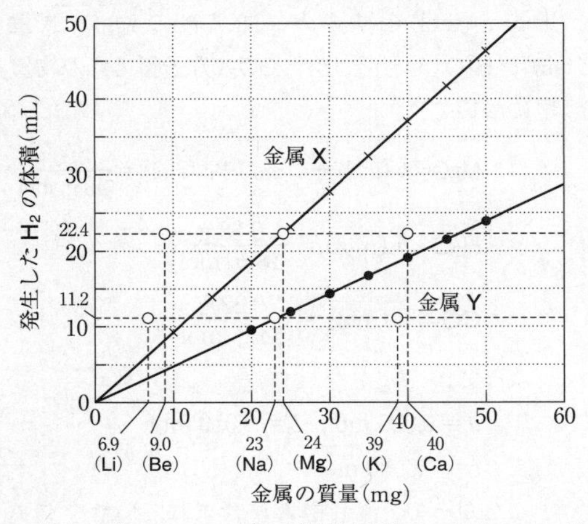

(注)　0℃，1.013×10^5 Pa(標準状態)での気体のモル体積(22.4 L/mol)は，与えられた気体定数を用いて，次の式により求めることができる。

$$\frac{8.31\times10^3\ \text{Pa·L/(K·mol)}\times273\ \text{K}}{1.013\times10^5\ \text{Pa}}$$

$$=22.39\ \text{L/mol}\fallingdotseq22.4\ \text{L/mol}$$

[19]…⑤，[20]…②

b　ソーダ石灰は塩基性の乾燥剤，塩化カルシウム $CaCl_2$ は中性の乾燥剤である。吸収管BとCに，発生した水 H_2O，二酸化炭素 CO_2 を1種類ずつ捕集したい。酸性の気体である CO_2 はソーダ石灰と反応するので，吸収管Bに $CaCl_2$ を入れて H_2O を吸収させ，吸収管Cにソーダ石灰を入れて CO_2 を吸収させればよい。

なお，吸収管Bにソーダ石灰，吸収管Cに $CaCl_2$ を入れると，吸収管Bに H_2O と CO_2 の両方が吸収されるため，不適当である。また，酸化銅(Ⅱ) CuO は，H_2O，CO_2 ともに吸収しない。

[21]…③

c　酸化マグネシウム MgO，水酸化マグネシウム $Mg(OH)_2$，炭酸マグネシウム $MgCO_3$ の混合物Aを，乾燥した酸素 O_2 中で加熱すると，次の反応が起こる。

$$Mg(OH)_2 \longrightarrow MgO + H_2O$$

$$MgCO_3 \longrightarrow MgO + CO_2$$

混合物A中の MgO の物質量を a (mol)，$Mg(OH)_2$ の物質量を b (mol)，$MgCO_3$ の物質量を c (mol) とすると，加熱後の MgO (式量40)，H_2O (分子量18)，CO_2 (分子量44) の物質量について，

MgO　$a\ (\text{mol})+b\ (\text{mol})+c\ (\text{mol})=\dfrac{2.00\ \text{g}}{40\ \text{g/mol}}$

H_2O　$b\ (\text{mol})=\dfrac{0.18\ \text{g}}{18\ \text{g/mol}}$

CO_2　$c\ (\text{mol})=\dfrac{0.22\ \text{g}}{44\ \text{g/mol}}$

よって，

$a=0.035$ mol，$b=0.010$ mol，
$c=0.0050$ mol

したがって，混合物Aに含まれていたマグネシウム Mg のうち，MgO として存在していた Mg の物質量の割合は，

$$\frac{a\ (\text{mol})}{a\ (\text{mol})+b\ (\text{mol})+c\ (\text{mol})}\times100$$

$$=\frac{0.035\ \text{mol}}{0.050\ \text{mol}}\times100=70\ (\%)$$

[22]…④

第4問　有機化合物

問1　アルコール

ア　ヨードホルム反応を示さないので，$CH_3-CH(OH)-R$ (R は水素原子 H または炭化水素基) の構造をもたない。よって，①は不適当である。

イ　分子内脱水により生成したアルケンに臭素 Br_2 を付加させる変化は，次のとおりである。(C^* は不斉炭素原子)

① $CH_3-CH(CH_3)-OH$ —分子内脱水→ $CH_3-CH=CH_2$ —Br_2 付加→ $CH_3-C^*H(Br)-CH_2Br$

② $CH_3-CH_2-CH_2-OH$ —分子内脱水→ $CH_3-CH=CH_2$

③ $CH_3-C(CH_3)_2-OH$ —分子内脱水→ $CH_3-C(CH_3)=CH_2$ —Br_2 付加→ $CH_3-C(CH_3)(Br)-CH_2Br$

④ $CH_3-CH(CH_3)-CH_2-OH$ —分子内脱水→ $CH_3-C(CH_3)=CH_2$

得られた化合物は不斉炭素原子をもつので，①，②が該当する。

以上より，条件(**ア**・**イ**)をともに満たすアルコールは，②である。

[23]…②

問2　芳香族化合物

①　正しい。フタル酸を加熱すると，分子内で脱水し，酸無水物である無水フタル酸が生成する。

$\xrightarrow{\text{加熱}}$

フタル酸

$+ H_2O$

無水フタル酸

② 誤り。アニリンは，塩基性の化合物である。塩化水素 HCl とは反応して塩になるので，塩酸にはよく溶けるが，水酸化ナトリウム NaOH とは反応しないので，水酸化ナトリウム水溶液には溶けない。

$-NH_2 + HCl \longrightarrow$

アニリン

$-NH_3Cl$

アニリン塩酸塩

③ 正しい。ジクロロベンゼンには，次の3種類の異性体が存在する。

④ 正しい。塩化鉄(Ⅲ) $FeCl_3$ 水溶液を加えると呈色するものは，フェノール類である。アセチルサリチル酸は，フェノール類ではないので，$FeCl_3$ 水溶液を加えても呈色しない。

アセチルサリチル酸

24 …②

問3　高分子化合物

① 正しい。セルロースは，多数の β-グルコースが縮合した直鎖状の高分子化合物である。分子が平行に並びやすく，次に示すように分子内や分子間に水素結合が形成され，丈夫な繊維となる。

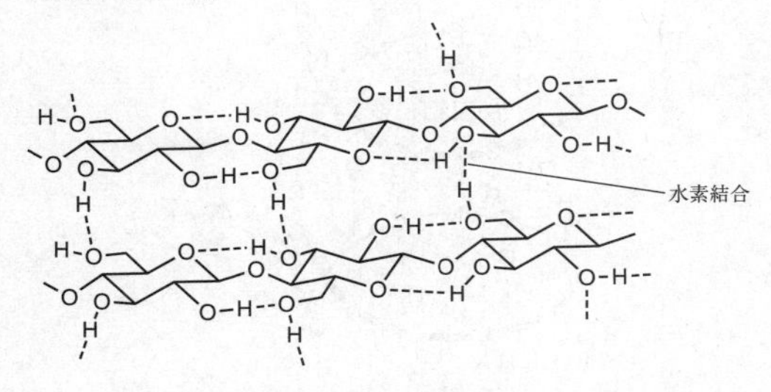

セルロースの水素結合の様子

② 正しい。DNA 分子の二重らせん構造中では，水素結合によってアデニン(A)とチミン(T)，およびグアニン(G)とシトシン(C)が塩基対をつくっている。

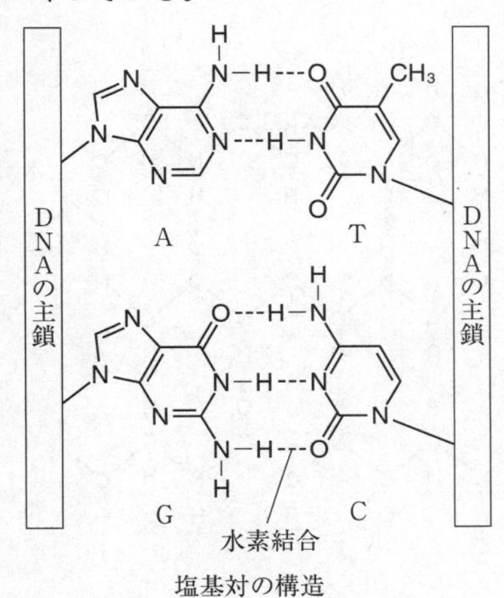

塩基対の構造

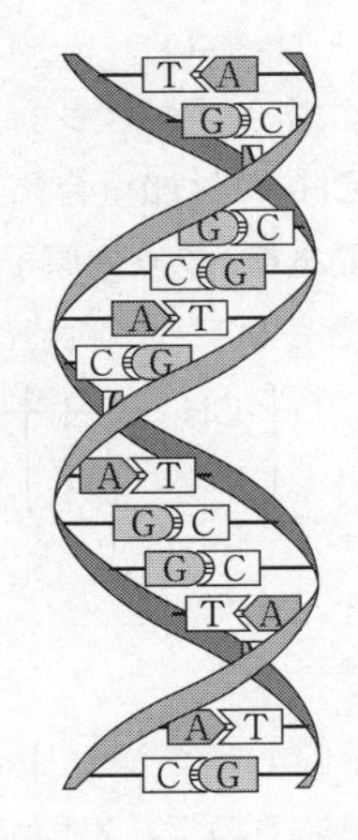

二重らせん構造の模式図

③ 正しい。タンパク質のポリペプチド鎖は，分子内や分子間のペプチド結合の部分どうしで，$>C=O\cdots H-N<$ のように水素結合を形成し，二次構造である α-ヘリックスや β-シートをつくる。

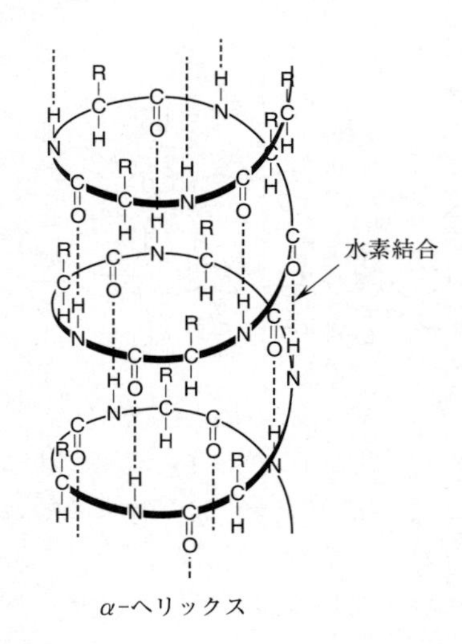

α-ヘリックス

水素結合

β-シート

④　誤り。ポリプロピレンは，プロピレン $CH_2=CH-CH_3$ の付加重合により得られる高分子化合物であり，フッ素原子 F，酸素原子 O，窒素原子 N をもたず，水素結合を形成しない。

$$\left[-CH_2-\underset{\substack{|\\CH_3}}{CH}-\right]_n$$

ポリプロピレン

25 …④

問 4　油脂

a　1分子のトリグリセリド **X** には4個の C=C 結合があるので，**X** 1 mol あたり付加することのできる水素 H_2 の物質量は 4 mol である。よって，44.1 g の **X**（分子量 882）を用いたときに消費される H_2 の物質量は，

$$\frac{44.1\ \text{g}}{882\ \text{g/mol}}\times 4=0.20\ \text{mol}$$

26 …⓪，27 …②，28 …⓪

b　C=C 結合は，過マンガン酸カリウム $KMnO_4$ によって酸化されやすい。脂肪酸 **A** と脂肪酸 **B** を硫酸酸性の $KMnO_4$ 水溶液に加えると，いずれの場合も反応したので，**A**，**B** はともに C=C 結合をもつ。

X を完全に加水分解したときに得られた **A** と **B** の物質量比は 1：2 であり，**X** には4個の C=C 結合があるので，1分子の **X** を構成する3個の脂肪酸の内訳は，次のとおりである。

X 1分子を構成する脂肪酸

- **A** …… C=C 結合を2個もつ
- **B** …… C=C 結合を1個もつ
- **B** …… C=C 結合を1個もつ

A は，炭素数が 18 で，C=C 結合を2個もつので，③が該当する。

なお，**A** の示性式は $C_{17}H_{31}COOH$，**B** の示性式は $C_{17}H_{33}COOH$ である。

29 …③

c　1分子の **X** を構成する脂肪酸は **A** 1分子，**B** 2分子なので，**X** の構造として次の2通りが考えられるが，**X** には鏡像異性体が存在したので，その構造が決まる。（C^* は不斉炭素原子）

$$\begin{array}{l} CH_2-O-CO-R^A \\ | \\ \overset{*}{C}H-O-CO-R^B \\ | \\ CH_2-O-CO-R^B \end{array} \qquad \begin{array}{l} CH_2-O-CO-R^B \\ | \\ CH-O-CO-R^A \\ | \\ CH_2-O-CO-R^B \end{array}$$

X

X を部分的に加水分解すると，**A**，**B**，化合物 **Y** のみが物質量比 1：1：1 で得られ，**Y** には鏡像異性体が存在しなかったので，**Y** の構造は次のように決まる。

$$CH_2-O-C(=O)-R^A$$
$$\overset{*}{C}H-O-C(=O)-R^B \longrightarrow R^A-C(=O)-OH$$
$$CH_2-O-C(=O)-R^B$$

X　　　　A

$$+\ R^B-C(=O)-OH\ +\ \begin{array}{l} CH_2-O-\boxed{H}_{ア} \\ CH-O-\boxed{C(=O)-R^B}_{イ} \\ CH_2-O-H \end{array}$$

B　　　　Y

〔別解〕

1分子の **X** を構成する脂肪酸は **A** 1分子，**B** 2分子であり，

$$X \longrightarrow A + B + Y$$

の変化が起こったことから，1分子の **Y** を構成する脂肪酸は **B** 1分子だけであることがわかる。**Y** の構造として次の2通りが考えられるが，**Y** には鏡像異性体が存在しなかったので，その構造が決まる。(C^* は不斉炭素原子)

$$\begin{array}{l} CH_2-O-H \\ CH-O-C(=O)-R^B \\ CH_2-O-H \end{array} \qquad \begin{array}{l} CH_2-O-C(=O)-R^B \\ \overset{*}{C}H-O-H \\ CH_2-O-H \end{array}$$

Y

30 …④

第5問　硫黄に関する総合問題

問1　硫化水素と二酸化硫黄

a　① 正しい。硫化鉄(Ⅱ) FeS に希硫酸を加えると，硫化水素 H_2S が発生する(弱酸の遊離)。

$$\underset{弱酸の塩}{FeS} + \underset{強酸}{H_2SO_4} \longrightarrow \underset{強酸の塩}{FeSO_4} + \underset{弱酸}{H_2S}$$

② 誤り。硫酸ナトリウム Na_2SO_4 に希硫酸を加えても，変化は起こらない。

なお，亜硫酸ナトリウム Na_2SO_3 に希硫酸を加えると，二酸化硫黄 SO_2 が発生する(弱酸の遊離)。

$$\underset{弱酸の塩}{Na_2SO_3} + \underset{強酸}{H_2SO_4} \longrightarrow \underset{強酸の塩}{Na_2SO_4} + H_2O + \underset{弱酸}{SO_2}$$

③ 正しい。H_2S の水溶液に SO_2 を通じると，単体の硫黄 S が生じ，溶液が白濁する。なお，この反応は酸化還元反応であり，H_2S が還元剤，SO_2 が酸化剤としてはたらいている(下線部の数字は酸化数)。

$$2H_2\underset{-2}{\underline{S}} + \underset{+4}{\underline{S}}O_2 \longrightarrow 3\underset{0}{\underline{S}} + 2H_2O$$

④ 正しい。SO_2 は酸性酸化物であり，亜硫酸ガスともよばれる。水酸化ナトリウム NaOH の水溶液に SO_2 を通じると，酸塩基反応が起こり，亜硫酸ナトリウム Na_2SO_3 が生じる。

$$2NaOH + SO_2 \longrightarrow Na_2SO_3 + H_2O$$

31 …②

b　次の式(1)の可逆反応は，正反応が発熱反応である。

$$2SO_2 + O_2 \rightleftarrows 2SO_3 \qquad (1)$$

① 誤り。温度一定で圧力を減少させると，ルシャトリエの原理により，気体の総物質量が増加する方向へ平衡が移動する。すなわち，平衡は左へ移動する。

② 正しい。圧力一定で温度を上昇させると，ルシャトリエの原理により，吸熱反応の方向へ平衡が移動する。すなわち，平衡は左へ移動する。

③ 正しい。式(1)の正反応の反応速度式を，

$v = k[SO_2]^x[O_2]^y$　(v：反応速度，k：反応速度定数，x と y：定数)

と表したとき，x，y の値は化学反応式の係数から単純に決まらず，実験によって求められる。これは，実際の反応はいくつかの化学反応が組み合わさって起こる場合が多いからである。したがって，SO_2 の濃度を2倍にしたとき，正反応の反応速度が何倍になるかは，反応式中の係数から単純に導き出すことはできない。

④ 正しい。平衡状態は，正反応と逆反応の反応速度が等しくなり，見かけ上，反応が止

まった状態である。

32 …①

問2　酸化還元滴定

窒素 N_2 と硫化水素 H_2S からなる気体試料A に含まれていた H_2S を完全に水に溶かした水溶液に，ヨウ素 I_2 を含むヨウ化カリウム KI 水溶液を加えると，次の反応が起こる。

$$H_2S \longrightarrow 2H^+ + S + 2e^- \quad (2)$$

$$I_2 + 2e^- \longrightarrow 2I^- \quad (3)$$

式(2)＋式(3)より，

$$H_2S + I_2 \longrightarrow 2HI + S \quad (a)$$

生じた硫黄Sの沈殿を取り除いた後，ろ液にチオ硫酸ナトリウム $Na_2S_2O_3$ 水溶液を滴下していくと，次の反応が起こる。

$$I_2 + 2e^- \longrightarrow 2I^- \quad (3)$$

$$2S_2O_3^{2-} \longrightarrow S_4O_6^{2-} + 2e^- \quad (4)$$

式(3)＋式(4)より，

$$I_2 + 2S_2O_3^{2-} \longrightarrow 2I^- + S_4O_6^{2-} \quad (b)$$

この実験では，加えた I_2 の一部が，式(a)の反応により H_2S と反応し，その後，残った I_2 の量を，$Na_2S_2O_3$ 水溶液で滴定することにより求めている。なお，$Na_2S_2O_3$ 水溶液による滴定では，ヨウ素デンプン反応による青色が消えて無色になったときが，滴定の終点(I_2 がすべて反応したとき)である。

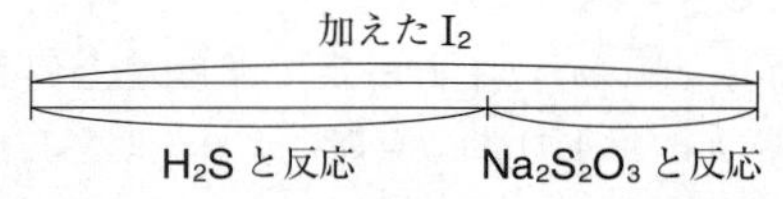

加えた I_2(分子量 254)0.127 g の物質量は，

$$\frac{0.127\ \text{g}}{254\ \text{g/mol}} = 5.00\times10^{-4}\ \text{mol}$$

試料Aに含まれていた H_2S の物質量を x (mol)とすると，式(a)より，H_2S と反応した I_2 の物質量も x (mol)であり，式(a)の反応後に残った I_2 の物質量は，

$$(5.00\times10^{-4}-x)\ (\text{mol})$$

滴定の終点までに滴下した 5.00×10^{-2} mol/L $Na_2S_2O_3$ 水溶液は 5.00 mL なので，式(b)より，

$$(5.00\times10^{-4}-x)\ (\text{mol}) : 5.00\times10^{-2}\ \text{mol/L}\times\frac{5.00}{1000}\ \text{L} = 1:2$$

$$5.00\times10^{-4}-x = 1.25\times10^{-4}$$

$$x = 3.75\times10^{-4}\ \text{mol}$$

よって，試料Aに含まれていた H_2S の 0℃，1.013×10^5 Pa (標準状態)における体積は，

$$22.4\ \text{L/mol}\times3.75\times10^{-4}\ \text{mol} = 8.40\times10^{-3}\ \text{L} = 8.40\ \text{mL}$$

(注)　0℃，1.013×10^5 Pa(標準状態)での気体のモル体積(22.4 L/mol)は，与えられた気体定数を用いて，次の式により求めることができる。

$$\frac{8.31\times10^3\ \text{Pa·L/(K·mol)}\times273\ \text{K}}{1.013\times10^5\ \text{Pa}} = 22.39\ \text{L/mol} \fallingdotseq 22.4\ \text{L/mol}$$

33 …③

問3　光の吸収を利用した濃度決定(吸光光度法)

a　入射する光の量 I_0 に対する透過した光の量 I の比を表す透過率 $T=\dfrac{I}{I_0}$ について，$\log_{10} T$ は，モル濃度 c および密閉容器の長さ L と比例関係になることが記されている。すなわち，次の式が成り立つ。

$$\log_{10} T = kcL \quad (k\ \text{は比例定数})$$

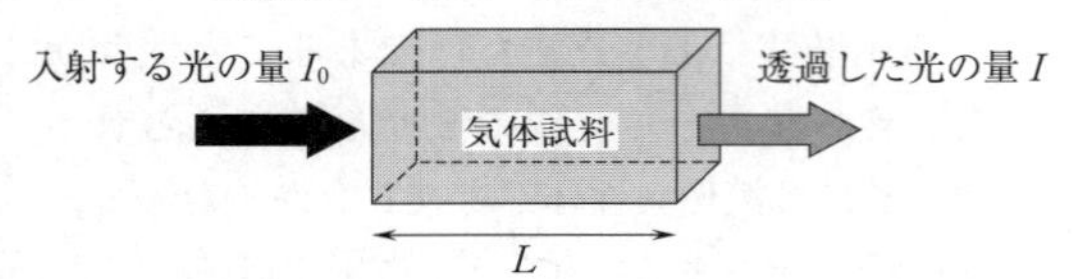

表1で与えられた SO_2 のモル濃度 c ($\times10^{-8}$ mol/L)と $\log_{10} T$ の関係を方眼紙にプロットすると次のようになり，$\log_{10} T$ は c と比例関係になることが確認できる。

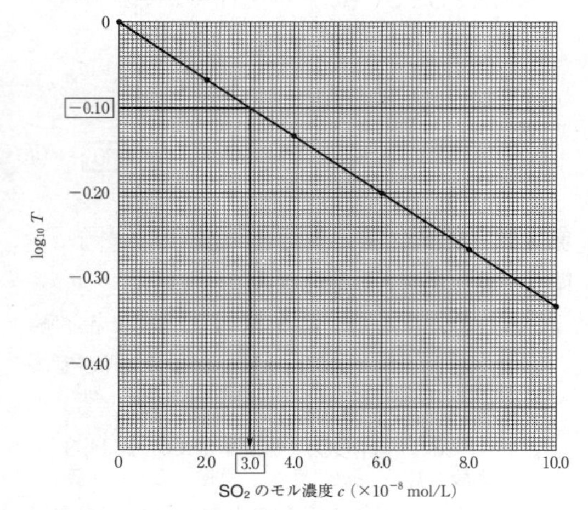

透過率 $T=0.80$ のとき，

$$\log_{10} T = \log_{10} 0.80 = \log_{10}(2.0^3\times10^{-1}) = -1+3\log_{10}2 = -0.10$$

上記のグラフを用いて，$\log_{10} T = -0.10$ になるときの c の値を読みとることにより，気体試料 B に含まれる SO_2 のモル濃度は 3.0×10^{-8} mol/L と求まる。

34 …③

b　$\log_{10} T$ は c および L と比例関係になるとあるので，長さ $2L$ の密閉容器に **a** と同じ試料 B を封入して光を入射させた場合，$\log_{10} T$ の値は **a** のときの 2 倍になる。すなわち，$\log_{10} T = -0.10 \times 2 = -0.20$ となる。

$\log_{10} 0.80 = -0.10$ より $10^{-0.10} = 0.80$ なので，透過率 T は，次のようになる。

$$T = 10^{-0.20} = (10^{-0.10})^2 = 0.80^2 = 0.64$$

〔別解〕

a の条件において，長さ L の密閉容器に試料 B を封入した場合，透過率 $T = 0.80$ であった。すなわち，入射する光の量を I_0 とすると，透過した光の量は $0.80\,I_0$ である。

長さ $2L$ の密閉容器に試料 B を封入した場合，長さ L ごとに透過率が 0.80 となるため，透過した光の量は $0.80 \times 0.80\,I_0 = 0.64\,I_0$ となる。よって，透過率 T の値は 0.64 である。

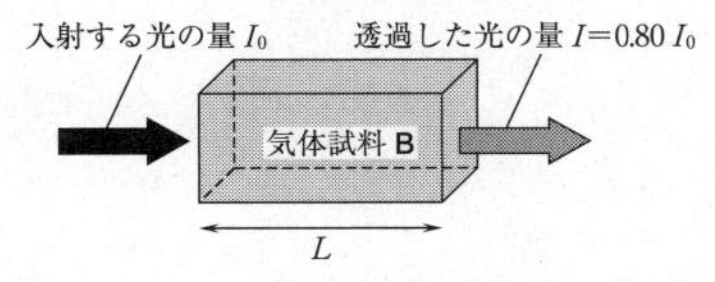

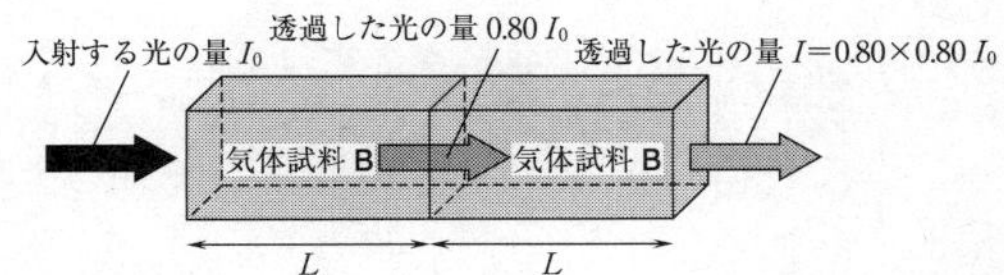

35 …④

MEMO

MEMO

MEMO

KAWAI PUBLISHING